JN083902

松井孝典

地球外生命を探る

生命は何処でどのように生まれたのか

山と溪谷社

この宇宙は生命に満ちあふれている

はじめに――この宇宙は、生命を生む宇宙である

地球外生命はいるのか――。

この本では、この問いに対する答えを詳しく書いていきますが、率直に結論をお伝えするなら「いるでしょう」が私の答えです。というよりも、「満ちあふれている」と考えています。ただし、微生物のような生命です。私たちのような知的生命はほとんどいないでしょう。

なぜなら、この宇宙がそういう宇宙だからです。この宇宙とは、私たちが今生きている宇宙、私たちが知っている宇宙のことです。

そもそも、この宇宙は化学法則が成り立つ世界です。しかも、炭素、水素、酸素、窒素といった生命に欠かせない元素がたくさんあります。そこに「地球と似た」ような岩石と水の惑星があれば、生命は必ず生まれます。

ただし、地球と同じという意味ではありません。地球では生命の進化が起

こりました。

炭素、水素、酸素、窒素といった化学元素が用意された宇宙では、地球のような岩石と水の惑星が生まれて、それがある程度以上の大きさであれば火山活動が起こるので、海底に〝ある地質構造物〟ができます。そういうところでは、生命の材料物質が必ずつくられるのです。

さて、ある地質構造物とは何でしょうか。

それは「アルカリ熱水噴出孔」というものです。

生命はアルカリ熱水噴出孔で生まれた。そう、私は確信しています。

生命の起源については、原始大気のなかで生まれたのではないか、陸上の温泉で生まれたのではないか、宇宙から降ってきたのではないか……など、さまざまな仮説が提唱されてきましたが、私は、アルカリ熱水噴出孔以外はあり得ないと考えています。アルカリ熱水噴出孔でどのように生命は生まれたのか、なぜほかの場所ではあり得ないのかは、4章で詳しく説明します。

化学反応に富む元素があふれたこの宇宙では、地球に限らず、岩石と水の惑星が生まれ、アルカリ熱水噴出孔のような地質構造物ができ、生命のもとがつくられます。

ですから、この宇宙に生命はたくさんいるのです。おそらく太陽系のなかにもいるでしょう。それも、私たちが知っているような地球型の生命がいるはずです。

では、なぜ、この宇宙はそういう宇宙になったのでしょうか。

最初は高温・高密度のエネルギーの塊だった宇宙が、インフレーションによって急膨張して冷えてくると、ビッグバンを経て物質が生まれてきます。私たちが素粒子と呼ぶような非常に小さな粒子がつくられるわけです。

クォークと電子という素粒子が生まれると、原子核がつくられ、その周りを電子が回る原子が生まれます。クォークは原子核をつくる極微の素粒子です。ですから、そういう宇宙では必ず化学元素がつくられて、星の内部で元素合成が進み、だんだんと周期表のような元素が満ちてきます。そうすると、生命の誕生につながっていくのです。

この宇宙の最初にどうしてクォークや電子が生まれることになったのかはわかりません。私たちが知っている量子重力の理論の一つに則れば、この宇宙には10の500乗個もの宇宙が生まれ、そのうちの一つがそうなりますというだけで、そうではない可能性もたくさんあったわけです。

私たちが知っているこの宇宙以外にも、このような、量子論で言う多世界解釈のような別の宇宙がたくさんあります。そういう宇宙では、生命はいない可能性のほうが大きいのです。

でも、この宇宙には生命は満ちあふれています。

本書を読み終えた頃には、地球外生命というのは決してSFの世界の話ではなく、実際にいるのだなと理解していただけると思います。それでは一緒に地球外生命を探る旅へと出発しましょう。

1章

この宇宙に地球外生命が存在する可能性

――地球外生命探査の最前線

2章 そもそも生命とは何か

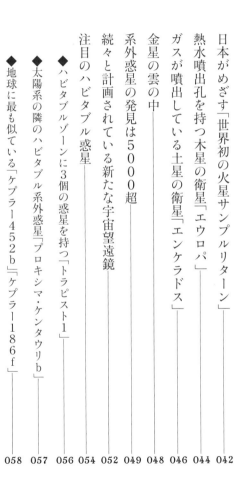

3章

生命はどのようにして〝生きている状態〟を維持しているのか

4章

生命は、いつ何処で いかにして生まれたのか

5章 ウイルスは生命の祖先なのか

6章

この地球上で、生命はなぜ進化したのか

――「地球」と「地球もどきの惑星」の違い

7章

地球と生命の進化の歴史

8章 生命の陸上進出とホモ・サピエンスの誕生

9章 生物進化が起こる惑星の条件

1章

この宇宙に
地球外生命が
存在する可能性

── 地球外生命探査の最前線

20世紀の終わりに始まった「アストロバイオロジー」

NASA（アメリカ航空宇宙局）が「アストロバイオロジー（宇宙生物学）」という学問領域を命名したのが20世紀の終わり頃です。

そのゴールとして掲げられたのが、次のようなことでした。

我々はどこから来てどこへ行くのか。つまりは、生命の起源を探るということ。
宇宙と地球と生物と人類の関係性について調べること。
地球だけではなく、宇宙における生命の起源や進化、分布を調べること。
普遍的な生命の定義を定めるために、宇宙で生命を探すこと。

こうしたゴールをめざし、現在もさまざまな探査が行われています。まず1章ではどのような探査から、どんな成果が得られているのかを紹介しましょう。

それは、何も地球の外に出て行う探査ばかりではありません。地球上でもできます。というのは、地球の周りで、地球外から来る生命を探すことも重要な研究だからです。例えば地表に降下する隕石や宇宙塵を調べる、あるいは成層圏にどんな生命が分布しているのか、成層圏に漂う微生物がいないかを調べるといったことです。

また、火星や金星の雲の中など、太陽系内の地球以外の天体での生命探査も行われています。ただ、容易ではありません。

探査機を飛ばしてその場で生命を発見できれば地球外生命が存在する証拠となるわけですが、ここには非常に難しい問題があります。その場で見つかった生命が、本当にその場にいた生命なのか、その判別は非常に難しいのです。

地球から飛んでいく探査機にはどうしても微生物が付着します。数百度以上、1000℃近くで加熱すれば完全に殺菌することができますが、そうすると機器もダメになってしまいます。そのため一般的には放射線を当てて、殺菌ではなく滅菌する程度なので、大抵の場合、微生物が付着しているのです。

もう一つの問題は、巨額な費用です。生命探査はどうしても大掛かりになるので、例えば火星探査は最低でも1000億円を超えます。

そのほか、太陽系外での探査は人工衛星を打ち上げて、人工衛星に搭載した望遠鏡から宇宙を観測するという方法で行われています。その観測データから系外惑星を見つけ、地上からさらに詳細な観測を行い、それぞれの系外惑星を調べています。

このように太陽系の他の天体や系外惑星で生命を探すのはどうしてでしょうか。地球生命がそうしたところから来た可能性もあるからです。地球生命は地球で生まれたのではなく、宇宙からもたらされたのではないかという考えを「パンスペルミア説」といいます。宇宙から生命がやってくるかもしれないという説を検証することも、アストロバイオロジーにおいて非常に重要なのです。

生命が宇宙空間を旅する「パンスペルミア」

宇宙における生命の分布を研究するには、当然、地球だけでなく他の天体も調べなければなりません。ただ、ある場所で発見された生命が、その同じ場所で生まれたという保証はありません。なぜなら、前述したようにパンスペルミアといって、生命は宇宙空間を移動する可能性があるからです。

では、どうやって移動するのでしょうか。

いちばんわかりやすいのは、隕石です。例えば、月隕石といって、月から地球に隕石が飛んできています。もし月に生命がいれば、隕石と共に月の生命が地球に飛んでくることもあるでしょう。同じように、火星からも隕石が飛んできています。

このように、岩石が惑星間を移動することはすでにわかっています。そうすると、例えば、地球から岩石がはじき飛ばされたとすれば、その地球上の岩石には必ず微生物がたくさん詰まっているので、その微生物が旅をして他の天体に行く可能性があります。

ですから、こうした惑星間パンスペルミアは、決してSFの世界ではなく、現実に起こると考えられるのです。

さらにいえば、先ほど、地球外の天体での生命探査が行われていると述べましたが、それはまさに人工的な惑星間パンスペルミアになります。探査機を他の天体に着陸させるということは、探査機に付いた微生物も一緒に持ち込むことになるからです。探査対象の天体を地球から運搬される微生物などで汚染しないようにする惑星保護がとても重要なのですが、それを100％実現することは難しいのが現実です。

さて、生命が宇宙空間を旅するといっても、生きた状態で移動できるのでしょうか。

微生物を凍結乾燥すれば、そのまま何億年も生きています。凍結乾燥した微生物をもう一度生存可能な環境に戻すと生き返るのです。ですから、凍結乾燥した状態で宇宙空間を旅できれば、生命は何億年でも旅することができます。生命かどうかは議論が分かれますが、ウイルスも同様です。

ただし、むき出しのままで惑星間を飛んでいけるかというと、それは難しいでしょう。太陽からの放射線をはじめ、宇宙にはさまざまな放射線が満ちあふれているので、そういう放射線を浴び続けると生き残るのは困難です。そのため、いちばん好ましいのは、岩石の中に入り込んで運ばれることです。あるいは、塊になっていれば内側は放射を浴びず、生き延びられるでしょう。

そうしたことを考えると、パンスペルミアは原理的に十分可能なのです。

では、他の天体から飛んできた隕石の中に生命の痕跡が見られたことはあるのかというと、これまでに一度、専門家の間で論争が起こったことがあります。それは、火星隕石の「アラン・ヒルズ84001」です。

これは、1984年に南極大陸のアラン・ヒルズというところで採取された火星由来の隕石で、内部に微生物の化石のように見えるものが見つかり、「地球外生命の痕跡ではないか」と大きな論争を呼びました。ただ、形態が化石に似ているというだけで証拠にはならないため、本当に微生物の化石なのか、現在でも決着はついていません。

「赤い雨」の正体は、宇宙に行ったシアノバクテリアだった

パンスペルミアの新しい事例としては「赤い雨」の話があります。

インド南西部のケララ州で、２００１年7月25日から9月23日までのおよそ2か月間、断続的に赤い降雨が観測されました。総量にして約50ｔもの赤い粒子が降ったことが報告されています。

当初はアラビア半島からの砂埃ではないか、コウモリが隕石に当たって大量死した血ではないか……などといわれていましたが、インドの地球科学中央研究所が雨の降る前に轟音や閃光が目撃されたことを報告しています。また、この初期分析を行ったチームが、藻類用の培地で培養したところ、ある種のバクテリアに似たものが検出されたという報告もありました。ただ、当時はほとんど信用されていませんでした。

ところがその後、２０１２年11月13日にスリランカでも赤い雨が降りました。このときには朝7時頃から8時頃までの約45分間、雨が確認されました。初期分析を行ったスリランカ保健省の医学研究所は、雨滴の中に赤い粒子が大量に含まれていて、それらはインドの赤い粒子と似ている、と報告しています。

ただし、バケツなどでサンプルを取ったため、サンプル内には赤い粒子以外の環境微生物群が混合しており、赤い粒子だけの系統解析は難しいとのことでした。結局、このときも曖昧なまま終わったのです。

そしてその後、ちょっとした経緯から、赤い雨のサンプルが私たちの研究室に届けられました。今、このサンプルを持っているのは世界中で私たちだけです。手元に届いたのが２０１２年末のことなので、かれこれ10年ほど研究を続けています。

ただ、赤い雨細胞の量は少なく、培養しなければいけないのですが、こうしたものの培養はとても難しく、顕微鏡で観察するなどの形態学的な分析ぐらいしかほぼできませんでした。そのため、大きな進展のないまま、７、８年が過ぎたのですが、この数年の間に分子系統解析[1]という技術が安価でできるようになりました。16ＳｒＲＮＡシーケンシングという技術が利用できるようになり、非常に少ないサンプルでも系統解析が行えるようになったのです。

その結果として、赤い雨の粒子は、藍藻、つまりはシアノバクテリアであることが明らかになってきました。さらに、シアノバクテリアのどの属かというところまで特定することができ、その詳細について現在論文にまとめているところです。

ということで、赤い雨細胞の正体はシアノバクテリアだったのですが、地球上のシアノバクテリアとは大きな違いがあります。それは色です。シアノバクテリアは地球上では緑色なのです。どうして赤くなっているのかを解明しなければいけません。

ここで、赤い雨の話とは全く関係ありませんが、ある研究グループが、シアノバクテリアを国際宇宙ステーション（ＩＳＳ）に持っていき、太陽の紫外線にさらすという実験を行ったことがあります。すると、緑が消えて赤になったのです。つまり、緑の色素が死んで、赤い色素だけが生き残ったということです。

こうしたことがわかっていたので、私たちは、赤い雨細胞というのは、シアノバクテリアが１００～２００km上空まで行って、そこで太陽の紫外線を浴びて赤くなり、それがまた地球に降り注いだものではないか、と考えました。今はそのことを検証するために、赤い雨細胞の特定した属のシアノバクテリアのサンプルを使って、実際にどれくらいの紫外線を当てたら赤くなるのかを実験しているところです。

1　**分子系統解析**……生物の持つタンパク質のアミノ酸配列や遺伝子の塩基配列を用いて、生物間または遺伝子の系統を明らかにする解析。

これまでパンスペルミアは「こうしたことも起こり得る」という概念として語られてきただけでしたが、実際にシアノバクテリアが地球上から一度宇宙に行って再び戻ってきていることが証明されれば、現実にパンスペルミアが起こっている可能性が初めて実証されることになります。

さらに、地球上から宇宙へ出ていくときには必ず成層圏を通ることから、私たちは、大気球を飛ばして成層圏上層まで微生物採集装置を上げ、上空20～30㎞にかけて微生物を回収するという実験を、すでに何度も行っています。実際に微生物が見つかっています。ただ、数が少ないために、どういう種類の微生物かを特定するところまでは至っていません。

このようにパンスペルミア説は、単なる夢物語ではなく、新たな展開を迎えているところなのです。

「はやぶさ」のミッションは技術の開発だった

さて、日本の地球外生命探査といえば「はやぶさ」が挙げられます。宇宙航空研究開発機構（JAXA）が行っているプロジェクトで、私自身も宇宙政策委員会の委員長代理としてその初期から関わっています。

日本の宇宙探査には、大きく分けて、理学的なミッションと工学的なミッションとがあります。

理学的ミッションとは、天文関係の観測と、実際に太陽系天体に行って行う深宇宙探査の二つです。一方、工学的ミッションとは、宇宙探査にまつわる新たな技術を開発することです。

2003年5月9日に打ち上げられ、2010年6月13日に地球に帰還した、最初の「はやぶさ」プロジェクトは工学的ミッションでした。具体的には、イオンエンジン[2]を使って小惑星へ行く技術と、小惑星に到達して、そこでサンプルを取って持ち帰り、地球の大気圏に突入してサンプルを無事に回収するという技術を新たに開発することが、はやぶさのミッションだったのです。ですから、言ってしまえばサンプルの中身はあまり重要ではありませんでした。そのため、「イトカワ」というありきたりの小惑星が選ばれたのです。ちなみに、なぜ「ありきたり」なのかといえば、イトカワは、普通コンドライト[3]というコンドライトのなかで最も普通に見られる隕石に似た表面組成を持つ天体だからです。

はやぶさは、エンジンの故障をはじめ、いろいろなトラブルに見舞われながらも幸運にも地球に戻ってきて、人々に感動を与えました。同名の映画を思い出す方もいらっしゃるかもしれません。

2　イオンエンジン……イオンの持つ電荷を利用して推進力を得るロケットエンジンのこと。

3　コンドライト……石質隕石（ケイ酸塩鉱物を主要組成とする隕石）のうち、コンドルールという球粒状構造を持つ隕石。

私は、このはやぶさプロジェクトの頃からずっと関わってきて、日本の深宇宙探査の戦略をどうするかを考えてきました。アメリカのNASAや欧州のESAと同じようなことをやっても仕方がありません。予算も潤沢ではないなか、独自の戦略でなければいけません。

そこで、当時はまだどこも成功していなかった、小天体に着陸してサンプルを持ち帰るという世界初の試みにチャレンジしたのです。

太陽系の進化の謎に迫る「はやぶさ2」

そして、はやぶさの次の「はやぶさ2」プロジェクトでは、工学的なミッションに加えて、理学的なミッションにより重きを置きました。工学的なミッションとして掲げた一つは、はやぶさと同様、深宇宙探査でのサンプルリターン技術の確立です。最初のはやぶさプロジェクトで試みた新しい技術について、確実性、運用性、自立性を向上させて技術として成熟させることを一つの目標としました。

もう一つの工学的目標が、表面ではなく、少し深いところからサンプルを取る技術の開発です。前回のはやぶさでは、着陸して、その降りた衝撃で舞い上がったものを回収するという方法でした。しかし小天体の表面は、太陽からいろいろな放射線を浴びているので風化しています。フレッシュなサンプルは表面にはあまり残っていないのです。そのため、表面をえぐって、その下の新しいサンプルを取る技術を開発する必要がありました。

そこで、目標の天体に弾丸のようなものをぶっつけてクレーターをつくり、地表ではない少し深いところからサンプルを回収することを工学的目標の2番目として掲げたのです。

一方、理学的目標としては、太陽系における物質進化過程の謎を解くことに貢献するような小天体を選ぼうということで、「C型小惑星」と呼ばれる炭素質コンドライトに似た小惑星をターゲットにすることにしました。

炭素質コンドライトというのは、隕石のグループの一つで、普通コンドライトに比べて始原的な隕石です。つまり、太陽系初期の情報を多く保っているということです。

普通コンドライトは、炭素質コンドライトのような始原的な隕石が一度加熱され溶けたりして熱変性を受けたもの、そうして別の天体になったものだと考えられています。それに対して、太陽系ができた頃に生まれた小惑星がそのまま残っているようなものがC型小惑星、つまり炭素質コンドライト的な小惑星です。そういう天体からサンプルを持ち帰れば、太陽系ができた頃の非常に始原的な物質の回収ができるのではないかと考えました。

特に炭素質コンドライトには、含水鉱物という水を含む鉱物がたくさん含まれていること、炭素が含まれていることがわかっています。そこで、炭素質コンドライト的な小惑星でサンプルを

はやぶさ２とリュウグウ　© 池下章裕

回収してくれれば、そういう鉱物や水、有機物の相互作用を明らかにすることもできるでしょう。

また、小惑星は今のような天体になるまでに、何度か衝突し、破片になってはまた集まるということを繰り返しています。小惑星の再集積過程を調べるには、内部構造や地下物質がどんなものなのかを調べることが非常に重要です。始原的ということに加えてそうしたことにも役立つようにと、「リュウグウ」という天体が選ばれました。

はやぶさ2は、２０１８年6月27日にリュウグウに到着し、すでにサンプルを持ち帰ることに成功しています。なおかつ、サンプルの総量は約５・４gと、こうした探査としては大量の試料を回収してきました。その破片を見ると、㎝スケールのものもありました。

大量のサンプルなのでいろいろな分析がこれから行われるのですが、日本チームによる初期分析の結果が、２０２２年6月に報告されています。

それを見ると、リュウグウは炭素質コンドライトのなかでもＣＩ炭素質コンドライトという種類のものから主に構成されていることがわかりました。反射スペクトルといって、どういう波長の光が天体から反射されているのかを遠くから観測することで表面組成を調べると、ＣＭ炭素質コンドライトという種類のものに近かったのですが、実際に回収したサンプルを分析すると、ＣＭではなくＣＩでした。なお、ＣＩの「Ｉ」は、イブナ（ＩＶＵＮＡ）隕石に由来します。

ＣＩ炭素質コンドライトとはどういう隕石かというと、水や炭素、硫黄などがたくさん含まれているのですが、これらは蒸発しやすい元素なので、その後のいろいろなプロセスで変動してしまいます。そこで、難揮発性の元素を見ると、ほとんどが太陽大気と一致しています。ということから、リュウグウというのは、当初推定されていたとおり、非常に始原的な天体であることがわかったのです。

そのほか、リュウグウ表面をリモートセンシング観測した際には水が少なそうに思われたものの、回収したサンプルには想像以上に多くの水が入っていることもわかりました。

さらに、有機物の分析では、23種類のアミノ酸が検出されています。これまでにＣＩ炭素質コンドライトは6個ほど知られていますが、そのなかでいちばん近いのがオルゲイユという隕石です。オルゲイユ隕石からは24種類のアミノ酸が検出されていて、今回のリュウグウで回収されたサンプルには、オルゲイユ隕石から検出されたアミノ酸のうち、チロシン以外はすべて含まれていました。

現状、わかっているのはここまでですが、今後の分析でさらなる詳細が明らかになるでしょう。

火星探査の最前線

従来から、地球外生命探査はというと、いちばん注目されているのが火星です。なぜなら、火星には水があることが、これまでの探査でほぼ確実になっているからです。

最初の火星探査は、1970年代にNASAが行ったバイキング計画でした。火星探査機「バイキング」を火星に軟着陸させ、火星表面を撮影するとともに、地表の物質を探査機に回収して分析が行われました。しかし、生命の兆候は見つかりませんでした。初め、加熱したところガスが出てきたので、「ひょっとすると生命ではないか」という意見もありましたが、結局、生命ではなく、化学反応でできるものだろうと結論付けられました。

その後、火星隕石のアラン・ヒルズ84001が南極大陸で見つかり、生命の化石のような構造が注目を浴びたことは、すでに説明したとおりです。

そして21世紀に入ると、火星には液体の水があることを証明しようとたくさんの探査機が飛ばされました。過去には湖があった、あるいは、現在でも地下に水があるという証拠が多数見つかっています。

キュリオシティ（マーズ・ローバー）

現在、最も本格的に行われている火星探査は、NASAの「キュリオシティ」です。無人探査車（マーズ・ローバー、愛称キュリオシティ）を使って、圧倒的な量の情報が蓄積されています。そのため、火星上の生命について議論するには、このキュリオシティの探査に触れないわけにはいきません。

2012年8月5日、キュリオシティというマーズ・ローバーが火星のゲール・クレーターに着陸しました。キュリオシティは総重量900kgと、それまでに人類が送ったローバーのなかで最も大きなものでした。

10個の科学観測機器が搭載され、火星の過去と現在における生物の生存可能性を調べることが主たる目的です。

これまでのキュリオシティの探査でどんなことがわかったのでしょうか。

まず、過去の火星に長期間、液体の水があった証拠が発見されています。火星の堆積岩のなかに丸みを帯びた小石を含む岩が発見されたのです。丸みを帯びているということは、水の中を流れて丸くなったということです。なおかつ、流れが長い間続いたことを意味します。地球の河川の堆積岩と非常によく似ていて、小石のサイズ分布を測ると、それも地球のものに似ていることがわかりました。水が流れているときに生じる独特のサイズ分布だったのです。

また、川の深さと流速の推定も行われ、深さは3～90cmほど、流速は0・2～0・75m／秒ぐらいあったのではないかと推定されています。いずれにしても水が流れていたことは明らかで、やはり火星には、かつて液体の水があったのです。

さらに、堆積物の分析結果から、過去の火星の水環境の化学的特徴を推定しています。水の中がどんな環境だったのか、ある程度明らかにされました。具体的には、泥岩粉末試料から生命に必要な硫黄や窒素、酸素、リン、炭素が発見されています。pHは中性に近く、塩分濃度は低く、鉄や硫黄の酸化還元状態は多様です。これは、生命が存在することと矛盾しません。

岩石や鉱物が、水や炭酸ガス、酸素などによる水和、酸化、還元、炭酸塩化、加水分解などの化学作用を受けて壊されることを「化学的風化」と呼びますが、その証拠はあまり見つかりませんでした。つまり、地球のように雨が降って浸食されるのではなく、火星は寒冷で乾燥した気候だった可能性が高いということです。また、着地点の堆積物形成時期の環境の変動は小さいこともわかりました。

そして、岩石中から有機物が検出されました。具体的には、堆積物中からクロロアルカンやジクロロアルカンといった有機物が検出されています。これらが生物由来かどうかが、最も重要な点です。

また、堆積物中の有機物のなかで、平均的な火星の値に比べて、炭素の同位体比13C／12C（12Cに対する13Cの比率）が小さい試料が複数見つかっています。原子番号は同じで、質量数の異なる原子同士のことを同位体といいますが、炭素の場合、炭素12、炭素13という二つの安定同位体があります。

地球上では、生物由来の有機物に含まれる炭素の同位体は、炭素12がより多く、炭素13がより少なくなります。つまり、「13C／12C」という同位体比は小さくなります。ただし、この原因は3つ考えられるため、生物由来とは言い切れません。

なお、生物由来以外で「13C／12C」の値が小さくなる原因の一つは、星間塵由来です。星間塵とは、星の間を漂っている塵のことです。火星が、過去に小さい「13C／12C」比を持つ星間塵の星間雲と遭遇し、それが堆積した可能性も考えられます。

もう一つ、考えられる原因は、火星大気中の二酸化炭素が光還元されて「13C／12C」比の小さい有機物として堆積したという可能性です。

このように、ほかにも可能性があるので、炭素の同位体比だけで「生命だ」とは言い切れないのです。

火星のメタンの起源は

私が、いちばん重要視しているのは、火星地表付近のメタンです。これが、キュリオシティで観測されています。

そもそも火星の大気中にメタンがあるという発見の歴史は古く、まず2004年にマーズ・エクスプレスという火星探査機が観測して以降、次々とメタンが検出されています。しかも、暖かい季節にメタンの量が増大することもわかっています。

ただ、検出されたメタンは、検出限界程度の微量であり、火星の周りを回る探査機のリモートセンシングではっきりわからず、やはり地上に降りてしっかり観測する必要がありました。そこで、キュリオシティはメタンを直接検出できるような装置を積み込んだのです。

レーザー分光計というもので、これにより、初めて火星表面でメタンが観測されました。しかも、周期的に季節変動し、先行観測と同様に、暖かい季節にメタンが多い傾向があることも報告されました。

キュリオシティはその後もずっと観測を続けていて、季節変動以外にも、昼夜でどう変わるのかも調査しています。その結果、火星のメタン濃度は、夜間に高く、昼間に低くなることがわかっています。

こうした変動がなぜ起こるのかを説明するモデルもすでに提唱されています。

夜間は大気が安定するため、地表から放出されたメタンが地表付近にそのまま蓄積して濃度が上昇する。日中は、大気中の対流と上方への移流によってメタン濃度が薄まる——と、説明されています。

ただし、火星上での光化学反応によるメタンの寿命は数年程度と見積もられるため、なぜ周期的に濃度が高くなるメタンが大気全体に蓄積していかないのかは、大きな謎です。蓄積するのと同時に、何らかの消失機構が存在するのではないかとも考えられています。

では、火星のメタンの起源としてはどういうものが考えられるのでしょうか。それには、二つあります。

一つは、生物起源です。メタン生成菌と呼ばれる古細菌に由来するのではないか、という説です。嫌気的条件下、つまり酸素のない条件下で、水素ガスと二酸化炭素を反応させ、メタンを生成する独立栄養の古細菌を総称してメタン生成菌といいます。メタン生成菌が水素ガスと二酸化炭素からメタンを生成するのは、エネルギー通貨であるATPを生産するためです。

火星上には二酸化炭素も水もあり、材料はすべて調達可能なので、それらを材料にメタン生成菌がメタンをつくっているのではないか、というのが一つの仮説です。

もう一つの可能性は、蛇紋岩化作用です。苦鉄質ケイ酸塩というものと水が反応すると蛇紋石という鉱物がつくられます。地球上でもアルカリ熱水噴出孔でまさに蛇紋石がつくられています（これについては4章で詳しく紹介します）。

この蛇紋岩化作用は、地球上でも非常に重要なプロセスであり、この過程で水素も出ます。この水素と炭素が反応してメタンが生成する反応が考えられます。

ただ、このときに生成されたメタンが地殻中をそのまま浸透して地表に出てくるかどうかはわかりません。というのは、冷たいのでメタンクラスレートという氷になる可能性があるのです。

メタンクラスレートのようなものができると、温度によってガスを出したり出さなかったりし

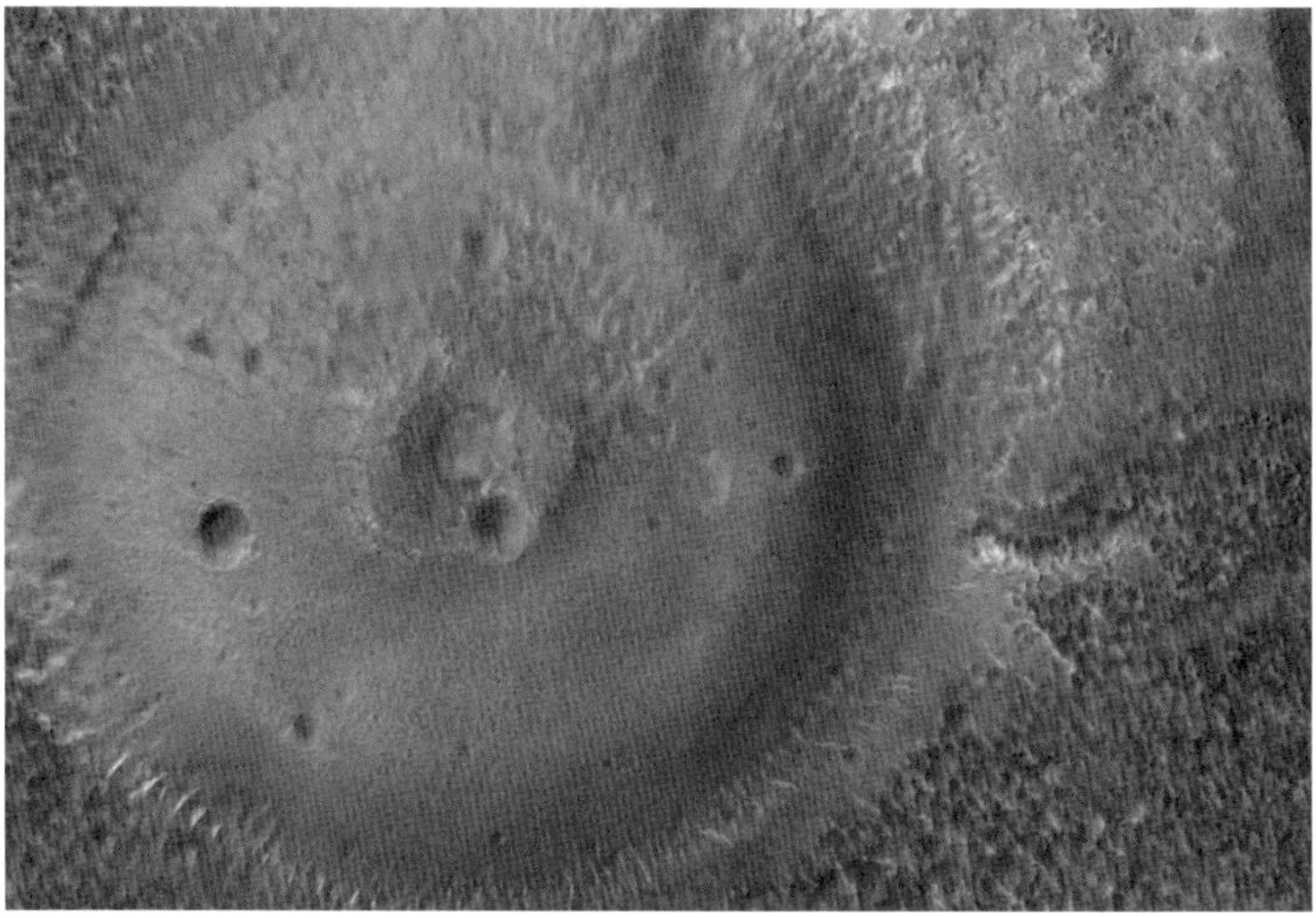

火星の泥火山らしき地形　HiRISE, MRO, LPL(U. Arizona), NASA

ます。地球でも、海底にメタンクラスレートの層があり、それが時々崩壊して大量のメタンが出て、地球に気候変動をもたらします。そうしたことを鑑みると、私は、火星で検出されているメタンはメタン生成菌がつくっているのではないか、と考えています。

メタン生成菌が見つかる泥火山

火星にはそのほかに「泥火山」のような地形もあります。

泥火山とは、地下数キロの深さから泥が噴出してできた山のことです。活動期の泥火山は、泥や水、メタンガスを噴出します。そして地球上の泥火山の噴出物からはメタン生成菌が見つかっているのです。

火星にも泥火山様の地形が数多く存在していることが示唆されているため、メタンの生成、そして生命の存在の可能性は、泥火山の存在という観点からも推測されます。

ただ、実は泥火山の研究は世界でもあまり行われていません。私たちの研究室が中心となって行っています。例えば、アゼルバイジャンにはkmサイズの巨大な泥火山があります。そして、火星にも同じような地形があるのです。

地球上の泥火山の分析を行うとメタン生成菌が実際に見つかるので、泥火山の研究から、火星にもメタン生成菌がいるのではないかと推定されています。

泥火山は、地下の生物圏を調べる上で非常に重要な情報源です。特に、火星のクリュセ平原というところは泥火山の候補地であるとともに、昔、火星に海洋が存在していたときの海底だった可能性があるところです。ですから、将来的にこうしたところで生命探査を行うことが重要ではないか、と私たちは提案しています。

日本がめざす「世界初の火星サンプルリターン」

火星探査の話の最後に、２０２４年度に打ち上げを予定している日本の「ＭＭＸ（Martian Moons eXploration：火星衛星探査計画）」の話をしましょう。

ＭＭＸは、ＪＡＸＡが中心となって進めている火星衛星探査計画です。２０２４年度に打ち上げて２０２５年度に火星圏に到着し、２０２５年から２０２８年にかけて火星の衛星フォボスの探査を行います。そこでサンプルを回収して、２０２８年に火星圏を離れ、２０２９年に地球に帰還するという予定のプロジェクトです。

火星の衛星フォボス

この章の冒頭、「はやぶさ」プロジェクトに関連して説明したように、小天体に行って多少でも生命の可能性のあるようなサンプルを持ち帰りたいというのが日本の惑星探査の戦略です。

その点、フォボスは最適の天体です。もしも火星上にメタン生成菌のような微生物がいて、天体衝突があれば、破片として放り出されます。そうするとメタン生成菌は凍結乾燥するので、それがフォボスの上に降り積もる可能性があります。ですから、フォボスからサンプルリターンを行えば、そうした凍結乾燥した微生物が見つかるのではないか、と私は考えています。そのため、このプロジェクトを強く推進しているのです。

２０３０年には、アメリカが火星のサンプルリターンを計画しています。実際に２０２１年２月にパーシビアランスという探査機が火星に降り立ち、サンプルを回収しようとしています。まだ成功してはいないとはいえ、２０３０年だと世界で2番目になってしまう可能性が高いので、ＭＭＸは２０２９年までに火星圏のサンプルを持ち帰ろうとしているのです。

計画どおり２０２９年までに帰還すれば、日本が最初に火星圏からサンプルを持ち帰ることになります。しかも、フォボスは前述したような理由で、火星の地表物質が降り積もっている可能性が高いので、火星の生命探査において新発見ができるのではないかと期待しています。

熱水噴出孔を持つ木星の衛星「エウロパ」

地球外生命探査において、火星のほか、太陽系で注目されている一つが、木星の衛星であるエウロパです。

なぜエウロパに生命の可能性があるのかといえば、熱水噴出孔の存在です。エウロパは表面を氷で覆われた衛星ですが、衛星からの潮汐加熱[4]で内部に熱を生じ、火成活動が起こっていると考

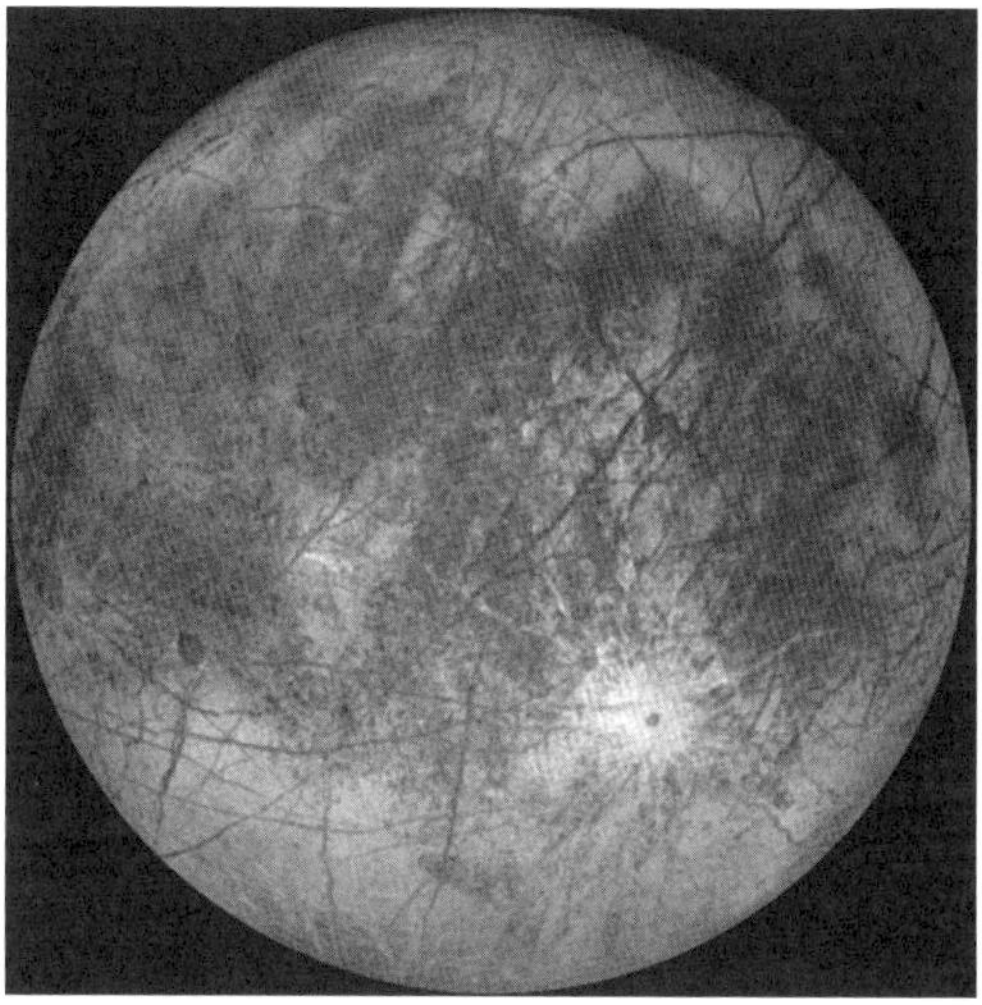

木星の衛星エウロパ

えられています。したがって、氷の下には海が存在すると考えられるのです。その海底には熱水噴出孔があるだろうと推測されています。

ただ、表面を覆う氷の下の海の深さは100kmほどもあり、その海底での生命活動を調べなければいけません。今までに行われた探査では、そういう海底の情報はまだ全く得られていません。

今後、「JUICE」という、木星の衛星であるガニメデの探査を目的とした探査機が2023年に打ち上げられ、途中、エウロパやカリストといった木星の他の衛星にも接近通過する予定です。

4 **潮汐加熱**……惑星の周りを衛星が公転するとき、衛星の各部分で惑星から受ける重力の強さが異なることから、衛星が変形し、内部に熱を生じること。

また、2024年には「エウロパ・クリッパー」という、まさにエウロパをメインターゲットとした探査機の打ち上げが予定されています。これは、木星を周回しながらエウロパに接近してその詳細を観測しようというものです。

先ほど、エウロパの内部には厚さ100㎞ほどの海があると紹介しましたが、これは平均密度と表面組成から推測しているだけなので、エウロパ・クリッパーでは内部の海の深さや組成などを詳細に観測しようと計画しています。これによって、地表付近からガスが出ているのかどうかといったデータが得られる可能性は十分にあります。

ガスが噴出している土星の衛星「エンケラドス」

土星の衛星であるエンケラドスも、生命が存在する可能性のある天体です。エンケラドスも氷で覆われていますが、ガスが噴出していることがすでに観測されています。内部に熱水噴出孔のようなものがあることは、ほぼ確かと考えられています。

2027年にNASAが打ち上げ予定の「ドラゴンフライ」は、同じ土星の衛星であるタイタンの探査を主目的としていますが、同時にエンケラドスの観測も行われる予定です。ただ、エンケラドスをメインターゲットにした探査計画は今のところ予定されていません。

土星の衛星エンケラドスの間欠泉

なお、ドラゴンフライではタイタンに降りて調査を行う予定ですが、私は、生命探査としてはあまり意味がないのではないかと考えています。タイタンは、表面に液体メタンの湖が点在するということで注目されていますが、メタンの湖では、現在の理論的、実験的研究に基づくと、生命が生まれるメカニズムにはつながらないと考えるからです。

私は生命は熱水噴出孔から生まれたと考えていますが、そうなると、やはり水が重要です。そして、もう一つ重要な点として、流れがなければいけません。水とメタンでは化学的・物理的な性質がまるで違います。また、流れがなければ生命は維持できないので、液体メタンの湖があっても、水の海と同じように物質循環的なことが起きるとは考えにくいのです。

金星の雲の中

太陽系でもう一つ、生命の可能性がある天体が金星です。ただ金星の場合、地表は温度が高いので生命は生きられません。可能性があるとすれば、雲の中です。

高度50㎞付近に金星の雲があります。雲には水蒸気があるので、生命の条件に必須の水があり、なおかつ、温度が適当です。そのため、地球的な生命を考えると、金星において生命が生存可能なのは雲の中なのです。

ただ、金星の雲の温度や気圧、湿度、紫外線、雲粒子中のpHなどが、地球生命が存在可能であるというだけで、あくまでも一つの可能性にすぎません。地球から地球隕石が放出されて、金星の大気中でバラバラになり、そこに微生物がばらまかれれば、その微生物が金星の雲の中で生存することは可能だ、ということです。

間接的にはなりますが、微生物の存在を仮定すると、雲の分光スペクトルを説明することができる、という報告はあります。また、金星の雲の中でも地球型の光栄養微生物が存在できるほどの太陽光が届いていることが推測されたり、金星雲の液滴は地球の耐硫酸微生物が生存可能な化学組成であることが報告されたり、さらに2018年以降、金星の雲の中での生命の可能性を間接的に示唆するような論文が出ています。

まだまだ「生命が生存することは可能だ」という可能性の議論にすぎませんが、金星に生物圏があるとすると、雲の中ではないかと考えられています。

系外惑星の発見は5000超

ここまでは太陽系の中での生命の可能性について紹介してきましたが、太陽系の外にも当然可能性はあります。

系外惑星が初めて見つかったのが、1995年のことです。地球から約50光年の距離にあるペガサス座51番星の周りに、天文学者のミシェル・マイヨールとディディエ・ケローがペガサス座51番星bを発見しました。彼らは、のちにノーベル物理学賞を受賞しています。

その後、系外惑星は続々と見つかり、2022年3月28日時点で、5009個の系外惑星が発見されています。

系外惑星の探索は、最近では宇宙空間に打ち上げられた宇宙望遠鏡によって行われています。

いちばん有名なのが、NASAの「ケプラー宇宙望遠鏡」です。2009年に打ち上げられて、トランジット法という、惑星が恒星の前を通るときのわずかな減光を検出することで系外惑星を

ケプラー宇宙望遠鏡

発見してきました。

　トランジット法の探査の前は、ドップラー法が主でした。恒星の周りを惑星が公転すると、惑星の引力によって恒星がわずかにふらつきます。そのふらつきを波長の変化として見ていたのです。

　しかし減光を観測すると、惑星の大きさを推定することができ、観測もしやすいので、宇宙からの場合は基本的にはトランジット法が用いられています。地球大気を通して減光を観測するのは難しいのですが、大気の影響のない宇宙空間からであればよく見えるのです。

　そのため、詳細な観測は地上から行うとしても、太陽系外に地球サイズの惑星はどのぐらいあるのかを統計的に明らかにしようということで、まずは系外惑星をリストアップする目的で打ち上げられたのが、ケプラー宇宙望遠鏡でした。

9年間にわたる観測で2600個以上の系外惑星を発見しました。実は、ケプラー宇宙望遠鏡が惑星候補として見つけたものは4000個以上ありますが、その後、地上で確認し、実際に系外惑星であると認められたものが2600個超なのです。

これによって、系外惑星のサイズや軌道などについて統計的な議論が初めて可能になりました。その結果、銀河系には巨大ガス惑星よりも小さい惑星のほうが圧倒的に多いことや、惑星の数は恒星の数よりもはるかに多いことがわかってきました。

恒星は、平均1個以上の惑星を持っています。天の川銀河には約1000億個の恒星がありますから、1000億個以上の惑星がこの宇宙にはあるということです。その多くは巨大ガス惑星ですが、地球よりも大きく、海王星よりも小さいサイズの惑星で、「スーパーアース」に次いで多くあります。このカテゴリーの惑星は、太陽系には存在しない惑星です。

ちなみに、太陽系には地球型惑星と巨大ガス惑星、氷惑星しかありません。ところが、宇宙では地球と海王星、天王星の間くらいの大きさのスーパーアースが地球型惑星よりも多く、ありふれた存在なのです。海王星、天王星と似たものはほとんどありません。

そのため、系外惑星における生命探査を考えるには、「スーパーアースで生命は生まれるのか」を考えなければいけません。私は、スーパーアースでも十分に可能性があると考えています。

なぜなら、液体の水が存在し、海底に熱水噴出孔が存在すればよいからです。スーパーアースが実際にどのような状態なのかはまだわかっておらず、雪や氷で覆われているスノーボール・スーパープラネットかもしれません。つまり、エウロパやエンケラドスを地球よりも大きくしたような天体が、スーパーアースかもしれないのです。

そうであれば、スーパーアースでは火成活動があるので、海底に熱水噴出孔があるはずです。地下に熱水があるので、地球で生まれたような生命がいる可能性は十分に考えられます、将来的に、詳細な探査を行えるようになれば生命が見つかるだろう、と私は思っています。

続々と計画されている新たな宇宙望遠鏡

ケプラー宇宙望遠鏡の運用はすでに終わり、現在その後継として「ＴＥＳＳ」という系外惑星探査衛星が稼働しています。ＴＥＳＳとは「Transiting Exoplanet Survey Satellite」の略で、２０１８年４月に打ち上げられました。

現在のところ、まだ大きな成果は報告されていませんが、トランジット法により、太陽系近傍の明るく見える恒星の惑星を全天で探索するというプロジェクトです。

そして最近の話題としては「ジェイムズ・ウェッブ宇宙望遠鏡（ＪＷＳＴ）」が、ハッブル宇

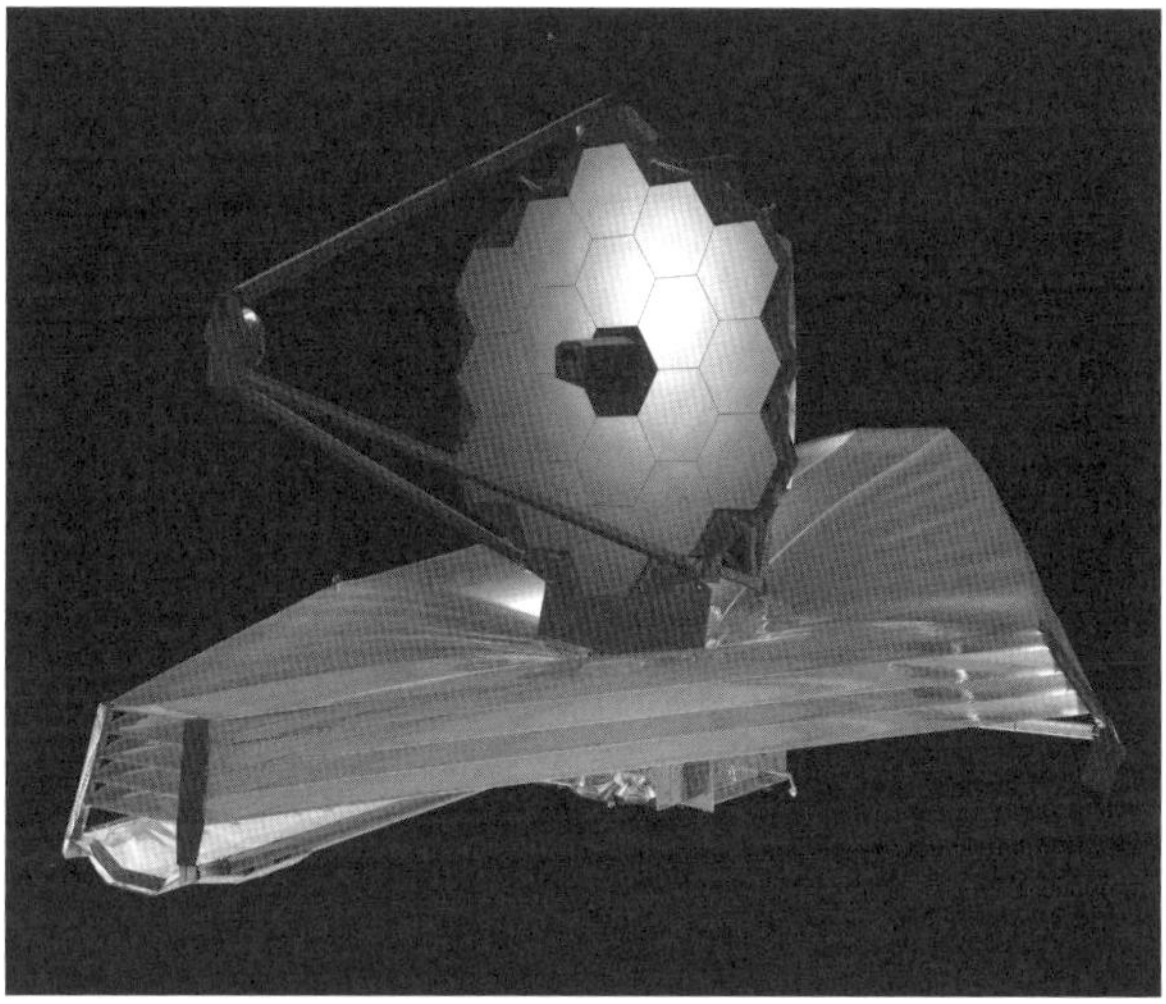

ジェイムズ・ウェッブ宇宙望遠鏡（JWST）

宙望遠鏡の後継として２０２１年12月25日に打ち上げられました。これは、口径６・５ｍの反射望遠鏡で、宇宙望遠鏡として史上最大です。これまでに見つかっている系外惑星の性質を調べることが目的です。

これまでは、ケプラー宇宙望遠鏡などで系外惑星が見つかると、地球上から詳細を調べていましたが、ＪＷＳＴ宇宙望遠鏡はそのまま調べることができます。系外惑星の大気や、メタンや酸素といったバイオマーカーの観測が期待されています。また、スーパーアースか岩石惑星か、ガス惑星か、それぞれがどんなものなのか識別できるだろうといわれています。

さらに近い将来打ち上げが予定されているものも多数あります。２０２６年には口径12㎝のカメラを26個並べた宇宙望遠鏡「ＰＬＡＴＯ」が打ち上げ予定です。これは、太陽系近傍の明るい恒星の周りを、1年ほどの周期で公転する惑星を探索することができます。

また、2030年代を目標に「Habitable Exoplanet Observatory（HabEx）」という宇宙望遠鏡の打ち上げも計画されています。これは、系外惑星のバイオマーカーを観測することに特化した宇宙望遠鏡です。

望遠鏡で系外惑星を直接観測する「直接撮像法」で惑星を探索し、発見後は惑星表面の反射光から、惑星大気のバイオマーカー、つまりは酸素やオゾン、メタン、水蒸気などを見つけたり、地表に植物の痕跡があるかどうかを観測したりする予定です。

HabExは、地球型系外惑星探査の究極の望遠鏡といえるでしょう。これまでの宇宙望遠鏡はトランジット法やドップラー法でしたが、それでは、バイオマーカーや植物の痕跡、大陸と海の分布、大陸の植生といったものは観測できないのです。HabExは直接撮像法ですから、それらの観測も実現可能だろうと大いに期待されています。

注目のハビタブル惑星

系外惑星はすでに5000個以上見つかっていると述べました。そのうち、地球型惑星（岩石惑星）も、火星サイズのものが1個、地球サイズが20個、スーパーアースが38個と、合わせて59

個見つかっています（2021年12月6日現在）。

また、生命の可能性を考える上で重要なのが「ハビタブルゾーン」という概念です。これは恒星の周りで、生命が生存できる領域のことで、具体的には、惑星表面に液体の水が安定して存在できる領域を意味します。

実際は、大気組成なども地表環境に影響しますが、天文学的にハビタブルゾーンを考える際には、入射太陽光量と反射太陽光量という太陽の放射のみを考えます。大気の組成なども含めて、厳密に「表面に液体の水が存在できるかどうか」と考えると詳細な議論が必要になるので、ここでは、中心の星からの放射のみによって液体の水が存在できるかどうかで、ハビタブルゾーンを考えます。

一般に、ハビタブルゾーンより内側の領域は、恒星に近いためにエネルギーが多すぎて暴走温室条件が成立してしまいます。つまり、水蒸気が蒸発して、その水蒸気の温室効果でさらに熱くなり、より温度が上がって最終的に海が蒸発してしまうということです。

逆にハビタブルゾーンの外側は、全球凍結状態に陥ります。ただし、全球凍結状態だからといって生命が存在しないことにはなりません。

実際には「液体の海が地表を覆っていること＝ハビタブル（生命居住可能）ではない」、とい

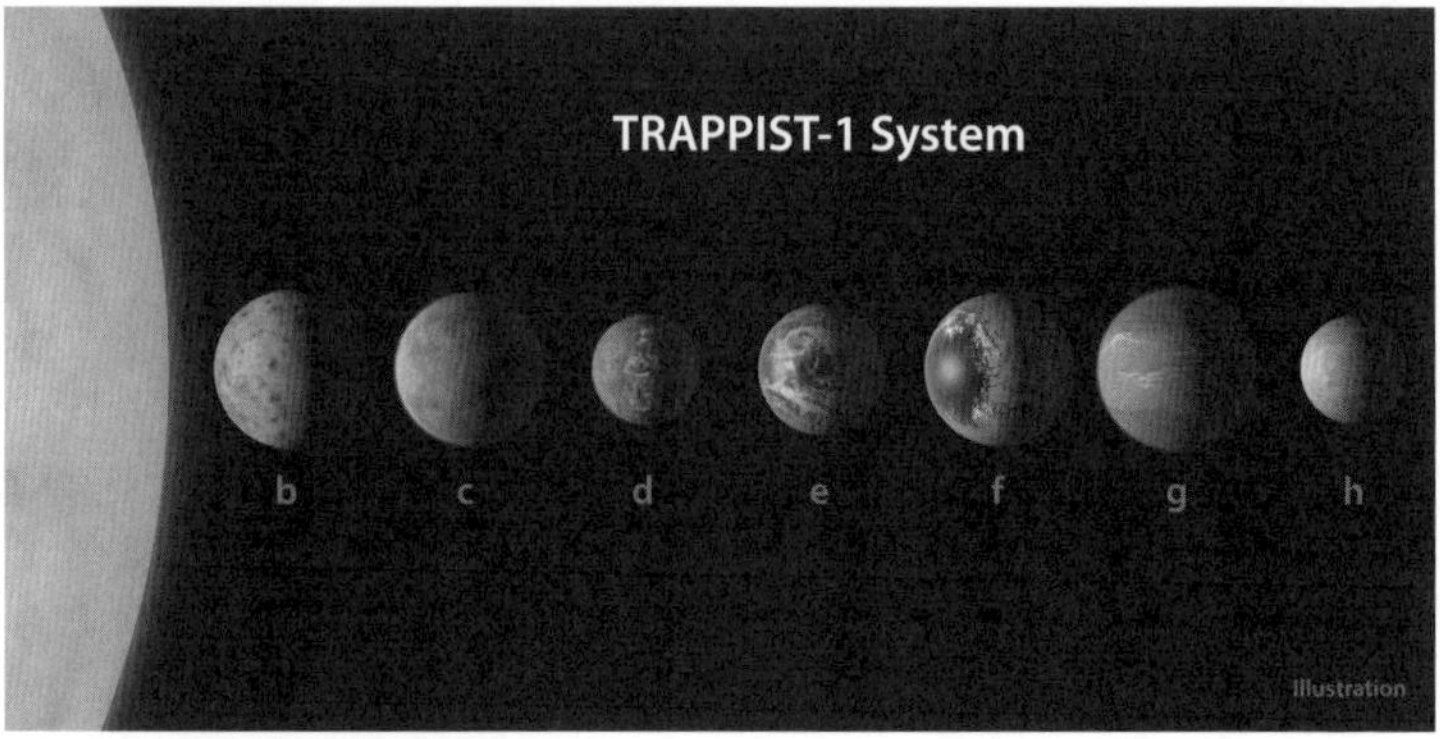

トラピスト1　b～h（想像図）

うことは主張しておきたいと思います。

その上で、控えめに見積もっても生命が生存する可能性のある系外惑星（「Conservative Sample of Potentially Habitable Exoplanets」）として現在挙がっているものが、21個あります。このうち、私が特に注目している3個の系外惑星を紹介します。

◆ハビタブルゾーンに3個の惑星を持つ「トラピスト1」

一つは、太陽系から約40光年の距離にある「トラピスト1」の惑星系です。トラピスト1というのは、「M型星」[5]に分類される質量が小さくて暗い恒星です。その周りで、20日以内の周期で公転する7個の地球サイズの惑星が発見されています。

惑星は、恒星の近くから順に「b、c、d、e、f、g、h」と名前がつき、4、5、6番目の「トラピスト1e」「ト

プロキシマ・ケンタウリｂの地表（想像図）

ラピスト１ｆ」「トラピスト１ｇ」がハビタブルゾーンに存在します。

トラピスト１で興味深いのは、パンスペルミアの可能性です。中心の星と惑星の間の距離は、地球と月の数倍程度しかないので、どれかで生命が誕生すれば、パンスペルミアで惑星間を移動するような生命が考えられます。

◆太陽系の隣のハビタブル系外惑星「プロキシマ・ケンタウリｂ」

太陽系に最も近い恒星として知られているのが「プロキシマ・ケンタウリ」です。太陽系から約４・２光年ほどの距離にあります。

5 **Ｍ型星**……表面温度が非常に低温の星。表面温度は〜３９００（Ｋ）。質量は太陽の０・１〜０・５倍程度。

この星の系外惑星「プロキシマ・ケンタウリｂ」がドップラー法で発見されたのが、２０１６年のことです。プロキシマ・ケンタウリもＭ型星なので、その惑星も公転周期は短く、11日ほどです。そのため、おそらく潮汐固定[6]しています。

このプロキシマ・ケンタウリｂはハビタブルゾーンに存在し、質量は地球と同程度です。太陽系から最も近いハビタブル系外惑星であることから、次世代望遠鏡のジェイムズ・ウェッブ宇宙望遠鏡の重要なターゲットとして位置付けられています。

太陽系に最も近いとはいえ、潮汐固定しているので移住候補にはなりませんが、注目の系外惑星であることは間違いありません。夢物語ではありますが、資産家が中心となって行っている、他の惑星系に探査機を送り込もうというプロジェクトでターゲットにもなっています。

◆地球に最も似ている「ケプラー452b」「ケプラー186f」

ケプラー宇宙望遠鏡が発見した系外惑星のうち、最も地球に似ているのが「ケプラー４５２ｂ」です。これは、２０１５年にトランジット法によって発見されました。

「ケプラー４５２」はまさに太陽と似た恒星であるＧ型星で、「ケプラー４５２ｂ」はその周り

ケプラー452ｂ（想像図）

を385日で公転し、ハビタブルゾーンに存在しています。直径は地球の約1・6倍です。

ただし、太陽系からの距離は約1400光年と遠く離れているので、残念ながら、移住といった話には結び付きません。

このケプラー452bが発見される前まで、「地球に最も似ている」といわれていたのは「ケプラー186f」でした。これは、ハビタブルゾーンにある地球サイズの惑星で、恒星の周りを130日の周期で公転しています。太陽系からの距離は約500光年です。

直径が地球の約1・1倍と、ケプラー452bより地球に似たサイズですが、恒星の種類が太陽とは異な

6 **潮汐固定**……自転と公転の周期が等しくなること。この状態では、惑星が常に中心天体に同じ面を向けたまま公転する。

ります。M型星なので太陽よりもずっと暗いのです。そのため、最初にNASAが発表したときには「地球のいとこ」と紹介されました。

このように、ハビタブルゾーン内でも系外惑星が続々と発見されています。今後、新たな宇宙望遠鏡での観測が進めば、遠くない将来に、惑星大気でバイオマーカーや、地表に植物の痕跡を見つけることができるかもしれません。

なぜなら「はじめに」でも述べたように、この宇宙は生命に満ちあふれているからです。なぜそう自信をもって言えるのか——それを説明するために、次章から「生命とは何か」についてお話ししていきます。

2章

そもそも生命とは何か

生命の定義

現状ではまだ地球外生命は発見されていません。そのため、普遍的な、すなわち宇宙的スケールでは生命の定義はありません。

これは「N＝1問題」といわれ、地球外生命を探る上で最大の難関です。Nは生命が存在する天体の数です。

しかし、NASA（アメリカ航空宇宙局）は21世紀の宇宙探査のテーマとして「アストロバイオロジー（宇宙生物学）」を宣言しています。アストロバイオロジーとは、まさに地球外生命を探り、生命の起源と進化について研究する学問です。これをテーマに掲げるにあたって、NASAはとりあえず暫定的に生命の定義を行っています。その基本にあるのは、「地球生命とは何か」です。

そこで、まずは地球生命の定義を説明しましょう。

2001年にノーベル生理学・医学賞を受賞した遺伝学者、細胞生物学者のポール・ナースは、生命の定義として次の3つの特徴を挙げています。

❶自然淘汰を通じて進化する能力を持つこと
❷生命体が境界を持つ物理的存在であること
❸生き物は化学的、物理的、情報的な機械であること

まず、生き物は生殖し、遺伝システムを備え、その遺伝システムが変化する必要があります。

次に、生命体は周りの環境から切り離されながらも、その環境とコミュニケーションを取っています。それが境界を持つということです。

そして3つ目に、自らの代謝を構築し、その代謝を利用して自らを維持し、成長し、再生する生きた機械であるということです。情報を操ることによって協調的に制御され、その結果、生き物は目的を持った総体として機能します。

生命は進化する

第一の定義が自然淘汰（自然選択といわれることもあります）を通じて進化するということですが、生物はいかに進化するのかについて最初に文献に記載したのが、チャールズ・ダーウィンとラッセル・ウォレスです。二人は別々に、古い種が変化して新種が生まれるという進化のメカニズムに気付きました。

ただし、ダーウィンは進化という言葉を使っていません。彼は「変異を伴う世代継承（Descent with modification）」と表現しています。でも、これは私たちの言う進化と同じことです。ダーウィンは、進化を促すものを自然淘汰あるいは自然選択と呼び、『種の起源』に記述しました。自然淘汰（自然選択）は進化のメカニズムであると考えたのです。

今、私たちの周囲にある生き物たちに多様性をもたらしたのが、自然淘汰です。自然淘汰による進化は複雑化し、多様化した生き物の集団を生み出します。さまざまな種が台頭し、それぞれが新たな可能性を探り、異なる環境と作用し合うことで次第にその形を変えていった結果が、現在なのです。

すべての種は絶え間なく変化し、最終的に絶滅してしまうか、新しい種へと進化していくかのどちらかです。

進化というのは、実は方向性のないプロセスです。しかし、地質学的年代のように壮大な時間スケールに組み込まれると、思いがけない創造性が発揮されます。その進化のメカニズムとして自然淘汰という概念を提唱したのが、ダーウィンでした。

自然淘汰という発想の原点

ダーウィンは「種とはなんぞや」という疑問を持っていました。それは、生物種というのは長い時間が経つうちに変化するのではないかというものでした。

当時は、創造主なる神が天地万物を創造し、そうして創られたものは永遠に同じままであるという「創造説」が信じられていた時代です。ダーウィンの抱いた疑問とその答えは創造説とは全く異なる見解であり、当時の常識を覆すような見解でした。

彼が『種の起源』を出版したのは１８５９年です。そのなかで自然淘汰という理論を通じて生物は進化するという理論を世界に提唱したわけですが、その原点は、ガラパゴス諸島を訪れたことにあります。

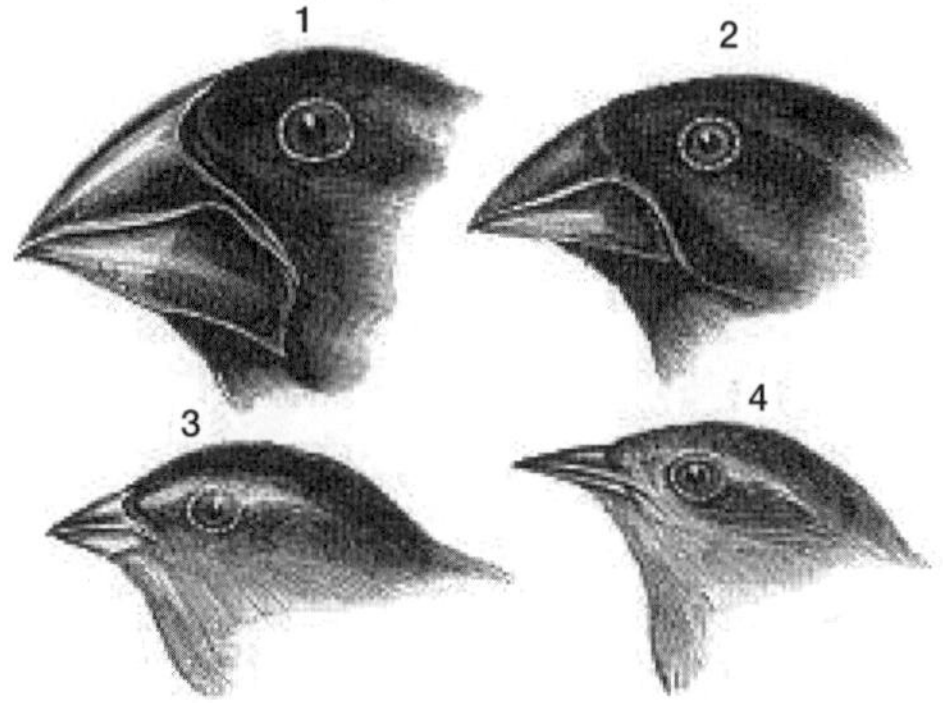

1. オオガラパゴスフィンチ　2. ガラパゴスフィンチ
3. コダーウィンフィンチ　4. ムシクイフィンチ

ガラパゴス諸島のフィンチ

フィンチの嘴『ビーグル号航海記』

そこで彼は巨大な陸生のゾウガメの甲羅の模様が島ごとに異なることを聞き、そのようなサインは種の安定性を損なうのではないか、とノートに書き込んでいます。この記述から、種とは未来永劫不変と決まっているわけではないと彼が考えていたことがわかります。

また、このときには彼はまだ気付いていませんでしたが、本国へ持ち帰った鳥の標本のなかに「種は変化する」という事実を証拠付けるものが多数含まれていました。それが、有名なフィンチの嘴です。

標本として持ち帰ったフィンチは、産地によって嘴の形が違っていたのです。それをダーウィンは個体差だと思っていましたが、帰国後に専門家に分析を依頼し、単なる個体差ではなく、それぞれが別の種であることを知りました。

ただし、ダーウィンが考えた「種」と、現在の生物学でいう「種」は少し異なります。現在の種は、雄と雌が交配して繁殖能力のある子孫をつくることができる生物集団のことを意味しますが、ダーウィンの考えた種は、同じ祖先に由来して形態や体の構造、習性などの形質を共有する生物集団のことでした。

古く、広い考え

進化という概念は、ダーウィンが初めて唱えたわけではありません。

古くはアリストテレスの時代から、概念としてはありました。古代ギリシャの哲学者アリストテレスは、動物の体の部位が長い期間をかけ出現したり消失したりすることを主張しています。

さらに、ダーウィンよりも半世紀以上前に生まれたジャン＝バティスト・ラマルクは、異なる種同士が類縁という鎖で結ばれていると主張しました。つまり、互いが関係し合っているということです。

彼は、種は適応という過程を通じてその姿を変えていくとの考えを提起しました。環境の変化や自らの習性の変化に反応して、徐々にその姿を変えていくというのです。有名なのが、キリンの首の話です。キリンの首はなぜ長いのかという問いに対し、ラマルクは、高いところにある葉を食べるために首を長くしたと主張しました。

ラマルクの考えは、進化の過程の詳細を正しく理解していなかったため、現在では見向きもされません。しかし、進化という現象に対して初めて包括的な説明を与えたという意味で、評価されるべきだと私は思っています。

さて、このように進化という概念自体は古くからあったものの、進化論の祖と呼ばれるダーウィンが、それ以前の人たちと何が違ったのかといえば、彼の研究やアプローチの仕方は科学的で系統立っていたという点です。彼は、進化のメカニズムとしての自然淘汰を提案し、すべての点と点をつなぎ、進化が実際にどのように機能するかを示しました。自然淘汰の全体像を、包括的かつ永続的に説得力を持つ形で最初に示した人物が、ダーウィンなのです。

人間は農耕牧畜という生き方を始めて以来、何千年にもわたって、図らずも自然淘汰と同じプロセスを利用し、特定の性質を持つ生き物を交配させてきました。これは「人為淘汰」と呼ばれます。ダーウィンも、『種の起源』の書き出しを、ハトの愛好家たちがさまざまな種類のハトをつくり出すために特定の個体を選んで交配させる方法の観察から始めています。

人為淘汰は、劇的な結果をもたらすことがあります。野生のハイイロオオカミからさまざまな犬の種類が生み出されたり、野生のアブラナ科の植物からブロッコリーやキャベツ、カリフラワーなどが生み出されたりしました。

自然淘汰のアイデアは、人為淘汰の観察から発展したといえるでしょう。

自然淘汰に似た概念として「適者生存」という考えがあります。これは、その環境に最も適応したものが生き残るという意味で、競争に勝てない個体の排除につながります。ダーウィンと同時代の社会学者、哲学者であるハーバート・スペンサーによって提唱されました。

スペンサーの言う適者生存は、ダーウィンが自然淘汰と呼ぶものと同義です。ダーウィンも1868年に出版した彼自身の著書にこの言葉を書き加え、『種の起源』の第5版、第6版でも使用しています。

この適者生存というプロセスの結果、特定の遺伝子変異が蓄積し、最終的に生存種の形や機能に永続的な変化をもたらすことになります。

自然淘汰というのは非常に深淵で広範な考え方であり、生物学を超えた重要性を持っています。というのは、今でも経済学やコンピューター科学において、その実用性が発揮されているのです。

例えば、ある種のソフトウェアや航空機などの機械工学部品は、自然淘汰を模したアルゴリズムによって最適化されています。そもそもスペンサーが適者生存という言葉を用いたのは、この人間社会に対してでした。適者生存という言葉で人間の社会の進化を論じているということは、さまざまなところに、この自然淘汰の考えが適用できることを図らずも示していたわけです。

自然淘汰が起こる3つの要件

さて、自然淘汰が起こるには、生命体はいくつか条件を満たしていなければなりません。その条件は3つあります。

まず、繁殖する能力があること。次に遺伝システムを備えていること。遺伝子によって、その生命体の特徴を決める情報がコピーされ、生殖によって受け継がれていくわけです。そうした能力があるから、個体に生じた突然変異による有為な差異が蓄積され、その差異を多く持った生物が有利になり、自然淘汰が起こります。

さらに、自然淘汰が効果的に機能するには、生物は死ななければなりません。これが3つ目の要件です。死によって、新しい生物種が世代を超えて繁殖していくのです。

もしも死がなければ、たとえ突然変異による差異が蓄積して新しい種が生まれても、もともとの古い生物種のほうが圧倒的に多いのですから、なかなか転換は起こりません。ですから、死というものが必要なのです。

生命とは細胞である

この本のテーマである「この宇宙に生命は普遍的に存在するのか」という問いに答えるなら、すでに「はじめに」でも書いたように、微生物段階の生命はたくさんいるでしょう。しかし、そこから我々が目にするような多細胞生物に至るまでには長い長い進化の過程が必要になります。微生物と私たちの目に見える生物、つまり多細胞生物の違いについて述べるには、「細胞」に注目する必要があります。

「生命とは何か、一言で言いなさい」と言われたなら、答えは、「細胞」です。細胞は、あらゆる生命体の基本的な構造単位であり、なおかつ、生命の基本的な機能単位でもあります。

生命の中核をなす特徴を備えた最も小さな存在が、細胞なのです。細胞には2種類あります。原核細胞と真核細胞です。この違いについてはあとで説明します。

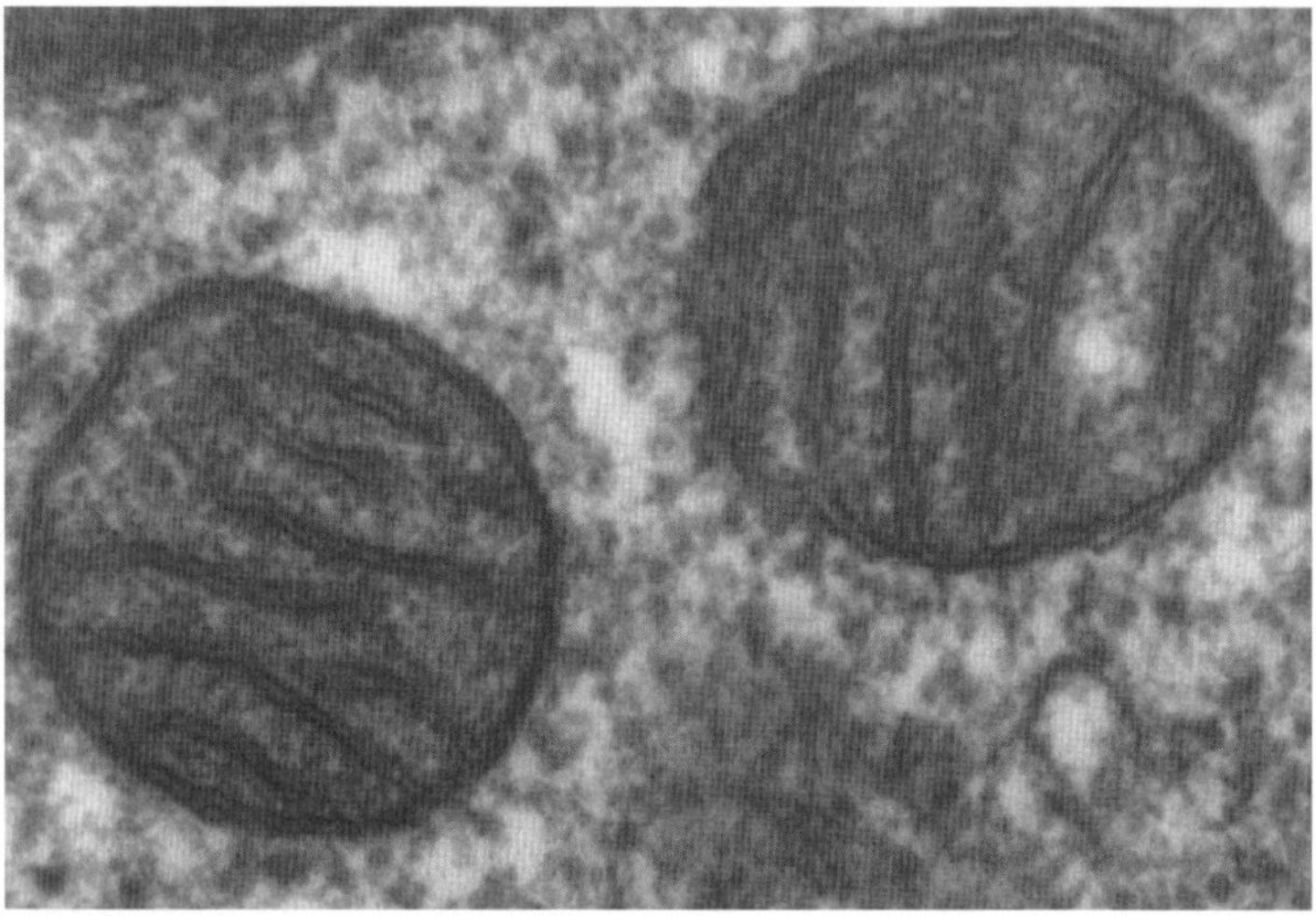
ミトコンドリア

地球上のあらゆる生命は、1個の細胞か、たくさんの細胞からできています。細胞というのは「生きている、いちばん単純な物体」といえるでしょう。

細胞はどのように生まれるのかというと、すべての細胞は細胞から生じることがわかっています。生物学者は、このような考え方を「細胞説」と呼びます。

私は、「生きている」という状態から生命を定義することが非常に重要であると思っていますが、生きているということはエネルギーの流れがあるということです。エネルギーの流れがあるとは、それをつくり出すものがあるということ。実は、多細胞生物の細胞の中にはそのような機能を持つ組織があります。

それは、ミトコンドリアや葉緑体などです。

植物にあるのが葉緑体で、太陽からくるエネルギーを化学的なエネルギーに変えます。そして、動物などにあるのがミトコンドリアで、呼吸によって、化学的なエネルギーを普遍的に使えるエネルギー通貨に変えます。

ミトコンドリアも葉緑体も、もともとは細菌または古細菌というグループの微生物だったと考えられています。その微生物が、別のある微生物に取り込まれて、最終的にミトコンドリアや葉緑体に変わったのだろうと考えられているのです。これを細胞共生説といいます。

あらゆる生命体はコロニーをつくって生きている

たった一つの細胞で生きることができる微小な生物体の総称が、微生物といっていいでしょう。厳密にいうと、微生物には細菌と古細菌という2種類があります。

微生物は、ごみを分解したり土をつくったり、動植物が成長するために必要な栄養素や、空気中から得た窒素を再循環させるような働きをしています。人体には30兆個ともいわれる細胞がありますが、そのすべてに最低一つは微生物が棲んでいるといわれています。

微生物は、原核細胞と呼ばれる細胞から成る単細胞生物です。生命の系統樹と呼ばれる生物の

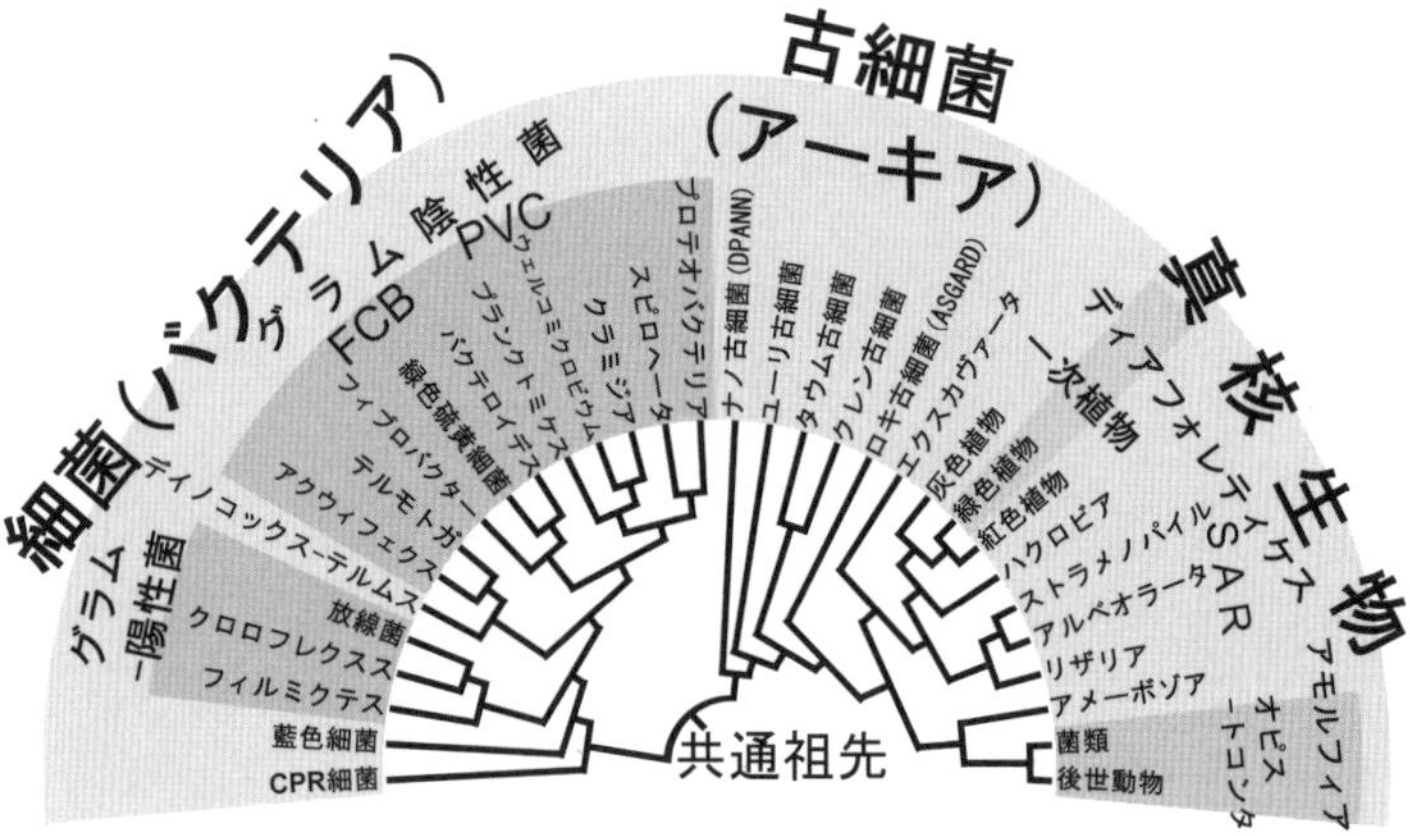

生命の系統樹

Nature Microbiology1

分類によると、生物は細菌と古細菌と真核生物という3つの大きなグループに分けられています。真核生物は、真核細胞から成る生物で、単細胞のものと多細胞のものがあります。私たちが進化と呼ぶ現象は、主に真核生物において見られる現象です。

人に限らず、あらゆる真核生物は、その細胞と微生物細胞とが密接に相互作用し、絶え間なく変化し続ける巨大なコロニー（集落）といえるでしょう。このことはまさに微生物から多細胞生物が生まれてくる一つのヒントになります。というのは、一つの細胞である微生物も、多くの場合、同じ微生物が集まってコロニーをつくって生きているのです。

例えば、有名なシアノバクテリア（ラン藻）の場合、岩石上に連なってくっついて、緑色をしたマット状に存在している様子を、オーストラリアあたりに行くと

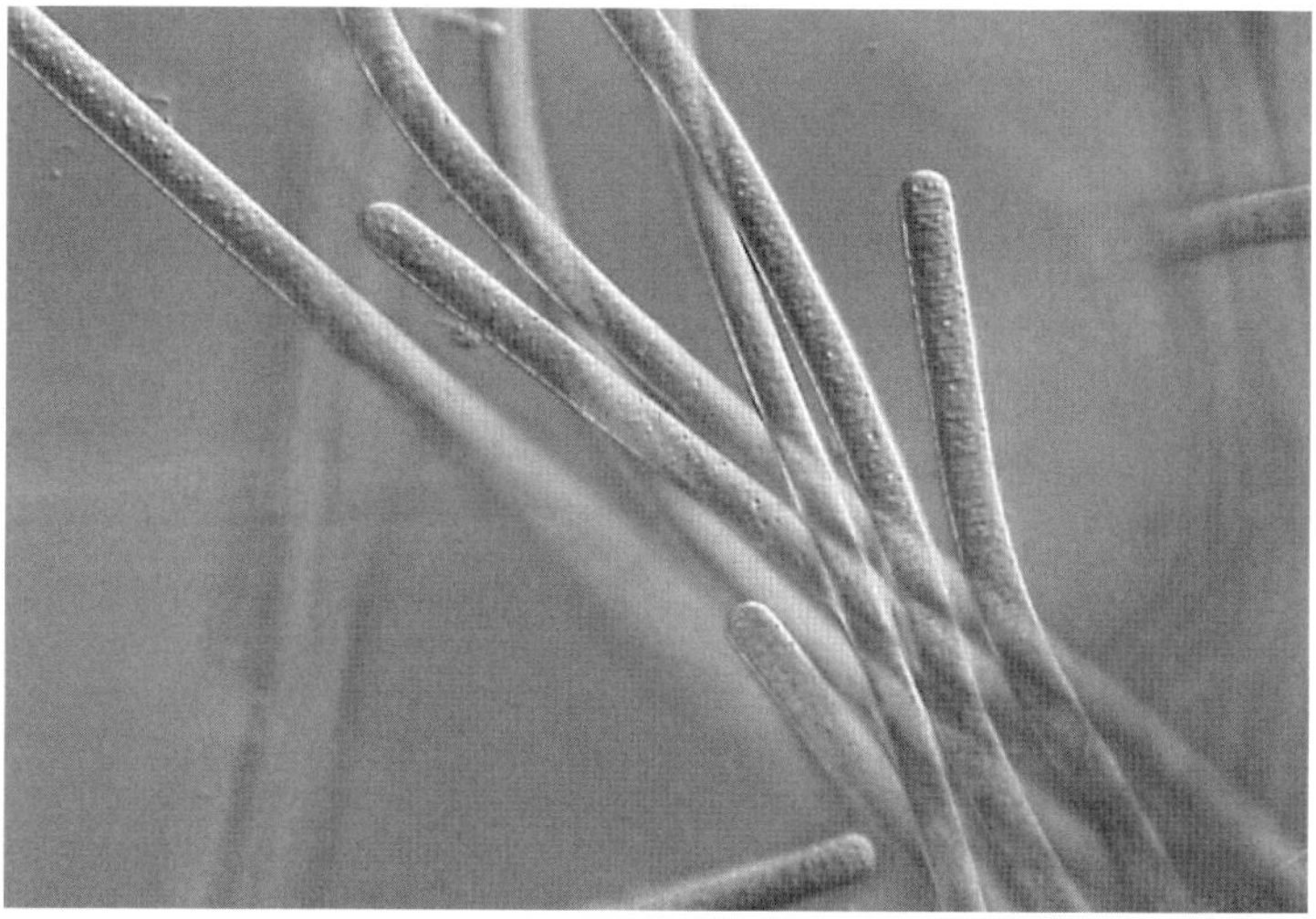

シアノバクテリア（ラン藻）　ja:User:NEON / User:NEON_ja

見ることができます。微生物は今でもそういう生活をしています。

微生物ではないウイルスも生物と相互作用しています。最近では生物の進化にウイルスが関わっていることが示唆されています。

「多細胞生物の時代」と呼ばれるカンブリア紀は、およそ5億5000万年前から始まり、それより前の先カンブリア紀は「微生物の時代」といわれます。その微生物も、目に見える他のすべての生命体と同じ基本原理に従って、機能しています。

すべての細胞は細胞から生じる

生物は細胞からできているということは19世紀初めにはわかっていたわけですが、顕微鏡技術が発展して細胞の研究が進むと、そのことが実際に確かめられるようになりました。多細胞生物は、実は細胞の集まりであることが観測できるようになったのです。

1839年頃、植物学者のマティアス・シュライデンと動物学者のテオドール・シュワンが、あらゆる生命体は本質的に似たパーツ、すなわち細胞でできていることを主張しました。さらに、1858年には病理学者の草分けであるルドルフ・フィルヒョーが、すべての動物は生命の完璧な特徴を備えた「命の単位」の集まりなのだ、と述べています。命の単位とは要するに細胞ということです。

ただし、シュライデンとシュワンの細胞説には新しい細胞がどのように発生するのかという説明はありませんでした。その後、生物学者たちは「どうやって生まれたのか」「どうやって生まれるのか」を調べ始め、やがて、細胞はすでにある細胞が二つに分裂することによってしかつくられないことに気付きます。

そしてフィルヒョーは、これをラテン語の標語で「すべての細胞は細胞から生じる（omnis cellula e cellula)」と述べました。その標語が世間に広まり、細胞説が一般化していったのです。

細胞は細胞から生まれるとは具体的にはどういうメカニズムかといえば、細胞分裂が起こり、瓜二つの細胞が生まれるということです。

微生物の場合、「細胞分裂で増殖します」という話で終わりますが、多細胞生物のほうはもう少し複雑です。多細胞生物の場合、細胞分裂が起こると一つの均一な動物の受精卵が将来の細胞組織に変化し、最終的に「胚」という複雑で組織化された生物へと変わります。そして、細胞が分裂することによって、個々の細胞が、それぞれの機能を帯びるのです。

同じ細胞ではなく、ある目的を持った細胞として生まれてきて、それらが集まり、その後、本当の生命体になる、そのもとになるものを胚といいます。ですから、受精卵そのものではなく、その受精卵から分裂していった細胞の塊は、もう生物であり、その最初の一歩が細胞分裂だということです。

その後の胚の発達も、それぞれの動物の体の組織になるような細胞が次々と分裂して増えていくのであって、基本的なプロセスは同じです。細胞分裂を繰り返し、細胞が次々と個別の組織や器官へと成長するにつれ、ますます精巧にパターン形成された胚が形成されていきます。

細胞の内部は

では、細胞はどういう構造になっているのでしょうか？　脂質でできた細胞膜に包まれています。この細胞膜によって、内側と外側が区切られているのです。つまり、細胞膜の内側が細胞、外側が環境となります。

細胞膜の内側は、細胞質という液体で満たされています。細胞質は、水やさまざまなアミノ酸などから成ります。細胞質の中に核などの細胞小器官が存在します。そして、それぞれが別々の細胞膜の層で覆われています。

細胞小器官のなかでもいちばん重要なのが「核」です。これは、染色体によって記された遺伝命令を含む細胞の指令センターで、核膜と呼ばれる膜で覆われ、一つの機能化された組織になっています。

核以外にもさまざまな器官や区画があり、細胞から材料を出し入れして、それを内部で運び回ったり、あるいはそれらを用いてパーツを組み立てたり壊したり再生したり、高度な生産物流機能を果たしています。これが、私たちの体をつくっている細胞です。

一方で、そのように組織化されていない細胞もあります。

細胞に核があるかないかで、生命は大きく二つに分けられます。核を含む細胞を真核細胞、真核細胞からなるものを「真核生物」と呼び、我々と同じ動物や植物、菌類などがその仲間です。

これに対し、膜で包まれた核や細胞小器官、複雑な内部構造を持たない細胞もあり、原核細胞といいます。そのような細胞からなるものを「原核生物」といいます。

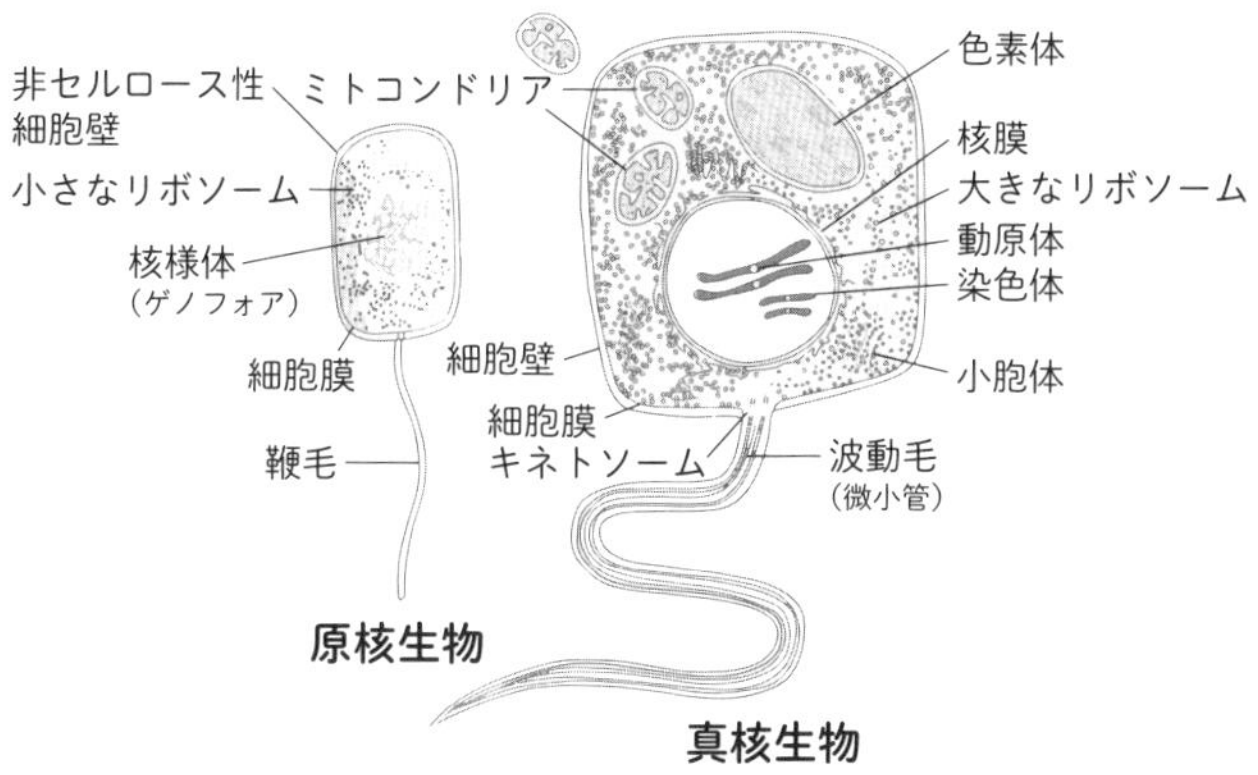

真核細胞と原核細胞　『アストロバイオロジー』山岸明彦（化学同人）

原核細胞は核がないだけでなく、細胞小器官や複雑な内部構造がありません。つまり、原核細胞は、区画された複雑な構造を持っていないのです。細菌や古細菌などの生物がこれにあたります。

真核細胞と原核細胞の違い

真核細胞は、原核細胞の10倍ほどの大きさがあります。大きいので、たくさんの機能をはたせるのです。

その構成はというと、真核細胞も原核細胞も、細胞膜によって囲われ、その内部を細胞質が満たし、タンパク質を合成するリボソームを持つことは共通しています。これらに加えて、真核細胞の場合は、細胞質の中にサイトゾルと呼ばれる液体があり、膜によって隔てられた細胞小器官を持っています。要するに、区画化された組織を持つことが真核細胞の特徴です。

その区画化された内部が、それぞれいろいろな機能を持っています。

例えば、リボソームは実は膜を持たず、真核細胞にも原核細胞にも共通してあります。リボソームの機能は、ある意味で細胞を生物たらしめています。あとで詳しく説明しますが、ウイルスとの違いは、リボソームを持つか否かにあるといっていいでしょう。リボソームの機能は、タンパク質を合成することです。真核細胞にとっても原核細胞にとってもタンパク質は必要ですから、その合成はどちらにとっても非常に重要な機能であり、共通して存在しなければならないのです。

原核細胞ではリボソームは細胞質中を自由に浮遊しており、真核細胞では2か所に存在し、一つは原核細胞と同じように細胞質中に、もう一つはミトコンドリアと葉緑体の中にあります。これらの場所で、リボソームは核酸の指令に従ってタンパク質の合成を行っています。

これに対して、真核細胞の中にしかないものもあります。ミトコンドリアや葉緑体といった細胞小器官です。先ほど、葉緑体の中で太陽からくるエネルギーを、化学的なエネルギーに変えると述べました。その化学エネルギーをため込む物質がグルコース（ブドウ糖）です。グルコースを分解することでエネルギーが取り出され、その作用を行っているのがミトコンドリアです。

グルコースの分解で生じた分子がミトコンドリアの中に入ってきて、最終的には「ATP（アデノシン三リン酸）」[7]と呼ばれる分子をつくります。生命は、化学エネルギーの形で蓄えられたものを、すぐにエネルギーに変換できるような分子に変えていて、それがATPなのです。

それを合成しているのが、ミトコンドリアという細胞小器官です。

真核生物が誕生することが、私たちが知っている進化という現象が起こる必須条件です。したがって、原核生物にはなかったミトコンドリアがどうやって生まれたのかということは、進化上の大事件なのです。

また、先ほど紹介したリボソームも、非常に重要な器官です。リボソームはすべての生物が共通して持っている器官なので、その中の分子の配列を比較することで生物の分類を行うことができ、場合によっては、共通祖先が何なのかという問題も追究することができます。

さらに、タンパク質を合成するという点では、「生命とは何か」という問いに深くかかわります。生命は、タンパク質と核酸からできています。その核酸から情報をもらい、タンパク質をつ

7 ATP……すべての植物、動物および微生物の細胞内に存在するエネルギー分子。細胞の増殖、筋肉の収縮、植物の光合成、菌類の呼吸および酵母菌の発酵などの代謝過程にエネルギーを供給するためにすべての生物が使用する化合物。「生体のエネルギー通貨」ともいわれる。

くるのがリボソームです。ウイルスが生命ではないという主張は、ある意味で、自らの内部にリボソームを持たないからといえるのです。

「区画化」が秩序と機能を生み出す

細胞は環境から膜で区切られています。細胞膜の外膜が、細胞を周囲の環境と分けています。この環境と内部を「分ける」ということが、細胞のいちばん大きな特徴です。真核細胞は原核細胞が進化したものです。原核細胞から真核細胞に進化する過程で、原核細胞の中に区画化された領域が生まれてきました。それが核であり、細胞小器官であるわけですが、この「区画化」というプロセスが非常に重要になってきます。

細胞膜は、親水性の分子と疎水性の分子という、分子二つ分の厚みしかありませんが、その薄い膜が、細胞を周囲の環境から隔て、その構造を維持しています。脂質二重層といいます。そして、細胞は、その構造を自律的に維持し、秩序を定め、進化していくのです。

細胞自身は秩序化されていますが、同時に、その秩序を維持するために、周囲の環境に無秩序を生み出していきます。細胞の内と外を同時に考えれば、「あらゆるものは時間とともに秩序立った状態から無秩序な状態へ向かう」という熱力学第二法則[8]に背くことはないわけです。生き物は秩序あるものを取り入れ、無秩序なものを排出することで体内の秩序を保っているといえます。境界によって周囲と分けられ、その境界を通じての物やエネルギーの出し入れによって、内部の構造を維持しているのです。このような構造を開放系といいます。この宇宙の構造は、実は、生命に限らずすべて開放系なのです。

ですから、生命にとって区画化、すなわち境界によって周囲と分けられるという特徴は、あらゆるスケールで生命にとって非常に重要です。多細胞生物のさまざまな組織や器官を考えても同じことがいえます。例えば心臓、肝臓といった各臓器はそれぞれ区切られていて、それぞれの機能を果たしています。

区画化というのは、あらゆる種類の複雑なシステムを機能させる要なのです。細胞も、それ自体を区画化された領域とみなすことができます。ですから、細胞は、区画化の本質を示す例といえるでしょう。

8 熱力学第二法則……熱というのは分子の運動に起因するもので、その流れは高温部から低温部に向かって不可逆的に起きることを示すことなどを記述する法則。数学的にはエントロピーの存在と増大法則で定式化される。

細胞膜の隔離効果のおかげで、細胞は化学的にも物理的にも秩序が保たれています。ただ、細胞はこの状態を永遠に維持できるわけではなく、一時的にしか維持できません。物を取り入れたり排出したりという働きをやめると、細胞は死に、環境と同化し、無秩序という状態に移ります。

細胞が「生きている」という状態を維持しているのは、外界から、細胞膜を通じて物を取り入れたり、いらなくなったものを外に排出したり、あるいはエネルギーを取り入れたり、いらなくなった熱を外に排出したりという「流れ」があるからです。その「流れ」が維持されている状態が、細胞が「生きている」という状態であり、生きている状態を支える流れの、境界になっているのが、細胞膜なのです。

生命とは生きている状態

ここまでは「地球生命とは何か」ということを現象論的に考えてきました。次にいよいよ「宇宙で生命をどのように定義できるのか」という問題について考えていきましょう。

宇宙で生命をどのように定義できるのかという問題は、生命の普遍的な定義を考えるということに通じます。普遍性を探る上で、第一に考えるべきは、生命現象を物理的に考えるとどうなるのか、ということです。

私たちの知っている物理学は、この宇宙で成立し、森羅万象を記述し、宇宙の始まりから未来までを予測しています。一方で生物学は地球上でしか成立していないので、そういう意味での普遍性はありません。地球外生命を探るということは、地球生命が普遍性を持つのか否かを考えることですから、物理的に考えることが大事な視点です。

生命に対する物理的な観点からの議論は、「シュレディンガーの猫[9]」で有名な、理論物理学者のエルヴィン・シュレディンガーが行っています。

彼は1944年に『生命とは何か』という本を出し、「生命体の空間的境界の内側で起こる時間空間的な現象は、物理学と化学によってどのように説明できるのか」という問いを投げかけました。

そして彼の得た結論が、生命は環境から負のエントロピーを抽出する性質を持っている、というものでした。

エントロピーとは乱雑さを表す物理量であり、物事は放っておくと利用できるエネルギーが拡散し、エントロピーが増大し、やがて熱力学的平衡に達する、それが自発的に戻ることはない――というのがエントロピー増大の法則です。

では、シュレディンガーの言う「環境から負のエントロピーを抽出する性質」とはどういうことでしょうか。もう少し具体的にいうなら、生命が無秩序から秩序を生み出し、熱力学第二法則に背く背景に何があるのか、そのためには生命体をつくるための指示書を何らかの形で高度化した分子的実態が存在しなくてはならない、と彼は考えたのです。

当時はDNAがどういうものかという実態がわかっていなかったので回りくどい言い方になっていますが、要するに、秩序を生むには何らかの指示書が必要で、生命はその指示書どおりに秩序を生み出しているのだ、というのが彼の答えでした。

秩序を維持するにはエネルギーの入力が必要

自発的に起こるどんな化学反応においてもエントロピーが増大します。その化学反応によって生み出される産物は、もともとの反応物に比べて無秩序で乱雑であるということです。

生命というのは、化学反応の上に成り立っています。たくさんの化学反応をまとめたものを「代謝」といいます。その化学反応によって秩序が生まれるか生まれないかは、タンパク質について考えるとわかりやすいでしょう。

タンパク質は、アミノ酸という分子からできています。タンパク質が加水分解される場合、反応前に比べて生成物の数が多くなります。つまり、もともとのタンパク質よりも、分解されたアミノ酸のほうが数が多くなります。そうすると、アミノ酸という生成物は自由に動き回ることができるので自由度が増します。乱雑さが増すということです。

加水分解反応では、エントロピー高くなる、つまり無秩序になるということです。

加水分解前のアミノ酸がつながってできているタンパク質の場合は、当然、材料となる数百、

9 **シュレディンガーの猫**……シュレディンガーが提唱した量子力学に関する思考実験。

数千のアミノ酸の溶液に比べると、数も少なく自由度が低いので、秩序がある状態、すなわちエントロピーは低いといえます。

自然のままに放っておくとエントロピーは常に増大し続けます。生命は、機能を持つタンパク質を保ち、秩序を維持するためには、絶えずエネルギーを入力し続けなければなりません。利用可能なエネルギーを入力すれば、熱力学第二法則と矛盾しないのです。

「生きている」という状態に注目する

物理的に生命を考えようとすると、単に生命の性質を列挙するだけでは足りません。理論物理学者のポール・デイヴィスは、シュレディンガーとは異なる観点でそのことを述べています。デイヴィスは、物理学が取り扱うべきは、生命力という単なる一つの力ではなく、物質と情報、全体と部分、単純さと複雑さを結び付ける、もっと捉えがたい何かである——と問題を整理しています。

例えば非生命から生命への道は、生きていない物質から生きている物質への途切れなく続く長く穏やかな道だったのか、それとも、物理学で言うところの「相転移[10]」に近い一連の急激な大変化を伴っていたのか……。

化学的環境のみに絞った説明では何かが欠けている、と考えたのです。

生命体というのは、平衡状態からはるかに遠くかけ離れていますし、生物が機能し続けるには、環境からエネルギーを取り込んで何かを排出し続けなければなりません。そのために、生物は環境との間で絶えずエネルギーと物質の交換を行っています。

そのライフプランの詳細を保存しているのが核酸であり、タンパク質がその生命体を機能させ生きるための下働きをしています。ですから、生命の定義には化学と情報の両方が組み込まれなければならない、とデイヴィスは考えました。

また、情報に注目して生命を定義する試みもあります。

生物物理学者のエリック・スミスは、エネルギーの流れと貯蔵が、情報の流れと保存に関係付けられた化学システムが生命である、と定義しています。

つまりは、生命をスタティック（静的）な対象として捉えるか、ダイナミック（動的）な対象として捉えるかということです。生命の特質を「生きている」という状態と捉えると、要するに、

10 **相転移**……同一の物質でも、温度や圧力の変化により物理的な性質が明らかに異なる状態に変化すること。例えば、常温では液体の水が、1気圧で0℃以下では氷になり、100℃以上では水蒸気になること。

エネルギーや物の流れがある状態と考えると、この章の冒頭で紹介したような、生命の3つの定義（自然淘汰を通じて進化する能力を持つ。境界を持つ物理的存在である。化学的、物理的、情報的な機械である）とは別の定義が生まれてきます。

視点を宇宙に広げると、そうした〝状態〟に注目した定義のほうが、開放系の進化に関してはわかりやすいと考えています。というよりも、私自身は、そのほうがはるかに普遍的な議論ができると思っています。

生命は、秩序の乱れを加速する

さて、ここで考えなければいけない問題が二つあります。一つは、地球上にしか生物は発見されていないという事実です。このことは、この章の冒頭でも述べたように「N＝1問題」といわれています。要するに、この宇宙における生物の存在は今のところ、地球上の一つしかないということです。

ただ、そのほかにウイルスというものが存在します。ウイルスは、遺伝子しか持たないので、それ自身で代謝は行いません。そのため一般には生命とは分類されません。しかし、多くの人が疑問に思っているように（私自身も疑問を抱いています）生命と非生命の境界をくっきり分ける

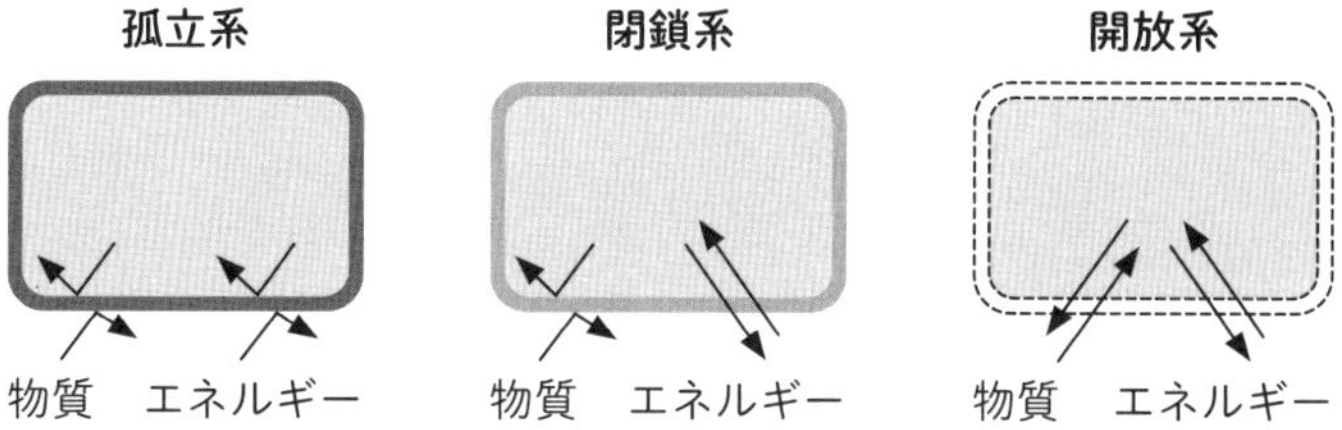

系の分類　https://physnotes.jp/td/thermo_system/

必要はあるのでしょうか。生命と非生命の境界はあいまいであり、そのあいまいなところにウイルスは位置しているのではないでしょうか。あるいは、微生物にも仮死という状態が存在します。仮死も生命と非生命の間の状態です。

ウイルスを生命に含めるような考え方でいけば、N＝1問題はクリアされます。なぜかというと、ウイルスは一般の生命の定義では含まれないので、新たに生命を位置付けることも可能だからです。

また、先ほど述べたように微生物においては仮死状態があります。凍結乾燥すると1億年でも生き延びるような微生物もいます。そうした生命と非生命の境界をどう考えるかによって、N＝1問題はいくらでも克服できるでしょう。

さらに、先ほど区画化された内側と外側が細胞と環境であると説明しましたが、この宇宙には同じように区画化された内側と外側という構造がたくさん存在します。例えば、星や地球もそうです。

それぞれの構造は、区画化された内側と外側で物やエネルギーのやり取りをします。境界を通じて物やエネルギーの出入りがあるものを「開放系」といいますが、生命は、もちろん開放系です。そう考えると、N＝1問題は実は解決できるのではないか、と私は思っています。つまり、N＝多数となるからです。

また、視野を宇宙にまで広げたときに出てくるもう一つの問題が、逆説的になりますが、宇宙における秩序の乱れを加速する作用を生命は持っているということです。生命の営みはエネルギーの散逸を加速させ、宇宙の死期を早めているとも考えられます。

どういうことかといえば、生命は、細胞レベルにしても、生命体レベルにしても、境界によって区切られた内側、つまり開放系です。その外側が環境だとすると、開放系が維持されるということは、外側に無秩序をたくさん生み出しているからです。

環境は宇宙ですから、生命がつくられればつくられるほど、宇宙は無秩序が増えていくことになります。ですから、宇宙における秩序の乱れを加速するのが生命なのだ、という言い方もできます。

宇宙が熱力学的な平衡状態に向かうとすれば、生命の営みが、宇宙の死期を早めているともいえるのです。

「進化する開放系」という化学システム

ここまで「生命とは何か」についてさまざまな考察を紹介してきましたが、最後に、私自身が現時点でどのように考えているのかということを述べておきます。

私は、生きているという状態に注目し、生命とは「進化する開放系」という化学システムではないか、と考えています。

開放系は、何に注目するかでいろいろな言い方ができます。流れに注目すれば流動系であり、エネルギーの流れに注目すれば熱機関でもあります。流動系とは物の流れがあるということですが、エネルギーの流れという意味でも、特別な系と捉えることができます。そして、エネルギーの流れがあるとは、熱とは何か、温度とは何か、利用できるエネルギーとは何かに関係し、つまり熱機関です。流れと熱機関、その両方を満たしているのが開放系です。

世界は開放系と環境で成り立っていて、開放系にはいろいろな階層があります。そう捉えて、進化を宇宙の開放系にまで拡大して考えればN＝1問題は克服できるのではないでしょうか。

この宇宙の開放系はどのように変化してきたのかと考えると、抵抗に逆らって流れを拡大し、効率化してきた結果、形や構造が変わってきました。それが、我々が進化と呼ぶ現象です。

その特徴は、エネルギー流量密度というもので測ることができます。エネルギー流量密度とは、単位質量あたりにどのぐらいのエネルギーが流れるかという値です。

宇宙の開放系についてエネルギー流量密度がどうなっているのかを計算してみると、時間的に増加していることがわかります。それは生物もそうですし、地球や星もそうですし、それだけではなく、文明もそうです。文明は「人間圏」という地球システムの中の構成要素の一つであると私は考えています。人間圏という開放系を考えると、やはり歴史とともにそのエネルギー流量密度は増えてきているのです。

逆にいうと、文明は発展する必然性を持つということです。我々はなぜ文明を発展させるのかと問われれば、それは、人間圏そのものが開放系であるからです。この宇宙にある他の開放系と同じく、流れを効率化し拡大していくという性質を持つからです。

ただし、星や地球の進化と、生物や文明の進化には違いがあります。それは、種間の生存競争とか、世代交代という点です。生物、文明には世代交代があります。一方、星や地球には世代交代はありません。微生物にもはっきりとした世代交代はありません。これらをどう捉えるかという問題については、私自身、今いろいろと考えているところです。例えば、惑星形成の段階で、微惑星の成長には競争があるとか、原始惑星系円盤の組成が星の世代と共に変化していくことなどです。

3章

生命はどのようにして〝生きている状態〟を維持しているのか

生命を形づくる分子

生命とは、進化する開放系である、と述べました。では、生命はどのようにしてその流れのある状態、生きている状態を維持しているのでしょうか。これが3章のテーマです。

まずは、生命を形づくる分子について簡単に説明しましょう。

地球上の生命を形づくる分子はたくさんありますが、特に大切なのが「水」「脂質」「炭水化物」「核酸」「タンパク質」の5つです。

❶物の出入りの媒体となる「水」

なんといっても地球の生命を形づくる分子としていちばん重要なものは、水でしょう。ただし、この場合の水は、液体状態の水を意味します。氷や水蒸気では都合が悪いのです。地球の生命は液体に浸った分子でできているというのが、物質的な構造です。生体内で見つかる主な分子は、水以外では脂質、炭水化物、核酸、タンパク質のわずか4種類で、これらが水に浸っています。そして細胞膜に覆われている。これが細胞の基本的な構造です。

地球生命は食べ物や酸素などの物質を体内に取り入れ、体内を循環する水分と一緒に細胞に運んで、水溶液の中で起こる化学反応によってエネルギーに変え、活動しています。そして、余った老廃物を水分とともに排出します。

生命はこうした化学反応の集まりでできている以上、物質を出入りさせる必要があります。その媒体が必要です。媒体として、液体がいちばん都合がよいわけです。

ただし、液体というなら、水以外にもさまざまなものがあります。そのなかで、なぜ水でなければいけないのでしょうか。一つには、水がありふれた物質だからです。この宇宙の化学元素のなかでいちばん多いのが水素で、次に多いのが酸素です。その二つで構成されている水は、地球も含め、宇宙で非常に多く存在する分子です。

また、水は変わった物質で、倍以上重い分子に比べても、かなり高温でも液体状態を保ちます。さらに、いろいろなものを溶かし込む性質もあります。これらの性質は、水の分子構造に起因します。H_2Oが一直線に並んでいないため、電荷の偏りが生じます。このような電荷の偏りがある分子のことを極性分子といいますが、このような分子は何でもよく溶かすという性質があるのです。水が高い温度まで液体でいられるのも、並外れて強い分子間力[11]を持つためです。

11 分子間力……分子と分子との間に働く力。遠距離では引力、近距離では反発力となる。

細胞の中では液体状態の水に分子が溶け込んで、それらが反応して生命を維持しているのですから、こうした水の性質は、生命にとって非常に重要なのです。

❷内と外に分ける区画化のための膜をつくる「脂質」

次に重要なのが脂質です。脂質は普段私たちが「脂肪」と呼ぶものですが、地球の生命の細胞膜に欠かせない分子です。水素原子も豊富に含むため親水性を持ちますが、酸素原子や窒素原子はほとんど含みません。

液体に満ちた細胞の内側と外側を隔てる境界は、実は脂質からできています。それは脂質という分子が持っている特異な性質に起因しています。脂質は、水になじむ親水性の分子と、なじまない疎水性分子が両端にあり、それが並ぶと、内側は水に溶けやすい分子が並び、外側は水に溶けにくい分子が並ぶという形で二重層ができるのです。それが細胞の内と外を隔てる膜になります。

細胞膜は生物にとって非常に重要です。細胞膜に限らず、区画化というのは、生物を生物たらしめる最も基本的な性質で、それをつくり出すもの、その構成成分が脂質なのです。膜構造は傷つきやすいのですが、細胞への物質の出入りを調節し、膜の内外の電荷の差が電子やプロトン（陽子、水素の原子核）の流れを生み、それが細胞のエネルギー生産に直結しています。

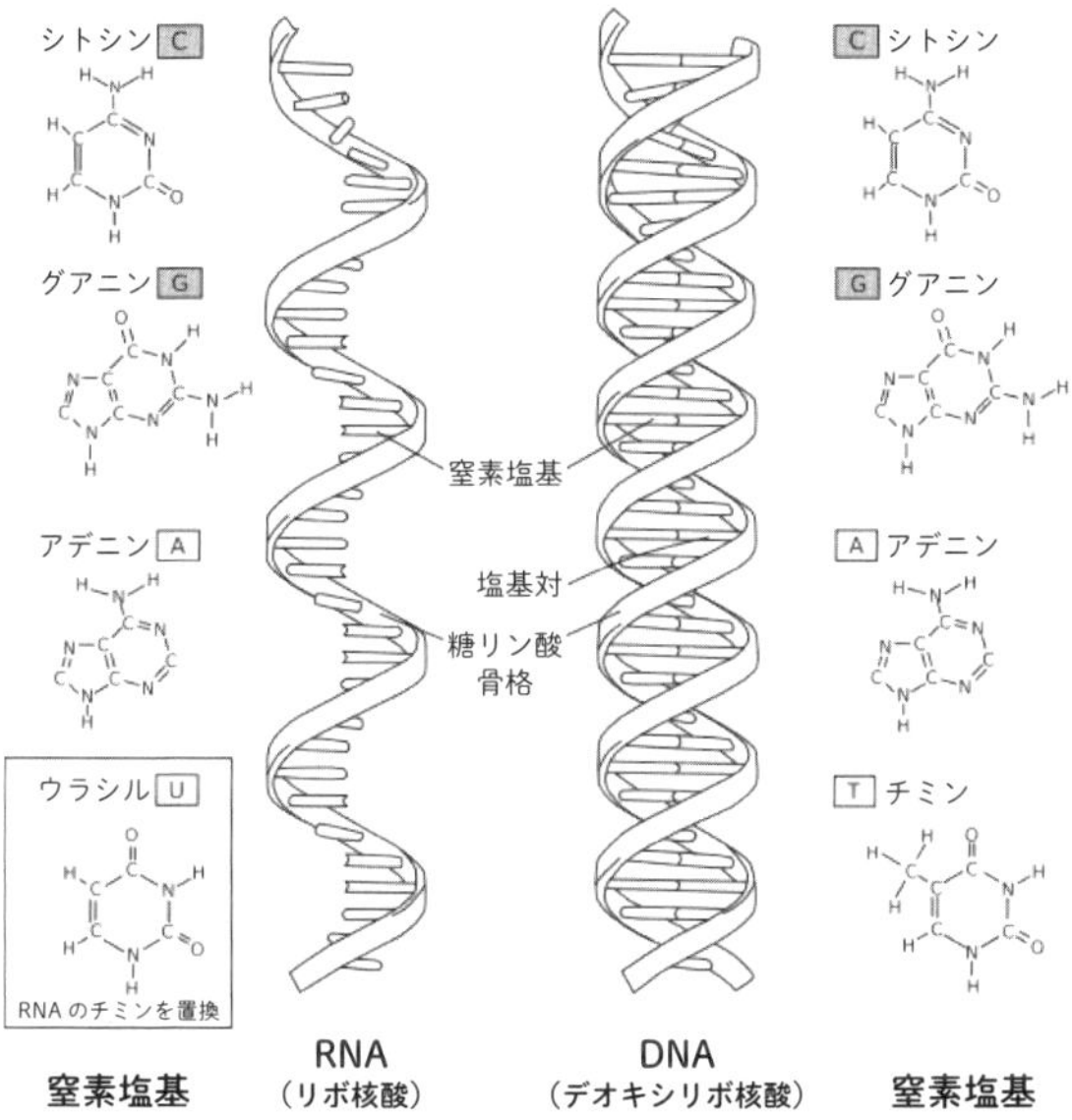

RNAとDNA　　Antilived, Fabiolib, Turnstep, Westcairo on en.wikipedia

❸大きな分子をつくる材料となる「炭水化物」

炭水化物は、私たちが「糖」と呼ぶものです。糖が鎖状にいくつも結合すると多糖ができます。

糖は、つながった状態であれ、単体であれ、糖自体だけでなく、他の有機分子、無機分子と結び付いてより大きな分子をつくるために必要な構成要素です。また、糖はエネルギーのもとになる分子をつくる材料でもあります。さらに、遺伝情報が詰め込まれた核酸をつくるときにも必要な分子です。

❹「核酸」……DNAとRNA

核酸は、すべての細胞内に存在し、遺

伝情報を蓄えている巨大な分子です。「ヌクレオチド」という窒素化合物と糖が結合した分子からできています。ヌクレオチドも塩基と呼ばれるサブユニットとリン酸および糖でできています。

核酸という分子で注目すべきは、塩基です。これが遺伝情報を書くときの文字になっています。
核酸にはＤＮＡとＲＮＡの２種類があります。生物の中で主たる情報貯蔵システムとして使われているという意味ではＤＮＡのほうが主役で、よく知られているように二重らせん構造になっています。ＤＮＡは１８６９年にフリードリヒ・ミーシャが発見しました。

２本のらせんが、はしごの段のようなものでつながっていて、その段がアデニン、チミン、グアニン、シトシンという４種類の塩基でできています。これらは、アデニンはチミン、シトシンはグアニンと結合するというように、実は対をなすペアが決まっています。この塩基対が並ぶ順番が、いわば生命の言語なのです。

ＲＮＡのほうはというと、ＤＮＡが持っている情報を読み解いて、その内容を実行に移す役割を持つ分子です。つまり、タンパク質をつくるための情報をリボソームに伝えます。ＲＮＡは、通常はＤＮＡと異なり、一本鎖です。

ＤＮＡの持つ情報は非常に複雑です。体をつくるための情報だけでなく、生きる上で必要な数々の仕事を実行するための情報を記録しています。ですから、生命の設計図であり、取扱説明書であり、修理マニュアルでもあるのです。さらに自分自身をコピーして、そこに記された暗号の中身をすべて複製するための指示書でもあります。

コンピューターに例えるなら、DNAはソフトウェアで、タンパク質がハードウェアのようなものです。RNAの役割も実にユニークで、その両方の機能を持っています。そういう意味で、生命の起源を考える上でも非常に重要な分子です。最初にできたのはRNAではないかと考えられています。

❺代謝を司る「タンパク質」

タンパク質は、生物の体内で4つの役割を担っています。大型分子をつくったり、他の分子を修理したり、物質を運んだり、エネルギーの供給を確保したりと、生物の体内でいろいろな役割を担っています。また、大小さまざまな分子と結合し、細胞内や細胞間の信号伝達にも関わっています。

こうした役割を果たすためには化学反応、すなわち代謝を促すことが重要ですが、その反応を進めるための触媒もほとんどタンパク質でできています。

では、タンパク質は何でできているのかといえば、アミノ酸です。塩基がつながって核酸ができているのと同じように、タンパク質もアミノ酸が順番に並んで、その順番がそれぞれのタンパク質の特徴を示しています。その意味では、並び方が一種の文章のようなもので、20種類のアミノ酸を言語にタンパク質はつくられています。

タンパク質はいろいろな役割を担っていると述べましたが、なかでも重要なのが代謝を司っていることです。代謝というのは生命体で発生する膨大な化学反応のことです。代謝は生きているものが行うすべての基礎です。代謝という、生命体で発生する膨大な化学反応を、触媒、すなわち酵素という形で制御しているのがタンパク質です。

代謝が起こっていることが生きているという状態の基盤です。そういう意味で、タンパク質は特に重要になります。

先ほど、20種類のアミノ酸を基にタンパク質はつくられていると紹介しましたが、実は、宇宙に存在するアミノ酸はもっと多くの種類があります。宇宙空間から飛来してきた隕石のなかにはアミノ酸が含まれているものもあります。なかには、マーチソン隕石のように、80種類近くのアミノ酸が含まれているものもあります。

にもかかわらず、地球生命はなぜこの20種類だけのアミノ酸を使ったのでしょうか。それはおそらく、使えるアミノ酸のなかでいちばん都合がよかったからでしょう。利用価値が高かったたから、この20種類のアミノ酸が選ばれたのだと考えられています。

もし他の天体にタンパク質のようなものがあっても、この20種類のアミノ酸を使う必然性はないわけです。ですから、どんなアミノ酸が使われているのかを調べることが、地球生命と他の天体で生まれた生命を分ける一つの方法になるかもしれません。

個々の分子は生きていないが、細胞は生きている

ここまでに紹介した生命を形づくる分子は、個々に取り出せば生きていません。でも、それらが集まって細胞になると、おびただしい数の化学反応が起こり、生きている状態になります。しかも、化学反応がバラバラに起こっていても、単に関与する物質が集まって化学反応を起こしている状態にすぎません。数々の反応が秩序立って行われることが、細胞が生きているという状態をつくるのです。

細胞膜の内側では、さまざまな形をとった分子がひしめき、塩類を含んだゲルの中に漂っています。約1000個の核酸と3万種類を超えるタンパク質が細胞内にあります。それらが何らかの反応に勤しみ、合わさって、私たちが生命と呼ぶプロセスになります。

細胞内には、リボソームという球状の粒子も1万個ほど存在し、均等に散らばっています。リ

ボソームは3種類のRNAと約50種類のタンパク質から成る複合体です。リボソームという粒子が遺伝情報を受け取り、タンパク質を合成しています。

細胞内においては、長いDNA鎖が特定のタンパク質と結合した染色体が、細胞核に収められています。DNAが、膜で区切られた核という区画化された領域に保護されているのは、真核生物の細胞の場合です。細菌や古細菌のような原核生物では、DNAは細胞内の決まった場所に位置しますが、他の細胞内物質とは膜で隔てられていません。

このほか、特記すべき細胞小器官として、ミトコンドリア、葉緑体などがあります。こうした多種多様な物質のどれもが生きているわけではありません。

細胞をつくっているのは、無生物の分子です。細胞自体は、無数の化学作用で成り立っているのに、個別に取り出せば、単に化学物質の反応が生じているだけで、それを生きているとは言いません。構成要素は生きているわけではないのに、細胞全体としては生きているということは、実に不思議なことです。

その不思議の根源は、情報（処理）にあります。

それぞれの細胞がおびただしい数の化学反応と物理的活動を行っていますが、こうしたプロセスがすべて無秩序に行われたり、互いに競合したりしていると、細胞は崩壊します。すべての情報を管理することで、細胞はその極度に複雑な動きに指示を与え、制御しているのです。

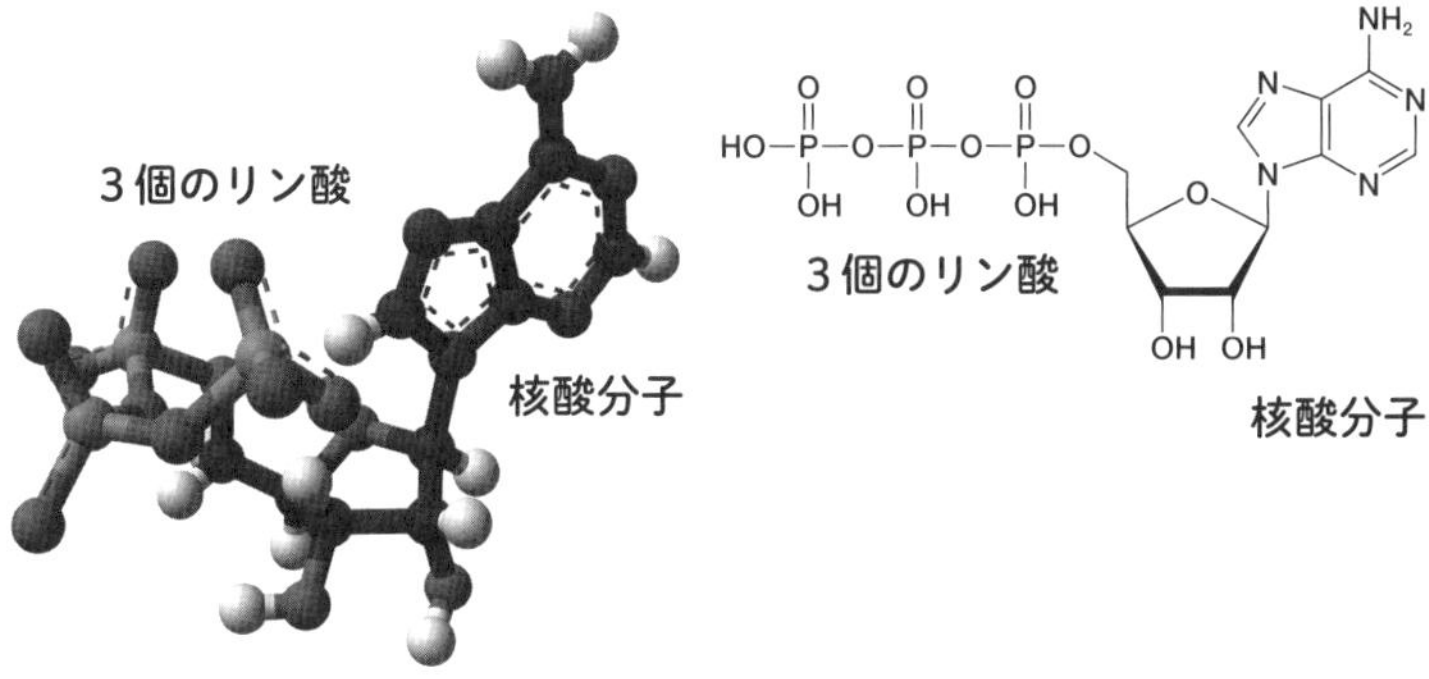

ATP（アデノシン三リン酸）

生物は物体ではなくプロセスであるということです。その情報もその処理方法もすべてDNAに書き込まれているのです。

生命はエネルギーをどうやって用意しているのか

細胞が生きているという状態を維持できるのは、エネルギーの供給源があるからです。

細胞内のエネルギーの供給源は、「ATP（アデノシン三リン酸）」という分子です。すべての生物がエネルギーのもととしてATPを使っています。

ATPは、核酸分子1個と3個のリン酸がつながった構造をしていて、化学反応で結合が切れてリン酸が2個になると、アデノシン二リン酸とリン酸になります。このときにエネルギーが発生するのです。ですから、ATPという分子を利用して、反応を進めることができます。

ＡＴＰはよくお金に例えられます。何か必要なものを買うときにお金を使うように、エネルギーが必要なときにＡＴＰを使えばいいということです。そのため、ＡＴＰはエネルギー通貨と呼ばれます。

次に問題になるのが、エネルギー通貨はどのように蓄えられるのか。つまりは、細胞はどのようにしてＡＴＰをつくるのか、です。

ミトコンドリアと葉緑体が関わっているということは、すでに紹介しました。葉緑体は、太陽の光のエネルギーを使って、葉緑素の分子のいちばん外側にある電子を高いエネルギーの軌道に移します。電子にエネルギーを与えることで、よりエネルギー準位の高い軌道に移せるのです。そうすると、原子核から遠くなり、電子を剥がしやすくなるので、その剥がした電子を使って、化学反応を進めることができます。すなわち、太陽からの光のエネルギーを化学エネルギーに変えています。化学エネルギーの流れの大本としては、電子を使っているということです。

つまるところ、生物のエネルギーの流れは電子とプロトンなのです。水素という元素の原子核の周りを電子が回っているわけですが、それを電子とプロトンに分離します。その分離した電子とプロトンを使って必要なエネルギーの分子（ＡＴＰ）をつくっています。そのため、ＡＴＰという分子が必要なときには、電子とプロトンの流れが必要になります。

プロトンの移動に伴ってＡＴＰができる

では、細胞は具体的にどのようにしてＡＴＰをつくっているのでしょうか。ＡＴＰの研究の歴史を振り返りながら、もう少し細かく見てみましょう。

小さな分子のリン酸基をＡＤＰ（アデノシン二リン酸）にくっつければＡＴＰ（アデノシン三リン酸）になります。この方法でＡＴＰがつくれることは古くから知られていました。ただ、この方法は原核細胞という微生物程度の細胞であれば十分に賄えるのですが、酸素がある状態でいろいろな代謝が進むような場合には、この方法だけではＡＴＰの生産が足りず、説明できません。どうやってＡＴＰが多量に生産されるのか、ずっと謎でした。

その謎を解いたのが、イギリスの生化学者のピーター・ミッチェルです。彼は、イオンが膜を越えてどう輸送されるかという問題を考えていました。微生物では、ＡＴＰがイオンなどの分子を膜を通して細胞内外へ輸送する機能を持つことが知られていました。そこでミッチェルは、イオンなどの分子の流れと、ＡＴＰの生産が関わっているのではないかと直感的に察知したのです。

そして、彼が指導していた学生といろいろな実験を行い、まず、ＡＴＰの生産に伴って細胞外へのプロトンの流れが必ず起きていることを発見します。ＡＴＰの大量生産には、ミトコンドリアが関わっていることは知られていました。そこで、ミッチェルは、ミトコンドリアにおいて、プロトンの流れとＡＴＰの生産がどう関わるのかを解明していきます。

その結果、ミトコンドリアの内部では、プロトンが膜を挟んで濃度の高いほうから低いほうへ移動すると、ＡＴＰができることを、実験で確かめました。

彼は、このことを「化学浸透」と名付けました。

この仮説が発表されたのが１９６１年で、ミッチェルはこの発見によりノーベル化学賞を受賞します。ただ、受賞は１９７８年で、20年近くの年月が経っています。

ミッチェルが化学浸透と呼ぶプロセスは、実際にはプロトンの移動のことであり、葉緑体でも、プロトンの移動に伴ってＡＴＰが生産されることがその後、明らかになります。生命というのは、電気勾配（膜を挟んだ電荷の差）を用いてエネルギーを生産し、逆に、エネルギーを使って電気勾配を生み出していることがわかってきたのです。

生命は「電気発生装置」

このプロセスは、電池の動作に似ています。電池はプラスからマイナスに電荷を流すことで電気の流れを生み出しています。そう考えると、プロトンの移動によってエネルギーを生み出す生命は「電気発生装置」といえるのではないでしょうか。

プロトンと電子のもとは水素ですから、宇宙でいちばん豊富にある元素のプロトンを使うことは非常に理にかなっています。ここで重要な点が一つあります。電気勾配は、区切られた二つの側で濃度の差がなければいけないわけで、膜が必要ということです。

膜という境界の内と外で濃度の差があり、電気勾配が生まれることが非常に重要なのです。ただ、膜を通して、プロトンが移動しなければいけません。電池の場合と同様に、電気が流れるようなプロセスが必要で、それは、生命の場合、プロトンが膜を通って流れることで引き起こされるわけです。

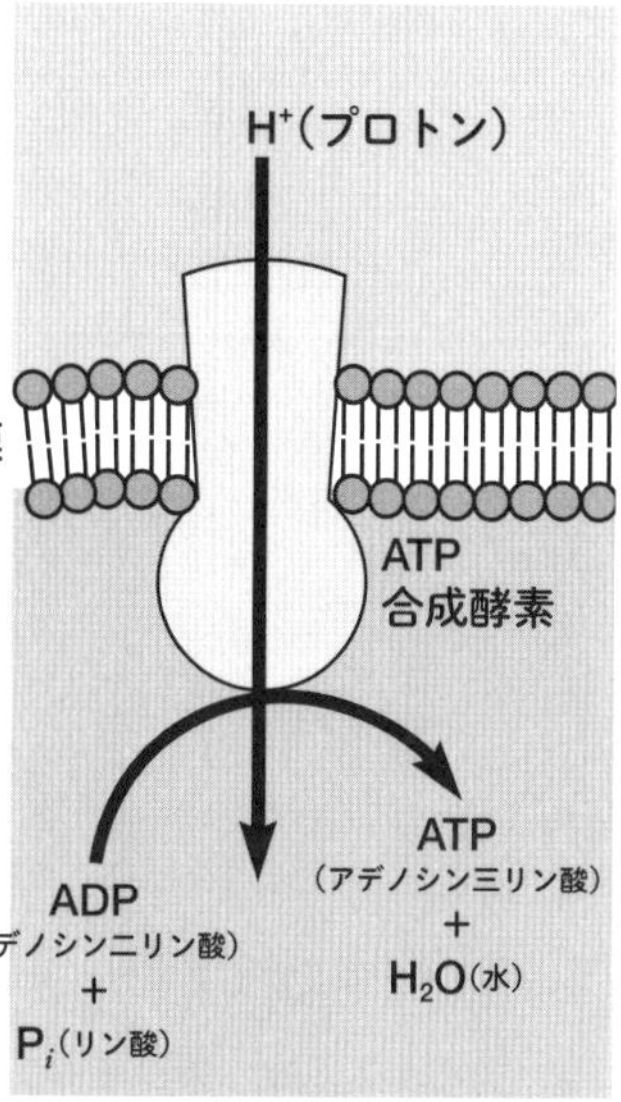

プロトンの濃度勾配

プロトンはどうやって膜を通るのかと考えると、膜に何らかのナノマシンが埋め込まれていることが推測されます。このナノマシンのことを「共役因子」と呼びます。

共役因子は膜を貫く超小型のモーターで、メリーゴーラウンドの乗り物が少しらせんを描いているようなイメージを持っていただくといいでしょう。プロトンはメリーゴーラウンドの乗り物に乗って膜の内部に入り、そのメリーゴーラウンドの動きは、プロトンの流れが生み出しているということです。

さらに、そのメリーゴーラウンドの根っこのところには、別のタンパク質の集合体があり、その中でATPがつくられます。プロトンの流れによってATPがつくられるわけですが、その原動力そのものは別のところにあるのです。つまり、膜のところにある共役因子によって動力が発生し、その根っこでエネルギーを受けて、ATPがつくられます。

少しややこしい話になりましたが、大事なことは一つです。生命は化学反応を起こすのに、プロトンの流れを使っているということです。プロトンの流れという物理的な流れを使ってエネルギーを生み出している点が、化学浸透というプロセスの面白いところです。

化学の世界では、化学結合できる原子が有利

生命は、その根源をたどればプロトンまたは電子の流れに依存している、ということを説明しました。ただ、目に見える世界のレベルでは、生命活動とは化学反応という代謝です。それは、化学結合ができるかどうかということです。そのことが、反応が進むか進まないかを左右します。

つまり、化学の世界では、化学結合のしやすい原子が有利なのです。ヘリウムやアルゴン、クリプトンといった化学的に不活性な元素が、生命にとっては全く役に立たないのは、それが理由です。

ですから、生命は、化学結合のしやすい元素を使うということが基本になります。

原子の構造を見ると、原子核の周りの電子の数が2個、10個、18個、36個のときに、電子の配置は非常に安定します。この電子の数「2、10、18、36」は、化学反応というゲームでは、「マジックナンバー（魔法数）」なのです。

例えば、原子番号11番のナトリウム原子の場合、正電荷の陽子が11個、負電荷の電子が11個あるので、電子を1個手放せば安定の10個になります。そのためナトリウムは10個になろうとするわけです。一方で、例えば17番の塩素原子は、陽子も電子も17個ずつなので、誰かが手放した電子を1個もらうと、18個になり安定します。ということで、ナトリウム原子と塩素原子が出合えば、電子1個をやり取りして、塩化ナトリウムの結晶になるわけです。

同じように、酸素原子は電子が8個なので、安定の10個には2個足りません。そこで、電子を2個出して安定するような原子、例えばマグネシウムなどがあると、マグネシウムから電子を奪って、マグネシウムの酸化物がつくられます。

このように、化学反応でどんなことが起こっているのかを考えるときには、電子の数、実際には最外核軌道の電子の数ですが、それが足りないのか、余っているのかを見るとわかります。そして、そういうことを考えると、生命がなぜ炭素を使っているのか、その理由が見えてきます。

生命はなぜ炭素を使ったのか

原子番号6番の炭素は、マジックナンバーの2と10のちょうど真ん中です。6個持っている電子のうち4個を出して2個になるか、4個をもらって10個になるかすれば安定します。ということは、4つも電子のやり取りができるので、非常に多様性があるわけです。

そのため、結合という意味では自由度が高く、炭素原子は他の原子に比べて化学が結合しやすく、多彩な物質をつくることができます。結合の幅広さが群を抜いているために、固いものも柔らかいものも、どんな結合もつくれるのが炭素の特徴です。

化学反応は、結合の組み換えと電子のやり取りにほかなりません。生命がなぜ炭素を使ったのかといえば、炭素は数十種の元素と結び付いて、多彩な化学環境をつくれ、そのことが生命の目的にかなっているからです。

例えば、炭素（C）の原子結合では、水素電子（H^+）を1個供出する単結合もあれば、2個の

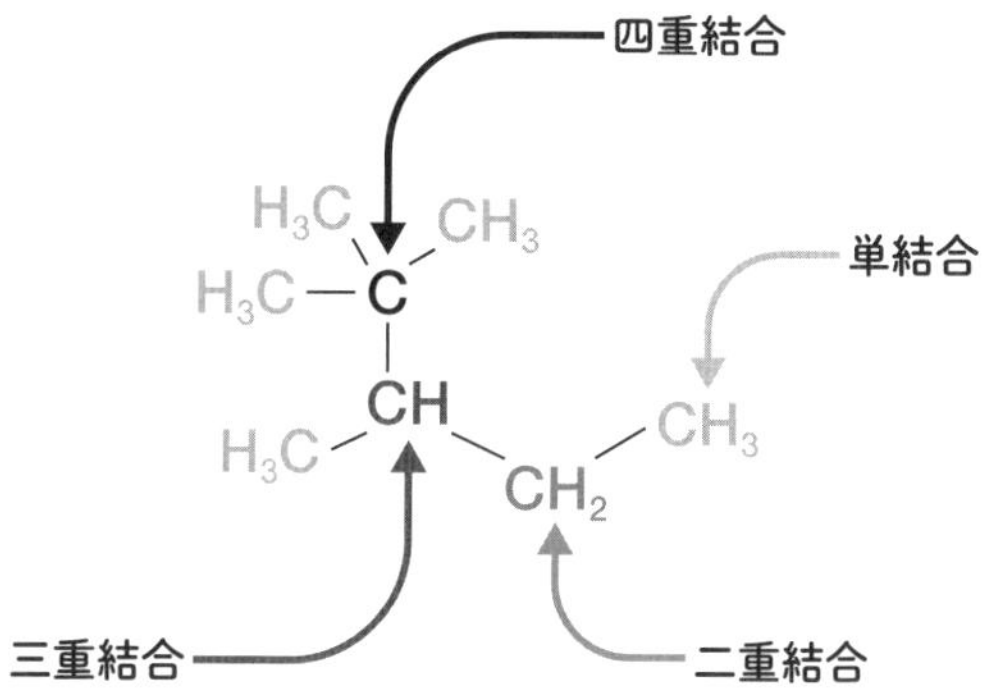

炭素の原子結合　V8rik

電子を供出して、酸素原子や炭素原子との二重結合ができます。ときには電子を3個供出して、窒素原子や炭素原子と三重結合もつくります。そして三重結合した炭素原子が、残る1個の電子を使って4本目の結合をつくる……など、非常に多様な結合ができるのです。その結合の多様性が、多彩な化学環境を生み出します。

ただし、量が少なければ、いくら化学的に有利でも使われません。地球上で生命がなぜ生まれたのかを考えると、地殻や海水、大気にそもそも炭素がいっぱいあるということも理由の一つです。

生命はいろいろな種類の分子をつくらなければいけません。それこそ、膜のようなものから、糸状の繊維のようなもの、面状のもの、あるいは線的なものが立体的になるなど、フレキシブルな結合が必要です。その点、多彩な化学環境を生み出せる炭素は非常に都合がいいわけです。

そうした化学反応のしやすさ、地球上での量の多さ、利用しやすさによって、生命は炭素を使ったのです。

地球という電気回路にプラグを挿してエネルギーをもらっている

炭素を使って、いかに細胞をつくったのかを解明することが生命の起源の研究です。その際、どうやってDNAやRNAなどに記録された情報が生まれたのかを、考えなければいけません。ここで、少し観点を変えて、地球全体の物の流れ、エネルギーの流れのなかで、生命はどういう位置付けになるのかを考えてみましょう。

生命は電気発生装置だということは、すでに述べました。根源的には、生命活動とは電子の流れ、プロトンの流れであり、それが化学反応につながっているわけです。

そのことは、地球上でどのような意味を持つのでしょうか。

実は地球も、生命に限らず、非常に多様な化学反応の舞台です。特に表層の地球システムにおいては、非常に多様な化学反応が起こっています。これも、その大本をたどれば、結局は電子とプロトンの流れに行き着きます。そういう観点で地球を見ると、地球は巨大な電気回路です。生命は、その電気回路にプラグを挿してエネルギーをもらって輝いている、電球のようなものに例えられます。

電気回路はどういうものかといえば、3つの要素から構成されます。それは、電子を押し出す電源、電子を流す導電体、流れた電子を受け取るものという3つです。

地球を織りなす大気や海、生物といったものはすべて、この回路要素のいずれかに対応しています。例えば、電子は、還元型（電子を受け取るもの）の物質が、火山噴火を通じて地表に出てくることによって供給されます。海底火山なら、地球深部から電子をたっぷり含んだ鉄原子が吐き出されます。そういう意味では、鉱物は電池の負極になっているわけです。

電子を運ぶのは何かというと、海底の上に広がっている海水です。そして最終的に電子は大気に入っていくので、大気が、電池でいえば正極になります。海底火山でつくられている新鮮な岩石は、電子が液状化した状態で、いわば位置エネルギーが高く、利用されるのを待っている状態ともいえます。

微生物が登場すると、その微生物は、周囲にまだなじんでいない新鮮な電子を、還元型の鉱物から奪って、そのエネルギーを利用して生きるのです。実際、生命の起源と考えられる熱水噴出孔の周りには、そういう微生物がたくさん棲んでいます。

わかりやすくいうなら、自然界にある電子の流れにプラグを挿して、取り込んだ電子を使いながら暮らすのが微生物だ、ということです。鉱物の表面でそうした微生物が増えれば、鉱物をどんどん酸化していきます。

実は、そうやって微生物が行った過去の宴会の名残が、地球の表面にたくさん残されています。それが、例えば、酸化された鉄の鉱物がつくる層状の地層です。縞状鉄鉱床といいます。

生命は酸化還元反応を利用している

鉱物と微生物の反応の根幹には、金属原子の電荷の変化があります。金属原子は、自分の持っている電子をやり取りして、その状態を変えます。

いちばんわかりやすいのが、鉄でしょう。火山が溶岩の形で吐く鉄は、周りの物質にまだ電子を2個しか奪われていない2価の鉄（Fe^{2+}）の状態です。陸上に出て空気に触れると、たちまち酸素に電子を奪われて、3価の鉄（Fe^{3+}）になり、エネルギーが下がって安定化します。

この酸化還元状態の変化は地表環境を大きく変えます。2価の鉄は海水に溶け込んでいられますが、それが酸化されて3価の鉄になると水中に溶け込んでいられないので海底に沈殿します。

その結果、今私たちが使っている縞状鉄鉱床がつくられたといわれています。その根源は、鉄の酸化還元反応[12]であり、電子の流れにほかなりません。

おそらく、原始的な微生物がいろいろなエネルギー源を探したのでしょう。そして、還元状態の金属や分子から、酸化状態への反応が使えることを知るわけです。結果、その反応を利用して微生物が増えたということです。

それからしばらくして、生命は、地球のエネルギーだけでなく太陽のエネルギーまで使うようになります。電子の供給源のレパートリーが広がりましたが、この最古の手法はいまなお生き残っていて、地中に広がる微生物の世界として存在しています。

なぜ生命が誕生したのか

私は、生命の進化を開放系という視点で捉えようとしているわけですが、ここまでに説明したような、鉱物と微生物の反応は、「生命がなぜ誕生したのか」という根源に関わります。

12 **酸化還元反応**……ある物質が他の物質に一つ以上の電子を伝達する反応のこと。電子を獲得すると「還元された」、電子を失うと「酸化された」という。

生命の誕生は、地球という惑星の電子の流れを加速します。流れが加速されるということは、物質の循環にしても、熱の輸送に関しても、効率化しているという言い方ができます。

それは、微生物に限りません。例えば植物が陸上に進出すると、植物は大地に根を張り、根から水を吸い上げて、葉っぱから水を蒸発させます。それは、電子の流れではありませんが、水という物質の流れを加速し、効率化しているといえます。

ですから、生物の進化は、地球上における物質やエネルギーの流れを効率化するということになります。そのために生物が生まれた、という言い方もできるのです。

4章

生命は、いつ何処で
いかにして
生まれたのか

生命分子は、さまざまな環境下でつくられる

この章ではいよいよ生命の起源について、つまりは「生命はいつどこでいかにして生まれたのか」ということを考えていきます。

生命の起源を実証的にたどろうと思ったら、地球上の生命――つまりは炭素系の生命――の起源をたどる以外に方法はありません。地球で生命の起源をたどるということは、海水や大気、岩のもとで生命が生まれたのだろうと想定して、生まれた生命分子が構造化し、複雑化していく流れをたどることになります。

生命が誕生したプロセスを、順にわかりやすくたどるなら、4つの段階があります。

まず、アミノ酸やヌクレオチド、リン酸塩と呼ばれるような、生命が必須とする小型の有機分子がつくられて、たまる。これが第一段階です。

次に、これらの小型分子がつながって、タンパク質や核酸のような大型分子になります。

そういう大型分子ができると、さらにそれらが集まって構造化していきます。例えば、小さな液滴のようなものができれば、それが周囲の環境とは異なる、区画化された内部領域をつくり出

します。そうすると、その内部は、周囲とは異なる化学的性質を帯びるようになります。そういう区画化された構造の中で、大型で複雑な分子を複製する能力が獲得され、それを次世代に伝えていく仕組みが確立されれば、これはまさに細胞です。

このような4段階を経て、生命は生まれたと考えられます。

まず、第一段階の、小型の有機分子はどうやってつくられるのでしょうか。これについては1950年代から議論が重ねられてきました。その間に、エネルギー源を変えたり、ガスの組成を変えたり、さまざまな実験が行われてきて、ほとんどどんな環境でも生命分子はつくられることがわかっています。

なかでも有名なのが、原始大気を模したガスの中での実験です。大気中で放電を起こしたら、いろいろな種類のアミノ酸や核酸塩基がたくさんつくられたという「ミラー・ユーリーの実験」です。シカゴ大学の大学院生だったスタンリー・ミラーは、指導教官であるハロルド・ユーリーと共に、今とは異なる原始大気を模したガスの中で落雷を模した電気放電を行い、アミノ酸などをつくり出すことに成功しました。それが、1953年のことです。

一般的に、生命の起源について語られるときにまず紹介されるのがこの実験です。しかし、その後の実験で、生命分子はほかにもさまざまな方法でつくられることが証明されています。

例えば私の専門は地球・惑星科学で、なかでも天体衝突に関心を持ってきました。太陽系天体の起源と進化の素過程は、微惑星の衝突現象にあるのです。天体が衝突すると非常に高温のガスができます。「衝突蒸気雲」と呼ばれ、衝突直後は1万℃近くの非常に高温のガスになります。それはプラズマ状態[13]で、ガスのすべてが電離しています。その後、衝突蒸気雲が膨張して広がっていくうちに温度が下がり、２０００℃ぐらいになると普通の高温のガスになります。すると、さまざまな化学反応が起こり始めます。そこで起こる化学反応を、実験的、理論的に確かめると、生命分子がつくられることがわかっています。

またダーウィンは、日光の降り注ぐ入り江、小さい暖かい池などが生命分子を合成したのだろうと、友人に宛てた手紙の中で述べています。

さらに、粘土鉱物の表面でも生命分子はつくられます。なかでも私自身が最も有力であると考えているのが、「熱水噴出孔」という環境です。これについては、のちほど詳説します。

そのほか、生命分子は宇宙からも降ってきます。というのは、炭素質コンドライトと呼ばれる種類の隕石には、多量の有機分子が含まれることがわかっています。むしろ、地球のアミノ酸よりもはるかに多い種類のアミノ酸が含まれている隕石もあるのです。例えば、１９６９年にオーストラリアのマーチソン村付近に落ちた炭素質コンドライト（マーチソン隕石）からは、80種類

マーチソン隕石と分離された成分

近くのアミノ酸が見つかっています。

そうすると、3章でも述べたように、地球の生命がなぜ特定の20種類のアミノ酸を使っているのかということが、むしろ問題として浮上するわけです。しかも、そのアミノ酸は、その立体的構造を見ると「右手型」「左手型」という2種類の構造が存在します。地球生命の場合、不思議なことに、ある特定の右手型だったり左手型だったりします。しかしながら、実験室で合成すると、その比率はほぼ半々になります。隕石に含まれるアミノ酸もほぼ半々の割合です。

13 **プラズマ状態**……気体の分子が解離して原子になり、さらに、原子核の周りを回っていた電子が原子から離れ（電離）、中性子とプラスイオン、マイナスイオンが混在して非常に活性化した状態になること。

地球の生命というのは、特定の20種類のアミノ酸を使っていて、なおかつ、左手型か右手型のどちらか（ほとんどが左手型）を使っているわけで、かなり特殊なアミノ酸を使っていることがわかります。隕石の場合には、それがほぼ均等に入っていて、種類が多いということですから、宇宙からの材料を使ったとすると、地球上では選別が起こったのかもしれません。

いずれにしても、宇宙から生命の材料が運ばれてくることも十分あり得るのです。

生命はアルカリ熱水噴出孔から生まれた

化学反応で小さな分子がつくられ、さらに大きなものになり、構造化していき、さらに複製していく能力を獲得するという4段階のプロセスを経て生命がつくられるという考え方を、「化学進化」といいます。その第一段階である生命の分子がつくられる部分は、さまざまな環境下で考えられるわけですが、本当に生命の起源となると、この4段階が化学反応として進行するような環境でなければなりません。これまで提唱されている生命起源の仮説のなかで定量的に生命の材料物が十分につくられ、蓄積するような説というのは、ほとんどありません。

そういう場として新たに登場し、私が最有力候補と考えるのが「熱水噴出孔」、特に「アルカリ熱水噴出孔」仮説です。

熱水噴出孔とは、地熱で熱せられた熱水が噴出する孔のことで、1970年代に初めて深海底で発見されました。

海底の断層などから染み込んだ海水が、地球内部のマグマで熱せられ、数百度もの高温の熱水となって海底から噴き出してきます。熱水に溶け込んだ金属やその硫化物が析出して煙突状になり、熱水が周りの海水と反応して変色することで、もくもくと黒い煙を上げるような状況になります。そこで、発表当初から「ブラックスモーカー」と呼ばれていました。

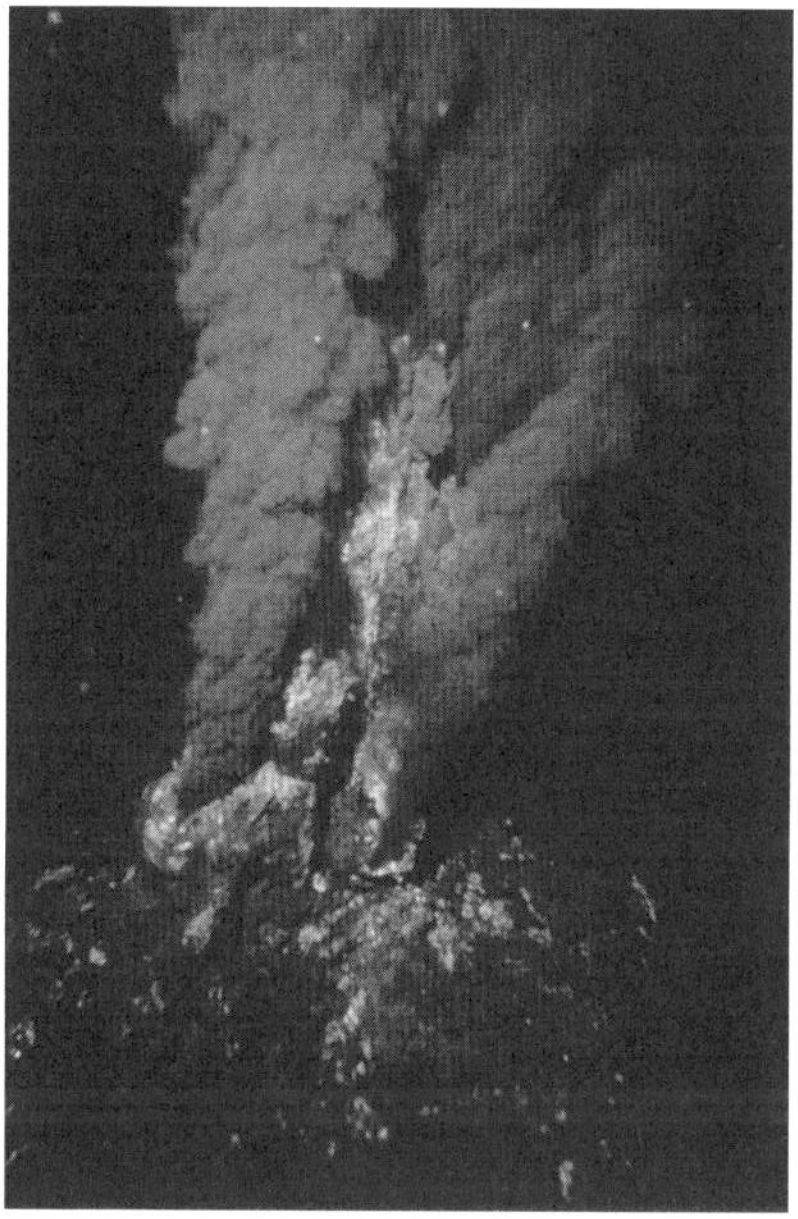
ブラックスモーカー

このブラックスモーカー（熱水噴出孔）の周りに独特の生態系がつくられ、さらにそこに微生物も絡まって、一種のコロニーのようなものをつくっていることがわかったのです。それは地球の巨大な電気回路を体現しているような場所です。生命はこの熱水噴出孔を参考にして同様のシステムをつくり出したのではないかと、一躍注目されるようになりました。

RNAワールドと「原始スープ仮説」

生命とは何かについては2章で詳しく述べました。一般的には、DNAにコピーされた情報が基本と考えられます。その情報がRNAに転写されて、それをもとにリボソームでタンパク質がつくられて生命が生まれると考えられます。これは、クリックによって「セントラルドグマ」と名付けられました。地球生命の情報の流れです。

生命の起源とは、「情報（遺伝）」と「代謝（タンパク質）」のそれぞれが、どうやって生まれ、いかにして合体したのかを語らなければなりません。可能性として二つ考えられます。情報が先か、代謝が先かという問題です。この問題は、卵が先か、鶏が先かというようなもので、決着がつきません。そこで、情報と代謝の両方を担える物質があれば、生命の起源には都合がよいのではないかと考えられました。

それが、RNAです。

RNAは、DNAのように安定ではありませんが、情報を担う物質です。情報の伝達にも関われば、その情報に基づいてタンパク質をつくることもできます。あるいはRNAそのものがタンパク質の代用もできます。RNA一つで、情報と代謝両方の役割を担えるのです。

ＲＮＡをすべての生命の根源と考え、最初にＲＮＡが生まれたと考えるのが、「ＲＮＡワールド」という考え方です。ＲＮＡが生まれれば、情報の伝達と同時に代謝が可能になるわけですが、問題は「最初のＲＮＡはどうやって生まれたのか」ということに集約します。

ＲＮＡという分子さえ形成されれば、生命の誕生につながるという「ＲＮＡワールド」仮説は、もう数十年も前からある考え方です。従来は「原始スープからＲＮＡワールド」という考え方が主流でした。

原始大気において生命の材料物質ができて、それが海に落ちてたまり、やがて原始の海で濃厚な有機物のスープができ、そこから偶然に自らを複製する分子が生まれて生命が誕生したというのが「原始スープ仮説」です。

１９８６年にウォルター・ギルバートがＲＮＡワールドを提唱した頃から、「原始スープにおけるＲＮＡワールドの形成」と考えられてきましたが、この考えには大きな欠陥があります。

ミラー・ユーリーの実験からもわかるように、原始大気において雷のような放電が起きれば、いろいろな有機物ができます。それは確かですが、問題は生成量です。

放電がどのぐらい起きたら、海の中に生命の材料物質となるような有機物が濃縮されるのでしょうか。計算すると、生命の起源につながるような放電を起こすには、地球上の至る所で毎秒

4回も放電を起こさなければいけないのです。とてもではありませんが、地球上にそんなエネルギーはありません。

何度も述べてきたように、生命の起源につながるような反応を起こすには電子の流れが必要です。ところが、稲妻1回に含まれる電子の量はそう多くありません。ですから、その分、回数を多くしなければいけないのです。

そのため、原始スープ仮説ではその後、当初の放電ではなく、エネルギー源をいろいろと変えて議論が繰り広げられていきました。そこで注目されたのが、紫外線です。紫外線が当たると、原始の表面から電子がはじき飛ばされます。したがって、たくさんの電子が生まれて反応が進みやすいわけです。

ところが、残念なことに、紫外線をエネルギー源にした生命は地球上に存在しません。皆さんもご存じのとおり、紫外線はむしろ生命にとって有害なのです。

原始大気を模したガスのなかで、放電を起こす代わりに紫外線を照射すると、確かにシアン化物ができます。そして、紫外線放射とシアン化物を使うと、活性したヌクレオチド（DNAやRNAを構成する分子）をつくることができます。このことは室内実験で証明されています。

ただ、このシアン化物を、私たち生命は材料として使っていないのです。有機物をつくるという意味ではいいのですが、地球上の生命にとっては、むしろシアン化物も紫外線も有害なものです。紫外線は、シアン化物はつくっても、他の有機物は壊してしまいます。したがって、紫外線が生命をつくるプロセスのなかで、重要な役割を担っているとはとても考えられません。

加えて、シアン化物を使ってヌクレオチドをつくるにしても、どのぐらいできるのかという量の問題があります。妥当な形成速度では、25℃の海水で、安定状態のシアン化物濃度は、1リットルあたり100万分の2gなのです。100万分の2gでは、とてもその先の反応が進みません。ですから、紫外線放射説には無理があります。有害であることに加えて、濃度という点でも生命はつくれないのです。

エネルギーと物の流れがあれば、構造が生まれる

あらためて、生命の起源にとって何が重要かというと、エネルギーと物の流れです。従来の原始スープ仮説には、そうした流れの観点が決定的に欠けていました。

例えば、我々は呼吸をして生きています。呼吸をすることで、細胞には酸素が供給され、多量のATPがつくられます。そのエネルギーを利用し、光合成によってできた糖を用いて必要な分子をつくり、その反応中間体をつくり、そうした構成要素を組み合わせてRNAやDNA、タンパク質といった長鎖のポリマーをつくっています。呼吸によってエネルギーを得ることで、そう

いう反応を起こしているわけです。

生命は秩序立っていますから、エントロピーが低い状態です。排熱を環境に放出できるからその状態が維持できます。我々の体温よりも環境のほうが、温度が低いからです。

これらはすべて「流れ」です。エネルギーの流れであり、物の流れです。

エネルギーや物の流れがないと、生命は生まれませんし、維持されません。

逆に、エネルギーと物の流れがあれば、開放系が生まれ、必然的に進化が起こります。

では、生命の誕生に必要なものとは何かと言えば、例えばＲＮＡであればそれを構成するヌクレオチドのような分子です。さらには、細胞のように環境と隔てる膜が必要です。細胞の膜は脂質でできていますが、脂肪酸（脂質の主成分）がたくさんあれば、自然に集まって小胞（小さな袋状の構造）をつくることが実験室で確かめられています。小胞は、大きくなれば、くびれて分裂していく性質を持っています。まさに細胞分裂と同じです。

問題は、材料となる分子濃度です。つまり、材料物質が凝縮されていくこと、たまっていくことが重要です。それには、当然ながら、物の流れが欠かせません。

エネルギーの流れがあれば構造が生まれることを明らかにしたのが、物理学者のイリヤ・プリゴジンです。絶えずエネルギーの流れがあり、平衡状態にない環境では、動的な秩序構造が生まれる。それをプリゴジンは「散逸構造」と呼びました。この散逸構造の理論でプリゴジンは1977年にノーベル化学賞を受賞しています。

例えば、水を入れた鍋を加熱すると対流が生まれます。対流も、散逸構造の一つです。同じように、生命も実は散逸構造ではないか、と考えられています。物の流れがあると開放系が生まれ、維持されます。それは細胞といってもいいわけです。

ある濃度以上の分子があり、そこにエネルギーの流れがあれば、化学反応が進み、開放系という構造が生まれ、維持されます。物とエネルギーの流れがなくなれば、開放系は壊れます。

生命の6つの特性

そこで、細胞をつくるにはどんな過程が必要か、あらためて考えてみましょう。細胞に関しては、6つの基本的な特性があります。

まず「炭素」が供給されること。新たな有機物の合成のためには、反応性の高い炭素が継続的に供給されなければいけません。なお、地球には水があるのですから、当然、水素は十分にあります。

次に「自由エネルギー」が供給されること。つまり、使えるエネルギーのことです。新たなタンパク質やＤＮＡの形成のような代謝のメカニズムを働かせるには、エネルギーの供給が欠かせません。これらが供給されれば、代謝反応が起こります。ただ、そのスピードがゆっくりではいけません。

そこで必要になるのが「触媒」、つまりは反応を速くするような物質です。生命の場合には、酵素といいます。これが３つ目の特性になります。我々が、普通には起こらないような反応を体内で起こすことができるのは、タンパク質という酵素があるからです。

４つ目に、熱力学第二法則を思い出してください。熱の流れは高温部から低温部に向かって不可逆的に起こるというものです。

熱平衡に近づくとそれ以上反応が進まなくなるので、そうならないよう、熱や「老廃物」を取り除かなければなりません。熱であっても物であっても、絶えず老廃物を取り除けば、反応は常にある方向に向かって進みます。

５つ目に、生命は開放系ですから、内と外という「境界」がなければいけません。

最後の６つ目が「遺伝情報」です。有機物ができれば何でもいいわけではなく、具体的な形状や機能を指定しなければいけません。細胞においては、常に代謝が制御されている必要がありま す。このような作用も遺伝情報が担っています。ですから、生命になるためには、ＲＮＡやＤＮＡ、あるいはそれと同等なものがつくられなければいけません。

これらがすべて満たされなければ、生命にはなりません。

とはいえ、最初からすべてを満たすものができたわけではないでしょう。最初はガラクタと呼ぶような分子がたくさんできました。それらが小胞の中にどんどん取り込まれていくような状態だったのでしょう。そして、長い時の流れとともに、そういうものからＲＮＡワールドが生まれてきたと考えられています。

最初の複製子は鉱物の表面だった

先述した６つの条件は、すべて絡み合っています。一つずつ順に満たしていくのではなく、すべてが同時に起こるような現象でなければいけません。

では、どういう場所であれば先の６つが同時に満たされるのかというと、単なる水の流れでは難しいのです。そこで、非常に面白いアイデアを出したのが、イギリスの有機化学者であり分子生物学者でもあるケアンズ・スミスです。彼は、鉱物が重要だと気付きました。

最初の複製子（ＲＮＡのように同じものをつくり出すもの）は有機物でなくてもいいのではな

いか、と考えたのです。ある粘土鉱物の表面を何かが通ると、必ずある有機物ができるのであれば、その粘土鉱物そのものが複製子であると考えられます。そういう岩石的なものを最初の複製子として考えるのが、ケアンズ・スミスのアイデアです。

そこで、最も単純な考えは、何らかの初期の地球環境が、複製の誕生に必要な複数の有機物の構成要素を準備したということです。例えば、活性化したヌクレオチドを提供したと仮定することです。これは十分に考えられます。

ヌクレオチドをつくるときに、いちばん簡単な有機物として知られているのが「シアナミド」[14]という化合物です。シアナミドは、大気中の放電でも、小惑星がぶつかったときの衝突のエネルギーのなかでも、いろいろな条件下でできます。シアナミドのようなものをつくる反応は、熱力学的にはどんな条件でも起こり得るのです。そうであるとすると、ヌクレオチドも同じような系統の化学反応でできることが示唆されるということです。

大雑把な過程としては、最初に炭素があって、炭素から有機物ができ、その有機物が継続的に供給されれば、もっと複雑な有機物になっていきます。ですから、同じ環境のなかで継続的に炭素が供給されれば、ヌクレオチドにつながる化学反応が進んでもいい、ということになります。そこで大事なのは、流れがあることです。

反応物が供給され、濃度が高ければ自ずと膜ができる

また、ヌクレオチドができても、個々のヌクレオチドが集まってたくさんつながらなければ、RNAのようなものにはなりません。つまり、長鎖分子の「重合」という、長い分子になるプロセスが必要です。

そして、このプロセスでは必ず脱水反応が起こります。つまり、水分子を取り除かなければなりません。ヌクレオチドを結合するときには、水分子を1個取らなければ、つながらないのです。40億年前の地球は、一面が水でした。水分子を取り除いて結合するということを、水の中で行わなければいけないわけです。それは、濡れた雑巾を水の中で絞って乾かそうとするようなものです。当然ながら、かなりのエネルギーを要します。

ところが、地球上の生命は、どんな生体細胞も、1秒間に何千回もの脱水反応を行っています。どうやっているのかというと、ATPの分解と組み合わせているのです。ATPとは、すでに説明したとおり、生体内でエネルギー通貨として使われている物質（アデノシン三リン酸）のこと

14 **シアナミド**……分子式CN_2H_2で表される化合物。化成品原料や肥料として利用される物質であり、医薬品としても使用される。

です。

地球生命は非常にうまくできていて、ATPの分解によってエネルギーを取り出すと同時に水を処理して、重合反応を進めているのです。そういうことが40億年前の地球でも起こらないと、生命の誕生にはつながりません。ですから、ATPのようなものが継続的に供給されなければいけません。

要するに、水中での複製には、同じ環境のなかで有機物の炭素とATPのようなものの両方が、継続的に惜しみなく供給される必要があるのです。そうすれば、生命の誕生に必要な6つの要素のうち2つは満たされます。

次に問題となる小袋（境界）については簡単で、これも結局のところ脂質という分子の濃度の問題です。先ほども述べたように、生体膜は脂質、つまりは脂肪酸で構成されていて、脂肪酸は疎水性と親水性の膜が両面にあるため、濃度が高くなると自然に丸まって小胞を形成します。そしてその小胞が大きくなると、自然に分裂するのですが、これは物理的に表面積と体積の関係で決まっています。

球の表面積は半径の2乗に比例し、体積は半径の3乗に比例します。表面積が大きくなると、中に入ってくるものが足りなくなるので、くびれて分裂して、どんどん数が増えていくのです。

これはまさに細胞分裂ですから、生命が行っていることと全く同じです。要するに、反応物が供給され、老廃物が除去されれば、反応が進み、脂質の濃度が濃くなるので、自ずと小胞ができていきます。つまり、供給とともに、老廃物を捨てることがとても重要です。これで膜の問題は解決されます。

最初の「触媒」はどこでつくられたのか

続いて大事なのが、触媒です。生命は、タンパク質を酵素として使っており、これが触媒の役割を果たしています。

RNAはすでに複雑なポリマー（重合体）であり、ヌクレオチドという構成要素がたくさん連なってできています。RNAをつくるには、個々のヌクレオチドを合成し、活性化してつなげ、長鎖にしなければならないのです。

どんなプロセスでRNAを生み出したにせよ、もっとつくりやすい有機分子――特にアミノ酸や脂肪酸――の形成も促したに違いありません。そう考えると、初期のRNAワールドは、単にヌクレオチドやRNAだけでなく、多種多様な小さな分子もいっぱいつくられていたのでしょう。それが、先ほど述べた〝ガラクタ〟です。

たとえＲＮＡが、複製やタンパク質合成の起源で重要な役割を果たしたとしても、単独で代謝を生み出したと考えるのは合理的ではありません。ですから、何らかの触媒があったのではないかと考えられます。

問題は、その触媒が何かということです。それが見つかったのは、１９７０年代に発見されたブラックスモーカー（熱水噴出孔）においてでした。

ブラックスモーカーでは、海底火山活動に伴って、金属と硫化水素に富む熱水が、冷たい海水と反応し、金属硫化物の構造体を形成しています。つまり、ブラックスモーカーは、鉄、ニッケル、モリブデンなどの金属硫化物でできているのです。

こうした金属硫化物は、今でも生命の中に酵素の補因子[15]として残っています。タンパク質が触媒とみなされがちですが、実は補因子として金属硫化物のようなものがあるために、反応が加速されるのです。

ですから、金属硫化物のようなものが最初にどこかにあれば、それが触媒になるでしょう。金属硫化物のあるところに流れ（流体）を誘導するメカニズムがあれば、それが触媒となって、必然的に反応が進むということです。

ブラックスモーカー（熱水噴出孔）の問題点

ブラックスモーカーは、地球内部から水素や硫化水素などの材料物質とエネルギーが絶えず供給され、金属硫化物という触媒もあり、生命の分子をつくるには条件が非常にいい場所です。しかし、問題点もあります。

最大の難点は、温度が高いことです。

ブラックスモーカーでは、海底に染み込んだ海水が地球内部のマグマと反応して、熱せられて噴き出してきます。その温度は250℃から400℃にもなります。そんなに温度が高ければ水は蒸発してしまうじゃないか、と思う人もいるかもしれませんが、海底ですから圧力が非常に高いので、液体のままなのです。

このような高温では、生命に必要な分子はすべて分解されてしまいます。また、有機物を合成することも難しいのです。硫化水素を二酸化炭素と反応させて有機物を合成することは、高温ではるかに難しくなります。このことが、ブラックスモーカーが生命の起源に直接結び付かない

15 補因子……酵素の触媒活性に必要な、タンパク質以外の化学物質のこと。

一番の理由です。

また、ブラックスモーカーにはもう一つの大きな問題があります。それは寿命が短いことです。ブラックスモーカーの寿命は、たったの数十年なのです。そんな時間では、生命の起源に至る反応が起きるとはとても考えられません。

ただ、ブラックスモーカーが生命の起源に貢献しているのは、初期の海を、マグマに由来する第一鉄イオンやニッケルイオン、あるいは触媒となる金属で満たしたことです。触媒を供給するという重要な役割を果たしたのです。

生命のゆりかごは、アルカリ熱水噴出孔

生命のゆりかごとなったのは、アルカリ熱水噴出孔という別のタイプの熱水噴出孔です。

では、この熱水噴出孔（特にアルカリ熱水噴出孔）からどのように生命が生まれたのか、そして、なぜミラー・ユーリーの実験などよりも有力であると断言できるのか、アルカリ熱水噴出孔での生命の起源の可能性を実験で明らかにしたニック・レーンの『生命、エネルギー、進化』（みすず書房）を参考にしつつ説明していきましょう。

アルカリ熱水噴出孔は、火山ではありません。そのためブラックスモーカーのようにもくもくと煙を上げるような華々しさや過激さはありません。ただし、〝電気化学的な流動反応装置〟としては、はるかによく整えられた特性を持っています。

どういうことかといえば、流体が連続的に流れ込んで反応し、系外へ流れ出る反応装置、つまり、電子のやり取りが起こる流体を起こす装置ということです。


アルカリ熱水噴出孔が生命の起源に深く関連することは、地球科学者のマイケル・ラッセルが、1998年に初めて示唆しました。その後、進化生物学者のビル・マーティンが、微生物学的な視点からアルカリ熱水噴出孔の世界を明らかにしました。マーティンは、微生物がどのようにして生命活動を行っているのかということと、アルカリ熱水噴出孔で起きていることとの類似性に注目したのです。そして、ラッセルとマーティンは共同して、アルカリ熱水噴出孔における生命の起源のプロセスを解明していきました。

マーティンが注目したのが、独立栄養細菌です。独立栄養細菌とは、自らのあらゆる有機分子を、単純な無機の前駆体から合成している細菌のことです。ほかの何にも依存せずに、生命に必要なものを、材料物質からすべてつくっている細菌です。

彼らは、地球で起こっている現象や材料を使って、ボトムアップ式に生命が生まれたと考えました。

　また、彼らは初期の触媒として、硫化鉄鉱物の重要性を主張しました。熱水噴出孔と硫化鉄鉱物、そして独立栄養細菌との起源について論考を進めたのです。これは、硫化鉄鋼物に注目し、ブラックスモーカー（熱水噴出孔）が生命の起源ではないかと提唱した、ドイツのギュンター・ヴェヒターズホイザーとほぼ同じ考えです。

　両者で大きく異なるのが、ブラックスモーカーと呼ばれる熱水噴出孔とアルカリ熱水噴出孔との違いです。アルカリ熱水噴出孔は、水とマグマの相互作用ではなく、はるかに穏やかな、硬い岩石と水との化学反応により生じるということです。


　では、アルカリ熱水噴出孔ではどのようなことが起こっているのでしょうか。キーワードは「蛇紋岩化作用」です。

　地球内部のマントルを構成する岩石は「橄欖石《カンラン》[16]」などの鉱物を豊富に含み、水と反応して、含水鉱物の「蛇紋岩」になります。蛇紋岩は、蛇のうろこに似た緑色で、まだら状の外見をしています。この岩を形成する化学反応を「蛇紋岩化作用」といいます。

　この蛇紋岩化作用の廃棄物が、生命の起源のカギを握るのです。

　橄欖石には2価の鉄（第一鉄、Fe^{2+}）とマグネシウムが豊富に存在します。第一鉄は、水によって酸化され、錆びた形の3価鉄（第二鉄、Fe^{3+}）になります。この反応は発熱反応で、水酸化マグネシウムを含む温かいアルカリ流体に溶け込んでいた大量の水素ガスを発生させます。

アルカリ熱水噴出孔では、水は海底から下に沈み込み、ときに数キロの深さにまで達し、橄欖石と反応します。その際、蛇紋岩化作用によって、水素の豊富な温かいアルカリ流体が発生するわけです。

下降してくる冷たい海水より、この温かいアルカリ流体のほうが浮力が高いので、温かいアルカリ流体は上昇していきます。上昇して海底に達すると流体が冷え、海中で海水に溶け込んだ塩と反応し、大きな熱水噴出孔になります。それが、アルカリ熱水噴出孔という構造物をつくるのです。

アルカリ熱水噴出孔は、ブラックスモーカーのように、海にもくもくと煙を出すわけではありません。海中に流出しながら、徐々に鉱物を蓄積し、大きくなっていきます。そのため、相互がつながった迷路のような、細かい孔が無数に開いているような構造物になります。これがとても重要なポイントです。

16 橄欖石……鉄・マグネシウムを含むケイ酸塩鉱物。

ロストシティ（アルカリ熱水噴出孔）

そういう鉱物の表面は凸凹していて、滑らかな表面に比べると圧倒的に表面積が多くなります。表面積が多いということは、それだけ反応の場が広がるということです。地球上の表面にある鉱物の表面積の広さを考えると、非常にまれにしか起こらないような化学反応でも、かなりの頻度で起こり得ると考えられるのです。

天然のプロトン勾配ができる

１９９０年代初めに、ラッセルはアルカリ熱水噴出孔のこうした性質を予想していましたが、当時、研究者たちはブラックスモーカーしか知りませんでした。したがって、ラッセルの説はほとんど注目されませんでした。

ところが、２０００年、大西洋中央海嶺から

15㎞余り離れた海底で、アルカリ熱水噴出孔が実際に見つかったのです。これは「ロストシティ」と名付けられ、今でも存在しています。

ラッセルのアイデアは、アルカリ熱水噴出孔に見られる〝天然のプロトン勾配[17]〟によって生命の起源と結び付きます。

どういうことか、説明しましょう。プロトンとは陽子（H^+）であり、プロトン勾配があるということは、電子も流れるということです。

生命が体内でいろいろな化学反応を起こすのは、電子のやり取りだと考えると、電子の流れがなければいけません。それをどうやっているのか。3章で説明したとおり、細胞膜の両側でプロトンの濃度勾配が異なることによって、電子の流れ、すなわちプロトンの流れを誘起しています。プロトン濃度勾配が、すべての生体反応のもとにあるのです。

そして、興味深いことに、アルカリ熱水噴出孔でも天然のプロトン勾配がつくられています。細孔があって、隣り合った孔の中を流体が流れるとします。その流体の性質が違うと、そこにプロトンの濃度勾配ができるのです。するといろいろな化学反応が進み、有機物がつくられます。そのプロセスは、生命が行っていることと基本的に同じです。

17 プロトン勾配……電子伝達系により細胞膜の内外に生じた H^+ の濃度差（勾配）で、ATP合成の原動力となる、

有機物を1000倍以上に濃縮する

アルカリ熱水噴出孔では、岩石そのものが硬化したスポンジのようになっていて、薄い壁で隔てられた孔は相互につながり、巨大な迷路のようになっています。その迷路の中を、水素の豊富なアルカリ熱水流体が流れていくのです。

その際、流体はマグマに加熱されていないため、温度は60～90℃で、有機分子の合成に有利であるだけでなく、流速が低くなるという利点もあります。さらに、触媒の表面をゆっくりとなでるように流れていくので、反応が進みやすいのです。流体が触媒のもとを通っても、バーッと通り過ぎたのでは、触媒の役割を果たせません。

また、このアルカリ熱水噴出孔という構造は安定で、何千年も存続します。大西洋中央海嶺付近で見つかったロストシティの場合には、10万年以上前から存続していると考えられています。ブラックスモーカーは数十年で、10万年だとしても1万倍も長いのですから、いろいろな反応が十分に進むことが考えられます。

何より重要なのが、分子の濃縮が起こるということです。

細孔だらけの迷路を通り抜ける熱水の流れには、アミノ酸、脂肪酸、ヌクレオチドなどの有機物を、数千倍から数百万倍にまで濃縮する働きがあります。それは「熱泳動」というメカニズムが働くからです。

温度が高いと、小さな分子は激しく四方八方に動きます。そして熱水流体が混じり合って冷えると、分子の運動エネルギーが低下するので、分子は温度の低いところにどんどんたまるようになります。このように、温度勾配のある場で、高温側から低温側へ粒子が移動する現象を熱泳動といいます。

また、熱泳動の力は、分子のサイズに左右されます。大きな分子のほうが抵抗があるためとどまりやすく、ヌクレオチドなどの大きな分子は、小さな分子よりも濃縮しやすいのです。理論上、ヌクレオチドなどの有機物は、熱泳動によって出発点の濃度の１０００倍以上にも濃縮されます。

ですから、細孔だらけの熱水噴出孔は、凍結や蒸発のような物理的な過程ではなく、動的なプロセスによって、有機物を濃縮することができます。分子の濃度を高めるという現象が起こるのです。その結果、有機物同士の相互作用を促し、細孔内で開放系の形成を進め、脂肪酸を自然に小袋にすることを可能にするのです。

現在の熱水噴出孔周辺に生息するチューブワーム

４つの組み合わせが生命の起源につながった

ロストシティのアルカリ熱水噴出孔は、現在、多くの生命（細菌や古細菌など）の棲み処になっています。そこでは、メタンや微量の炭化水素など低濃度の有機物が生み出されています。ただ、細菌や古細菌の餌になっているので、そこから何か新しいものが生まれるということはありません。

さらに生命の起源に関していえば、もっと根本的な違いもあります。40億年前のアルカリ熱水噴出孔と今のアルカリ熱水噴出孔とでは、化学的な性質が異なるのです。現在のアルカリ熱水噴出孔の鉱物組成は、ほとんどが炭酸塩です。アラゴナイトという炭酸塩鉱物が、細孔をつくっています。それでは触媒にはなりません。

40億年前の海で、どのような構造のアルカリ熱水噴出孔が形成されていたのか、本当のところはわかりません。しかし、現在の環境との違いで、大きな影響を及ぼしていたものが二つありました。一つは酸素がなかったこと、もう一つは大気と海洋の二酸化炭素濃度が、今よりはるかに高かったことです。酸素がなく、二酸化炭素がたくさんあったことが、太古のアルカリ熱水噴出孔を、はるかに効果的な流動反応装置にしたことは間違いありません。

なぜなら、海が還元的（電子を受け取るもの）であれば、二酸化炭素と水素からメタンに至る反応を進めやすいからです。さらに酸素がなければ、鉄は第一鉄（Fe^{2+}）として海に溶け込みます。そして、水酸化鉄や硫化鉄として析出し、40億年前のアルカリ熱水噴出孔の鉱物の壁には、触媒作用のある鉄鉱物が含まれていたはずです。さらに、アルカリ流体に溶け込んでいたニッケルやモリブデンなど、他の反応性の高い金属も、鉄鉱物におそらく添加されていたでしょう。

また、現在のアルカリ熱水噴出孔は比較的炭素が乏しく、利用可能な無機炭素の多くは、熱水噴出孔の壁に炭酸塩鉱物として析出しています。ところが、40億年前には二酸化炭素の濃度は、今よりも100倍から1000倍も高かったと考えられます。海の酸性度は高く、炭素は炭酸カルシウムとして析出しにくかったはずです。

高い二酸化炭素濃度、弱酸性の海、アルカリ流体、硫化鉄を持つ薄い壁構造という組み合わせが重要です。この組み合わせが、容易に起きないような化学反応を促し、生命の起源につながったと考えられるのです。

アルカリ熱水噴出孔では、アルカリ流体が細孔の迷路をゆっくりと進みます。その中では、二酸化炭素で飽和した酸性の海水と、水素に富むアルカリ流体という二つの異なる流体が、並行して流れる場所もあります。そうすると、両者は硫化鉄鉱物という触媒を含む無機の薄い壁で隔てられ、壁を挟んで天然のプロトン勾配ができるため、二酸化炭素を還元して有機物をつくるという反応が起こるのです。そして、熱泳動よってそれが濃縮されもします。

こうした現象は、すでに実験室でも確かめられています。生化学者のニック・レーンらの研究グループが、実験室でアルカリ熱水噴出孔と同じような条件をつくり、実際にギ酸やホルムアルデヒドといった有機化合物、さらにはヌクレオチドまでつくれるかという実験を行っています。そして、実験の結果、「できる」ことがすでにわかっています。

地球外生命は多くの岩石惑星で生まれている

このように、生命の誕生を促す条件は、アルカリ熱水噴出孔に見つかります。

ちなみに、陸上の温泉も、生命の起源の候補地の一つという話を、聞いたことがあるかもしれません。しかしながら、これはあり得ません。原始スープ説と同じで、乾いたら反応が進まないからです。継続した流れが存在することが、何より重要なのです。

アルカリ熱水噴出孔は、水と橄欖石の化学反応によって形成される構造物です。橄欖石は宇宙でとりわけ豊富な鉱物の一つであり、岩石天体には必ず存在します。橄欖石の蛇紋岩化作用は、宇宙空間でも起こる普遍的な地質現象です。

岩石と水と二酸化炭素――これらが生命の誕生に必要な材料物質です。湿潤な岩石惑星のほぼすべてに準備されているはずです。二酸化炭素は、太陽系の大半の惑星の大気に存在し、系外惑星の大気でも見つかっています。

化学と地質学の法則によって、これらは触媒となる細孔の薄い壁を挟んで、プロトン勾配を持つ温かいアルカリ熱水噴出孔を形成します。すると、無機物から小型の有機物がつくられ、それらがたまってヌクレオチドなどを形成する……という、ここまでに紹介してきたようなことが起こります。ですから、岩石と水、二酸化炭素を持つ惑星では、生命は、すでに生まれているだろうと考えられます。

生命を生む惑星（この惑星のことを私は「地球もどきの惑星」と呼んでいます）は無数にあるのです。

ということは、宇宙に無数にある地球もどきの惑星から、生命が飛んでくることもあるでしょう。宇宙空間を生命が漂うこと、惑星間を生命が移動することを「パンスペルミア」と呼びますが、パンスペルミアは十分に起こります。というよりも、1章で説明したように、今でも現実に起こっているのです。

5章

ウイルスは
生命の祖先なのか

ウイルスと生物の違い——細胞の代謝を乗っ取る

2章の終わりに、生命と非生命の境界をどう考えるかによって「N＝1問題」は解決されると述べました。生命と非生命の境界を考えるにあたり、興味深い存在として、ウイルスがあります。ウイルスについてはまだ明らかになっていないことも多いのですが、私は、生命の起源や進化に深く関わってきたと考えています。

そこで、この章ではウイルスとは何か、そしてウイルスは生命の進化にどのように関わってきたと考えられるのかについて、最近の進展を紹介していきたいと思います。

ウイルスという名前は「毒」という意味のラテン語に由来しています。名付けたのは、19世紀末のオランダの微生物学者、マルティィヌス・ベイエリンクです。

一般的にウイルスは生命ではないと考えられています。その理由は、複製と代謝の両方を同時に行うことができるのが生命と、一般的には考えられているからです。その点では、ウイルスは生命の定義を満たしません。

しかし、私は生命を開放系だと捉えています。そのため「生きている」という状態に注目しています。このように考えると、ウイルスと生命の違いはほとんどありません。ウイルスにとっての環境は細胞の内部という点だけが、生命との違いです。

あらゆる生命は細胞からできています。その細胞内で代謝活動を自分の力で行い、エネルギーを得て活動しています。そして、自己複製によって子孫をつくる。これが、生命です。

ウイルスも周囲と区切られた構造を持ちますが、その構造は細胞よりもはるかに単純です。まず、代謝活動を行うために必要なさまざまな組織を持ちません。というのは、ウイルスは生物の細胞に感染して、感染した細胞の代謝システムを乗っ取るという手段を取っているからです。そのため自分の力でタンパク質はつくれません。それが、ウイルスの一番の特徴です。

さて、ウイルスは細胞よりもはるかに単純な構造と紹介しましたが、ウイルスが持っているのは、自らの遺伝子のみです。その遺伝子をカプシド、あるいは細胞膜のような覆いで保護しています。ゲノムがタンパク質の殻で覆われているというシンプルな構造を持つのがウイルスです。

細胞の場合は、細胞膜という脂質の二重層で包まれています。しかし、ウイルスはそうではなく、基本的にタンパク質の殻で覆われています。とはいえ、細胞膜と同じく、脂質でできたエンベロープという膜に覆われているものもいます。

また、生物ではゲノムの本体物質は必ずDNAですが、ウイルスの場合は、DNAである場合とRNAである場合があります。この点も決定的に違います。

ウイルスの種類

ゲノムの本体物質として何を使うのかは、分類学上、重要です。そこでウイルスの分類は、これをもとに行われています。一般的には「DNAウイルス」「RNAウイルス」「レトロウイルス」の大きく3つに分けられます。

このうちレトロウイルスは、ゲノムとしてはRNAなのですが、細胞の中で自らの遺伝子やタンパク質を再生するメカニズムが全く違います。逆転写酵素[18]というものを持ち、RNAからDNAを合成し（これを逆転写といいます）、そのDNAを、場合によっては細胞のDNAに埋め込み、同化させてしまうという点が異なります。忍者のように、ウイルスの本性を隠してしまうということです。

レトロウイルスとして有名なのは、ヒト免疫不全ウイルス、いわゆるエイズウイルスです。このウイルスは、私たちのリンパ球に感染し、逆転写によってそのゲノムをリンパ球のゲノムの中に入れ込んで、しばらくおとなしくしています。数年後、突然目覚め、リンパ球を機能不全に陥れるものです。

レトロウイルスは、このように特殊なものですが、生命の進化との関わりという点では、このレトロウイルスが実は非常に重要なのです。

ヒトゲノムに潜むレトロウイルス

ヒトゲノムの解読の結果、タンパク質の設計図となる遺伝子は2万個程度であることがわかっています。これは他の生物に比べて、圧倒的に少ない数です。かつては、それ以外の遺伝子は意味のない「ジャンク遺伝子」と呼ばれていました。ところがその後、実はジャンク遺伝子の半分ぐらいは、レトロウイルス的なものと、レトロトランスポゾンという、レトロウイルスと似たような機能を持つようなものであることがわかっています。

レトロウイルス的なものが約1割、レトロトランスポゾンが約3割で、それらがジャンク遺伝子の正体だということがわかってきました。

ですから、生命の進化にとって、レトロウイルスは非常に重要な存在です。少なくとも真核生物

18 逆転写酵素……RNAを鋳型としてDNAを合成する酵素。レトロウイルスで発見された。DNAからmRNAができて、それからDNAをつくるのが普通の流れだが、逆転写酵素は、RNAを鋳型としてDNAを合成するため、mRNAがいらない。

の進化においてはレトロウイルスが深く関わっていることが、こうした事実からわかっています。私たちの発達した神経系や胎盤、皮膚の保温効果などは、過去のウイルスの遺伝子の作用によって生じたことが確かめられています。

したがって、ウイルスの起源と進化を考える上では、まずレトロウイルスと生物進化の関わりを知ることが重要です。

また、4章で、最初にRNAが生まれたというRNAワールドの考え方を紹介しました。RNAワールドを考えると、最初にRNAがあるのですから、RNAウイルスがそこに関わっていることが十分に考えられます。

ということは、ウイルスの起源には、RNAウイルスかレトロウイルスが関わっていて、DNAウイルスが現れたのは、そのあとだろうと考えることもできます。

レトロウイルスは、脊椎動物ウイルスの一つ

レトロウイルスは、すべての脊椎動物において発見されています。したがって、脊椎動物と共に進化したウイルスと考えられます。

脊椎動物とは、体の中心軸として脊椎があり、その脊椎を中心に、内骨格と呼ばれる骨格系が

縦横無尽に走っています。この内骨格に筋肉の両端がくっつき、それを動かすことによって個体のさまざまな箇所を動かし、生物の基本的な営みを行っているのです。ほんの一部の例外を除き、すべての脊椎動物は、有性生殖により子孫を増やします。

脊椎動物の生体防御システムに打ち勝つ、感染の仕組みを開発したのが、レトロウイルスではないかと考えられています。

脊椎動物の免疫系には、体内に侵入してきた異物を捕食して退治する「自然免疫」と、入ってきた異物に対して、個々に、特異的に反応する抗体をつくって対抗する「獲得免疫」という、2種類の免疫系があります。

脊椎動物の獲得免疫は、ウイルスとのせめぎ合いを反映した結果と考えられます。ウイルスは、脊椎動物に備えられた獲得免疫に対抗し、突然変異によって抗原となり得るタンパク質の形をわずかに変え、抗体が反応しないようにします。

しかし、全く別の仕組みでこの獲得免疫システムに対抗しようとするウイルスが現れても、不思議はありません。その仕組みが、宿主のゲノムの中に隠れようというものです。獲得免疫から逃れることのできる最も効率のいい方法は、隠れることです。隠れることで、いつでも好きなときに複製できるというのも、生存戦略上有利です。宿主の免疫機能が落ちたときに複製すれば、有利だからです。

免疫不全ウイルスをはじめ一部のレトロウイルスは、突然変異を引き起こす確率が極めて高いことが知られています。この変異は、RNAからDNA転写される過程で、逆転写酵素の複製エラーによって引き起こされます。すなわち、逆転写を利用した変異の仕組みを編み出した結果、ウイルスゲノムの多様化ができるようになりました。

レトロウイルスは、感染機会をそれほどつくらなくても、簡単に変異する仕組みを持ったのです。それが現代のレトロウイルスの興隆につながったのではないかと考えられます。

内在性レトロウイルスと哺乳類の進化

私たちのような脊椎動物は、発達した神経系を持っています。それに関係する、内在性レトロウイルス由来の遺伝子が知られています。「アーク」と呼ばれる遺伝子です。

2018年、マウスとショウジョウバエにおいて、神経細胞同士の情報伝達に用いられるタンパク質「アーク」の遺伝子と、レトロウイルスの遺伝子の中のある遺伝子の配列とが、よく似ていることが明らかにされました。「gag」と呼ばれる遺伝子です。アークがつくるタンパク質は、ウイルスのカプシドと同じような構造をとることが知られています。

このカプシドと似たタンパク質の殻の中に、アーク遺伝子から転写されたメッセンジャーRNAが包まれ、別の神経細胞や筋肉細胞に輸送されます。このアークの、メッセンジャーRNAのカプシド様構造による輸送が、神経系における長期記憶に関わっていることが示唆されていま す。このことは、レトロウイルス由来の遺伝子が、私たち脊椎動物、少なくとも哺乳類や節足動物の機能に大変重要な役割を担っている、ということを意味します。

多細胞生物が誕生し、2億年近く経過した頃、動物が陸上に進出しました。その際、まず直面したのは、皮膚の乾燥という問題でした。それを克服できたのは、皮膚が保湿機能を獲得したからです。その保湿機能に関係するタンパク質分解酵素が、内在性レトロウイルス由来の遺伝子なのです。

私たち哺乳類の表皮を構成する細胞（表皮細胞）には、アスパラギン酸プロテアーゼ（サスペース）というタンパク質分解酵素の一種が発現しています。この酵素には、私たち哺乳類の肌を、カサつきから保護するという役割があります。いわゆる保湿機能です。この酵素の遺伝子が、内在性レトロウイルスに由来する遺伝子によってコードされていることが、明らかにされていま す。

哺乳動物にとって何より重要な遺伝子は、胎盤を形成するために働く遺伝子です。この遺伝子を「シンシチン」といいます。シンシチンは、へそを、へそたらしめる重要な臓器である「胎盤」を形成するために働く遺伝子です。

霊長類では、「シンシチン1」と「シンシチン2」と名付けられた二つがあります。これらは、かつて霊長類に感染した内在性レトロウイルスの、「env」遺伝子に由来するものです。この遺伝子がコードする「env」タンパク質は、レトロウイルスのエンベロープに存在していた、と考えられています。このタンパク質は、現在のレトロウイルスと同様に、宿主の細胞に対して「融合性」があります。

例えば、ウイルス粒子が細胞に結合する際、同時に二つの細胞に結合することで、あたかも細胞と細胞が、ウイルス粒子を介してくっついているかのように見えることがあります。

細胞膜の脂質二重層は、このようなことをきっかけとして、お互いに近づくと融合することがあるのです。この性質がウイルス粒子の介在によって具現化し、細胞同士の細胞膜の融合という現象が起きます。こうした細胞の融合は、ヒトの体内でも起こることが知られています。その代表が、胎盤の形成です。

胎盤というのは、母体の血液と胎児の血液との間で、栄養物や老廃物の交換や、酸素と二酸化炭素の交換などをしている大切な臓器です。こうした物質交換を効率的に行うために、胎盤の母体側の表面は、シンシチウム（合包体）と呼ばれる、細胞同士が融合した巨大な一個の扁平な細胞と化しています。

ヒトが持っているシンシチン1、2は、共に霊長類が進化してから獲得されたものだと考えられています。つまり、内在性レトロウイルスのエンベロープタンパク質が転用され、胎盤のシンシチウム形成を司るように進化したのが、シンシチン1、シンシチン2だということです。

なおシンシチン遺伝子は、霊長類以外の哺乳類でも、それぞれの系統で個別に獲得されたと考えられています。例えば、マウスなど齧歯類では、シンシチンA、シンシチンBという遺伝子がそれぞれ、齧歯類レトロウイルスの内在化によって獲得されました。すなわちシンシチン遺伝子は、哺乳類の共通祖先が獲得したあと、すべての哺乳類に受け継がれたわけではない、ということです。

このことは、哺乳類のそれぞれの系統に感染するレトロウイルスが、それぞれ独自に「env」遺伝子を宿主に与えてきたことを意味します。すなわち、レトロウイルスの内在化が、進化史な長い時間軸ではなく、哺乳類の進化というような短い時間軸のなかでも煩雑に起っていることを示唆します。

ウイルスの形──４つのタイプ

ウイルスのゲノムは、ヒトゲノムに埋め込まれていることからもわかるように、生物のゲノムに比べると圧倒的に短いことが特徴です。そのゲノムを「カプシド」と呼ばれるタンパク質でできた殻で覆っているというのが、ウイルスの基本的な形です。

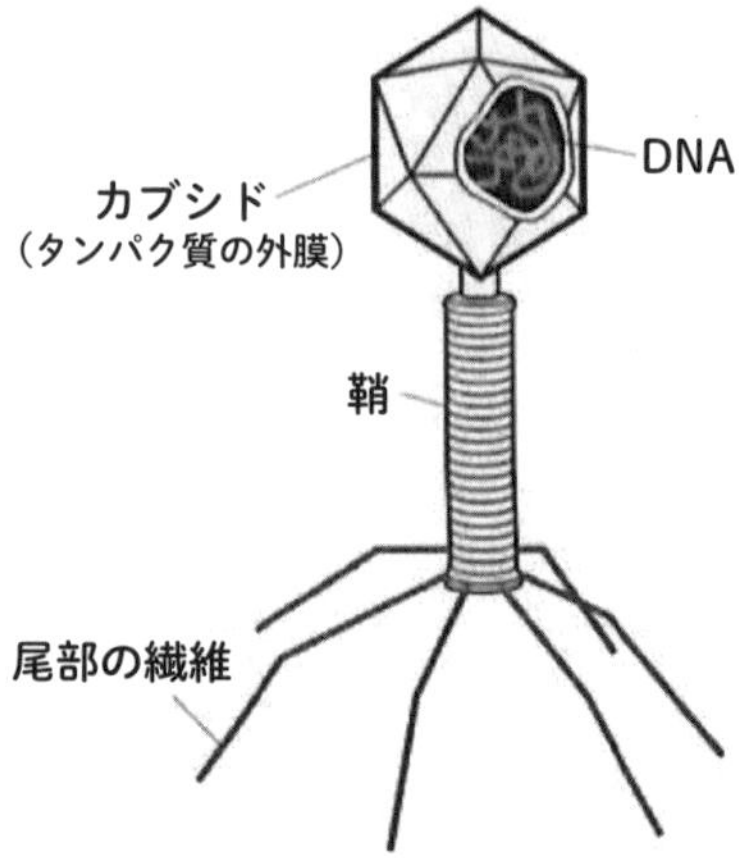

ファージは、尾部の繊維の部分を細菌の細胞壁に突き刺し、中の核酸を細菌細胞内に注入することにより増殖する

T2ファージの模式図　『ウイルスと地球生命』

実は、私がウイルスに最初に興味を抱いたのは、典型的なウイルスの一種が、正二十面体のカプシドを持つことからでした。正二十面体は、非常に幾何学的な正多面体です。そのため無機的につくりやすいだろうと考えられることから、ウイルスの起源に興味を持ったのです。

また、カプシドが正二十面体にならないウイルスもいます。その場合、ゲノムが丸まっておらず、引き伸ばされた形で存在し、その周囲にカプシドタンパク質をらせん状に配列しています。ウイルスというと、ファージのようにアポロ宇宙船のような形のものが多いのですが、ゲノムが引き伸ばされたウイルスの場合、細長い紐状になります。

さらに、カプシドを持たない、ゲノムがむき出しのウイルスもいます。ミトコンドリアの中にいる「ミトウイルス」がそうです。細胞内のミトコンドリアの中にずっととどまっていて、外に出てこないので、殻は必要ないのです。

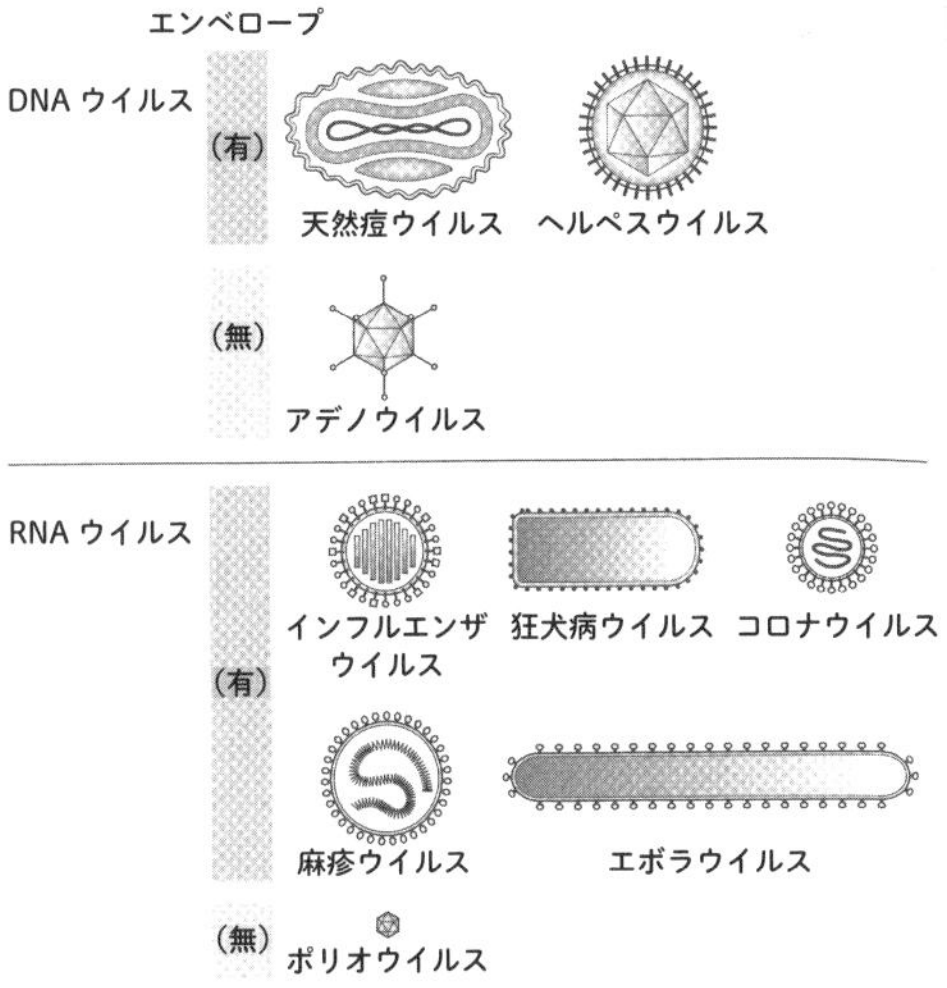

主なウイルスの形態とサイズ
『ウイルスと人間』山内一也（岩波科学ライブラリー）

一方で、ゲノムをカプシドで包んだ上に、さらにエンベロープというもので覆っているウイルスもいます。このエンベロープは、タンパク質ではなく、生物の細胞膜と同じ脂質の二重層になっています。

ウイルスは細胞に感染しなければ生きられません。カプシドだと細胞膜とは成分が異なるので、細胞膜を破って中に入り込むには何らかの仕組みがいります。ところが、脂質の二重層でできているエンベロープの場合、細胞膜と材料が同じなので、融合して中に入り込みやすいのです。そのため、エンベロープを持つウイルスがいるのでしょう。

そして、エンベロープには、ウイルスごとに異なるさまざまなタンパク質が埋め込まれていて、それらを利用して細胞に取り付く、つまり感染します。

このように、ウイルスを形で大別すると、カプシドを持つものと持たないもの、エンベロープを持つものと持たないもの、結局2×2で4つに分けられます。

違いは、リボソームを持たないこと

ウイルスは、なぜ細胞に寄生しなければ生きられないのでしょうか。

それは、ウイルスには、タンパク質を合成する微小な装置であるリボソームがないからです。一方で、すべての生物は、細胞の中に数万個ものリボソームを必ず持っています。なぜなら、それぞれの細胞でタンパク質をつくらなければいけないからです。細胞の中で、アミノ酸を次々につないでタンパク質をつくることができるのは、リボソームしかありません。

ですから「生物とウイルスの違いは何か」と問われれば、その究極の答えは、リボソームを持っているか、いないか、です。

ウイルスが生物の細胞のリボソームを利用するには、まず自らのカプシドやエンベロープといった殻を壊さなければいけません。そして、自分の持つ遺伝情報をｍＲＮＡ（メッセンジャーＲＮＡ）というものに置き換えます。そのｍＲＮＡがリボソームと結合してタンパク質をつくります。なお、ｍＲＮＡとは、生物やＤＮＡウイルスが、ＤＮＡにある情報を転写してつくるＲＮＡのことです。

ウイルスはいかに増殖するのか

それでは、ウイルスはどのようにして増殖するのでしょうか。ウイルスは、細胞内のリボソームを利用して増えていきます。そのプロセスを簡単に説明しましょう。

ウイルスは宿主である細胞に感染したあと、カプシドを壊して内部の遺伝子を宿主の細胞質に放出する必要があります。したがって、感染するには、まずウイルスが細胞に取り付くことが必要です。ほとんどのウイルスには宿主特異性があり、ある決まった宿主の細胞でなければ結合することはできません。これが、ヒトに感染するウイルスなのか、動物に感染するウイルスなのかといった違いを生み出しています。

ウイルスが細胞表面に取り付く過程を「吸着」といいます。感染というプロセスの最初が、吸着なのです。

例えば、新型コロナウイルス（COVID19）の場合、カプシドの周りをエンベロープが覆っていて、そのエンベロープに、細胞に吸着するための〝手〟のような突起がくっついています。新型コロナウイルスについて説明するテレビ番組で、ウイルスを模したイラストを見た記憶はありませんか？　そこにも突起物が描かれていたと思います。それをスパイクタンパク質と呼び、それが細胞側の細胞膜表面にあるACE2というタンパク質と結合することで、細胞への吸着を果たします。

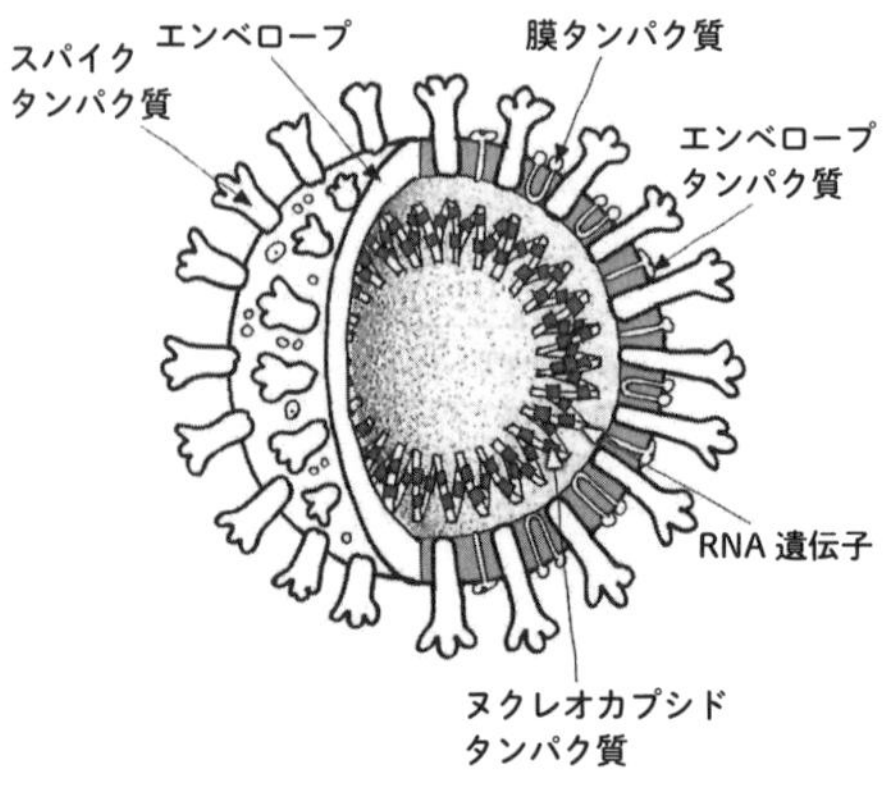

新型コロナウイルス（COVID19）の構造

吸着が終わると、細胞側の細胞膜表面にある、プロテアーゼというタンパク質を分解する酵素が、結合部分を切断します。すると、スパイクタンパク質の残った部分が細胞膜に直接くっついて、細胞膜をウイルス側に引き寄せるように近づけ、同じ脂質の二重層でできたエンベロープと細胞膜をくっつけるのです。

新型コロナウイルスの場合は、このようにして吸着を行います。もちろん、エンベロープを持たないウイルスの場合にはこのような方法は取れませんので、吸着の仕方はウイルスによって異なります。

いずれにしても、まず吸着が起こり、続いて、細胞の細胞膜を破って中に入り込みます。これが「侵入」というプロセスです。

新型コロナウイルスのようにエンベロープのあるウイルスの場合、エンベロープと細胞膜が融合すると、エンベロープの中身、すなわちコロナウイルスのRNAとカプシドタンパク質が複合体をつくった「ヌクレオカプシド」というものが細胞内に入り込みます。それまではカプシドと遺伝子だったものが、ヌクレオカプシドというものに変わり、細胞内に入り込むわけです。

この侵入プロセスも、ウイルスによって異なります。それはウイルスの構造が各々違うからです。

さて、細胞の中に入るときにはカプシドという殻はいらないので、殻を捨て去るわけですが、これを「脱殻」といいます。

この脱殻が起こると、次の合成までの期間はRNAやDNAだけの状態になるので、ウイルスの存在は見えません。このような期間のことを「暗黒期」と呼びます。

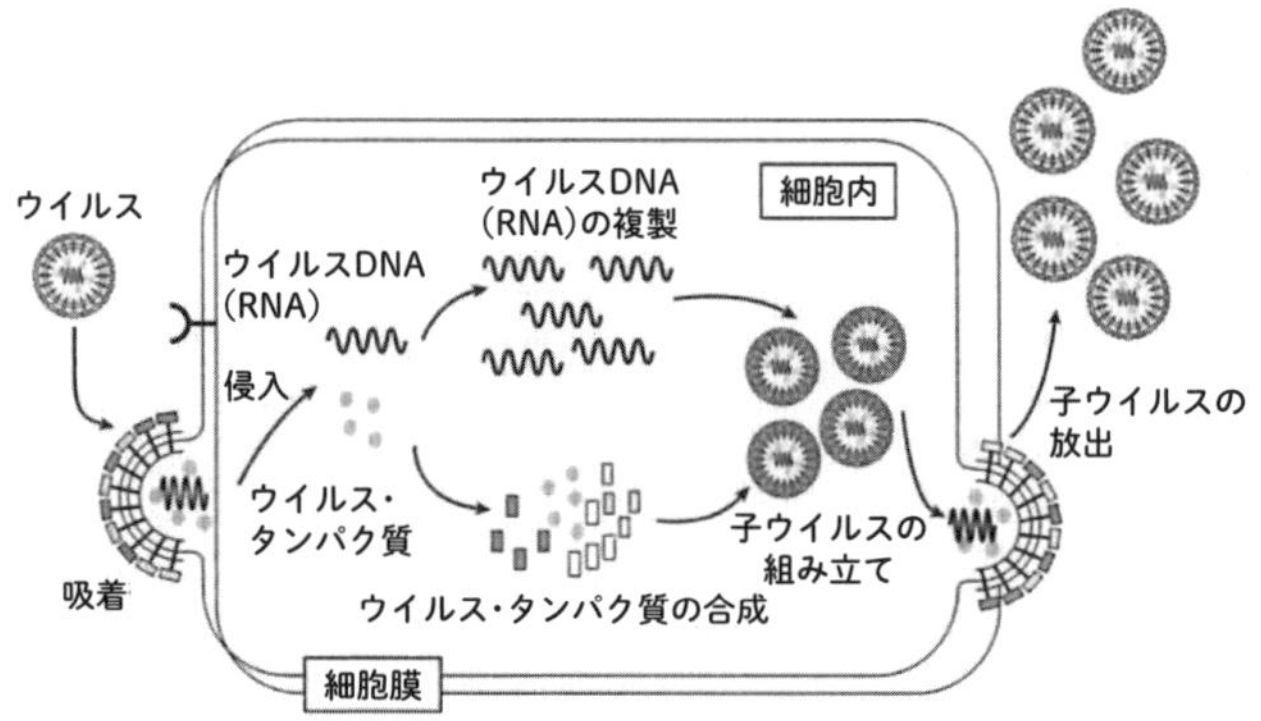

ウイルスの増殖様式　　『ウイルスと地球生命』山内一也（岩波科学ライブラリー）

生物は、常に細胞膜に覆われた細胞でできており、細胞膜が一時的にせよ消失することはありません。ところがウイルスの場合には、細胞膜に相当するカプシドがなくなることがあるのです。

次が「合成」というプロセスです。ウイルスのゲノムが宿主の細胞質に放出されると、合成が起こります。合成されるのは、ゲノムのＤＮＡもしくはＲＮＡ、ウイルス粒子をつくるタンパク質、そして合成のプロセスで必要な酵素です。合成のプロセスはかなり複雑なので、ここでは詳細は省きます。

ゲノムが複製され、ウイルス粒子の材料となるタンパク質の合成が本格的に進むと、いよいよ子ウイルスがつくられ、それを放出することになります。これを「成熟過程」と呼びます。

この成熟過程もウイルスによってさまざまです。なかには、次の感染時に即座にゲノム複製を開始するために必要なポリメラーゼや逆転写酵素などいくつかの重要なタンパク質を、ウイルス粒子内に詰め込む段階まで行うものもあります。

ウイルス粒子の放出の際には、新型コロナウイルスなどエンベロープを持つウイルスの場合、ウイルスのカプシド、あるいはヌクレオカプシドが集合し、細胞膜を内側から押し上げるようにして、その細胞膜を自らのエンベロープとしてまとわせながら細胞外へと出ていきます。要するに、細胞のエンベロープを借りて出ていくということです。エンベロープは脂質の二重層なので、わざわざつくる必要はないわけです。

1個のウイルスが感染するだけで、細胞からは数万個の子ウイルスが飛び出していきます。ウイルス粒子は、数万のn乗という形で増えていくということです。生物の場合は細胞分裂で増えるので、2のn乗です。ですから、ウイルスの増殖は桁違いなのです。このことが生物とウイルスの違いの特徴の一つです。

子ウイルスは生物の細胞を壊して外に出ていくわけですから、数が増えれば増えるほど、数多くの宿主の細胞が壊れていきます。それが「ウイルス＝毒」と呼ばれる所以です。

ウイルスは7群に分類される

先ほど、ウイルスを形で分けるなら4つに分かれると紹介しました。従来、ウイルスを分類する際は、見かけの構造や、どの生物に感染するかといったことを基準にしていました。ただ現在は、ウイルスの分類においては、遺伝子の本体物質がＤＮＡなのかＲＮＡなのか、そしてそれらをどのように複製するのか、という観点が最も重要視されます。

こうした分類の草分けが、アメリカの分子生物学者、ウイルス学者で、ウイルスの逆転写酵素の発見によって１９７５年にノーベル生理学・医学賞を受賞したデビッド・ボルティモアです。ボルティモアは、その本体物質、そして複製の仕方によってウイルスを7つのグループに分けることを提案しました。それが、現在の分類体系、ＤＮＡかＲＮＡかの基準となっています。具体的には次の7つです。

ＤＮＡウイルスが、第1群と第2群です。ＤＮＡが二本鎖ゲノムのものが第1群、一本鎖のものが第2群です。どちらも生物と同じように、セントラルドグマに基づいて増えます。

ＲＮＡウイルスは、二本鎖ＲＮＡ、一本鎖ＲＮＡ（プラス鎖）、一本鎖ＲＮＡ（マイナス鎖）

のいずれかをゲノムとして持つウイルスの仲間です。ボルティモア分類では、第3群から第5群に分けられます。

ほとんどのRNAウイルスは、真核生物ウイルスです。これはDNAウイルスとの大きな違いです。原核生物に感染するものが、ほとんどないのです。これは、それぞれの起源の違いを反映しているのではないかと考えられます。

DNAウイルスは、生物の系統樹の3つのグループ、バクテリア、アーキア（古細菌）、そして真核生物に感染します。これはRNAウイルスとの大きな違いです。またRNAウイルスに比べ、病原性ウイルスが少ないことが特徴です。

最後のグループは、レトロウイルスと呼ばれるウイルスのグループです。第6群と第7群に分類されます。第6群は、一本鎖RNAをゲノムとして持ち、第7群は、一部が一本鎖となった、二本鎖DNAをゲノムとして持っています。

RNAを鋳型としてDNAを合成する酵素を逆転写酵素といいますが、この酵素がレトロウイルスで発見されました。

この二つのグループは、本体のゲノムが異なることからわかるように、その起源が異なります。しかし、どちらも逆転写酵素によって、RNAをDNAに変換する。このことが共通なので、同じグループに分けられます。

レトロという名称は、逆転写反応を持つことに由来します。DNAウイルスや生物は、DNAからRNAという変換の流れを持ちます。その流れが逆なので、レトロという名称がつけられたのです。逆転写という過程は、セントラルドグマとは逆の情報の流れで、レトロウイルスで発見されたのです。

通常、レトロウイルスといえば、第6群に含まれるレトロウイルス科のウイルスを指します。第6群は、一本鎖RNA逆転写ウイルスです。宿主の細胞内に感染した第6群のレトロウイルスは、自身の粒子内に持っている逆転写酵素を用いてRNAゲノムからDNAを逆転写します。逆転写されてできた二本鎖DNAは、インテグラーゼと呼ばれる酵素の働きで、宿主のゲノムに組み込まれます。こうして組み込まれた状態を「プロウイルス」といいます。しばらく、このようにして宿主のゲノムに潜んでいたあと、時期が来ると、プロウイルスはRNAの合成を開始し、子ウイルス粒子を生産するようになります。プロウイルスがそのまま活動を再開しないで宿主のゲノムに組み込まれてしまったものが、ヒトゲノムには10%くらいあることを、哺乳類の進化との関係で紹介しました。

レトロウイルスとRNAウイルスの違いは、DNAの重要性に関してです。レトロウイルスは、

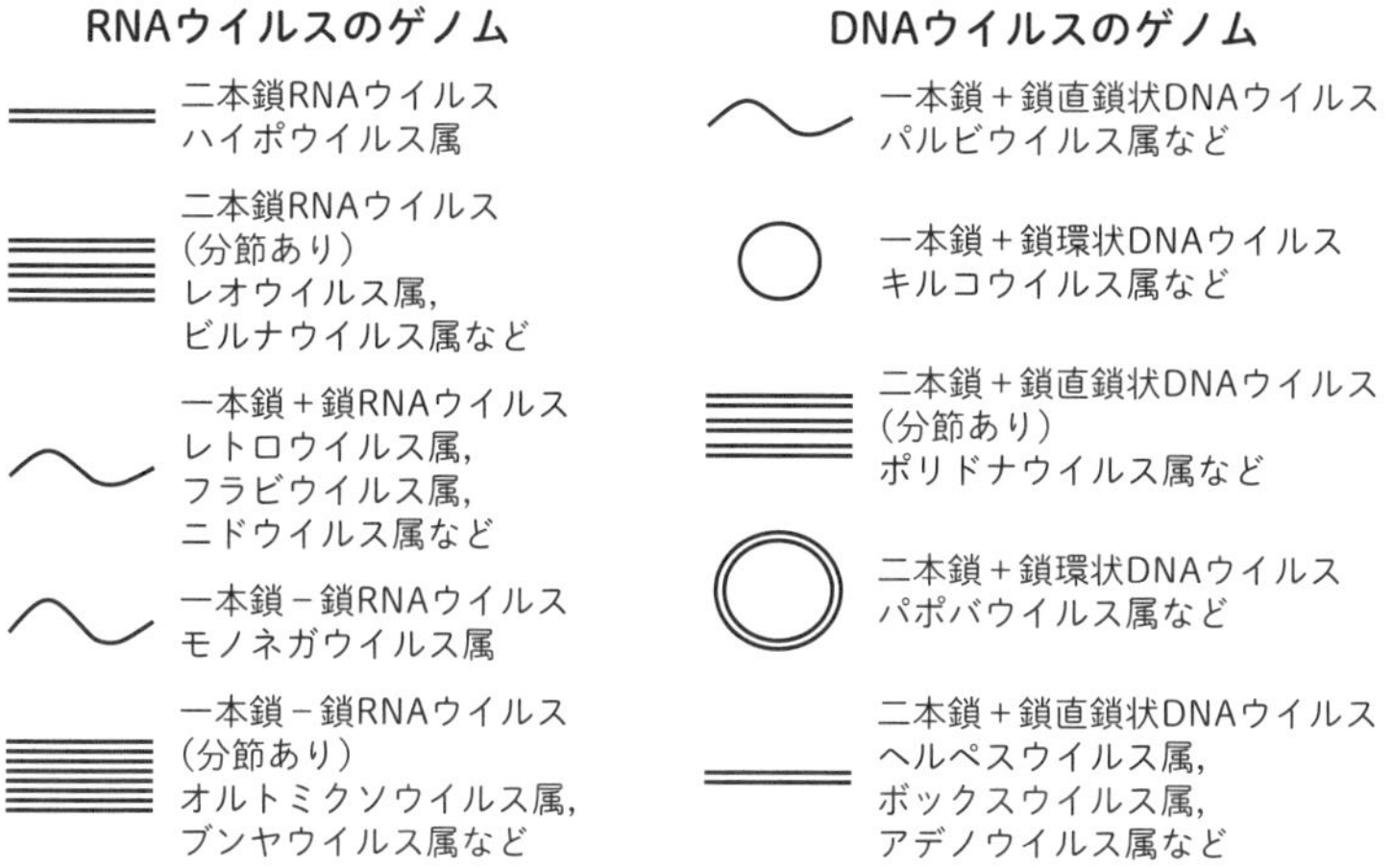

ウイルスの多様性

『菌類・細菌・ウイルスの多様性と系統』岩槻邦男・馬渡俊輔（裳華房）

ＤＮＡを重要なものとして扱っていません。レトロウイルスは、自ら持っているＲＮＡゲノムを逆転写して、ＤＮＡをつくり、増殖して、飛び出します。ＤＮＡをあたかも中間体のように用いているのです。このことは、レトロウイルスの起源が原核生物以前、すなわち、生物誕生以前を示唆するのかもしれません。

❶二本鎖ＤＮＡウイルス
❷一本鎖ＤＮＡウイルス
❸二本鎖ＲＮＡウイルス
❹一本鎖ＲＮＡウイルス〈プラス鎖〉
❺一本鎖ＲＮＡウイルス〈マイナス鎖〉
❻一本鎖ＲＮＡ逆転写ウイルス（レトロウイルス）
❼二本鎖ＤＮＡ逆転写ウイルス（レトロウイルス）

このように、ボルティモア分類では、DNAウイルスが2つ、RNAウイルスが3つ、レトロウイルスが2つのグループに分かれます。例えば、新型コロナウイルスは、このうちの一本鎖プラス鎖RNA、インフルエンザウイルスは一本鎖マイナス鎖RNAに該当します。

ヒトに感染するウイルスや特殊なウイルス

DNAウイルスに属するものとして、ヘルペスウイルスがあります。特記すべきDNAウイルスとしては、原核生物ウイルスであるバクテリアファージ、最初に発見された巨大ウイルスであるミミウイルス、そのほかの巨大ウイルスがあります。

RNAウイルスに属するものとして、インフルエンザウイルス、エボラウイルス、コロナウイルス。なかでも蚊が媒介するウイルスとして、日本脳炎ウイルス、ジカウイルス、デングウイルス、黄熱ウイルスがあります。

最低限の情報と構造しかない、特殊なRNAウイルスがいます。ミトウイルスです。このウイルスは、カプシドを持たず、RNAがむき出しのままで存在します。もちろん、細胞の外では、こんな状態では存在しえません。したがって一生を細胞の中で過ごします。遺伝情報も少なく、タンパク質をコードする遺伝子しか持っていません。

レトロウイルスに属する病原性ウイルスとして、免疫不全ウイルス、すなわちエイズウイルスがあります。このウイルスは、サルの生態系に入り込んだヒトに、サル免疫不全ウイルスが感染し、パンデミックを引き起こした新興のウイルスです。一本鎖ＲＮＡゲノムを持つレトロウイルス科の仲間です。

また、普通の意味ではウイルスに定義できないものとして、ウイロイドと呼ばれるものが存在します。タンパク質の殻が存在せず、ゲノムからしかできていません。まさに、ＲＮＡそのものといっていいでしょう。ウイロイドは、植物の細胞に時々見られます。ミトウイルスは、ウイロイドが進化したものと考えられています。

それぞれのグループのウイルスの増え方

７つのグループは、それぞれ増え方も異なります。

まず第１群の「二本鎖ＤＮＡウイルス」は、生物と同じように、遺伝情報がＤＮＡからｍＲＮＡ、タンパク質の順に伝達されます。これは生物と同じ流れで、セントラルドグマといわれます。

第2群の「一本鎖DNAウイルス」は、自らのDNAを鋳型に二本鎖DNAをつくります。このグループもセントラルドグマに基づいて増えます。

第3群の「二本鎖RNAウイルス」は、2本のRNAのうち、プラス鎖がそのままmRNAとなり、第1・第2群と同じように、DNAをつくって増えます。

第4群の「一本鎖プラス鎖RNAウイルス」も、プラス鎖がそのままmRNAになります。したがって、伝達の仕方は第3群までと同様です。

第5群の「一本鎖マイナス鎖RNAウイルス」は、自らのRNAからプラス鎖のRNAをつくります。それがmRNAとなってDNAをつくり、増えます。ここまでは、セントラルドグマに基づいています。

第6群の「一本鎖RNA逆転写ウイルス」は、一本鎖のマイナス鎖RNAをゲノムとして持ち、自らの逆転写酵素を用い、プラス鎖のRNAを逆転写して、二本鎖DNAをつくります。そのDNAを宿主のDNAに紛れ込ませて、時が来たらセントラルドグマに基づいて増えます。

第7群の「二本鎖DNA逆転写ウイルスは」、一部が一本鎖となった二本鎖DNAをゲノムとして持っています。いったんRNAを合成したあとに、RNAが複製を繰り返します。最後に、そのRNAを鋳型として、逆転写することでDNAをつくり、増えていくのです。

第7群のウイルスは、それほど見つかっておらず、分類としては第7群とされていますが、一般にはレトロウイルスとして論じる対象ではありません。

第6群のレトロウイルスが特殊なのは、一度つくったDNAを、そのままウイルスとして放出しないことです。放出せずに、宿主の細胞の中のゲノム内に、いったん押し込んでおくのです。そして、時が来たら増殖を始め、ウイルスを放出するという風変わりなウイルスです。

その〝時〟が来ないと、そのままずっと宿主の遺伝子の中で眠り込んだまま、何億年もそこにとどまります。先述したように、それがヒトゲノムのジャンク遺伝子の正体です。

ここで、レトロトランスポゾンと内在性レトロウイルスについて、紹介しておきましょう。いずれも、生物進化に深く関わる物質だからです。

レトロトランスポゾンと内在性レトロウイルス

レトロウイルスが、自らのゲノムRNAを鋳型にDNAを転写し、そのDNAを「プロウイルス」として宿主ゲノムに押し込むことは、すでに紹介しました。

そして、放出の時を待っている間に時を逸してしまい、宿主のゲノム内にそのままとどまってしまった「プロウイルス」のことを、内在性レトロウイルスといいます。この内在性レトロウイルスが、脊椎動物のゲノムやヒトゲノムにもかなりの割合で存在することも、すでに紹介しました。ヒトゲノムの場合、少なくても10％は、内在性レトロウイルスです。

もともとはウイルスだったけれど、宿主ゲノムの中で眠っている間に突然変異によって塩基配列が変化し、ウイルスとして飛び出す能力を失ってしまったのが、内在性レトロウイルスです。ほとんどの内在性レトロウイルスは、遺伝子として機能していませんが、なかには、私たち生物のゲノムの一因である遺伝子として働いているものがあることは、わたしたちの発達した神経系や、へそ、胎盤、皮膚の保湿機能の形成のところで紹介しました。

内在性レトロウイルスと似ていますが、わずかに異なる遺伝子が存在します。レトロトランスポゾンといいます。動く遺伝子として知られる塩基配列のことをトランスポゾンといいますが、その一種です。DNAのコピーとしてRNAを転写し、そのRNAから逆転写によってDNAを合成し、それをゲノムの別な場所に挿入します。コピー・アンド・ペーストでゲノム内を移動するのです。

したがって、レトロトランスポゾンは、逆転写酵素遺伝子とトランスポセーゼ遺伝了から構成されています。トランスポセーゼ遺伝子というのは、逆転写によってつくられたDNAをゲノム内に挿入する遺伝子です。この遺伝子は、レトロウイルスにおけるインテグラーゼと、ほぼ同じ働きをしています。ゲノム内にレトロトランスポゾンを挿入する働きです。

このように、レトロトランスポゾンと内在性レトロウイルスとはよく似ているのです。両者の構造遺伝子には違いがあり、レトロトランスポゾンには、レトロウイルスのようなウイルス粒子をつくり、細胞外へと放出するための能力が失われています。とはいえ、内在性レトロウイルスも、構造遺伝子的にはウイルス粒子生成能力を潜在的に持っているというだけで、実質的には同じといっていいでしょう。どちらも、逆転写酵素を使って、RNAからDNAをつくり出し、宿主ゲノム上を「飛び回る」という意味では同じです。

レトロウイルスや内在性レトロウイルスは共に、太古からあったレトロトランスポゾンから進化したものではないか、という考え方もあります。証拠があるわけではないので、想像にすぎませんが、その起源は、太古のバクテリアに存在していた逆転写酵素遺伝子そのものではないかということです。コピー・アンド・ペーストによって、ゲノム内を移動する能力を獲得し、さらにその後、構造遺伝子の一つ「ｅｎｖ」遺伝子が進化し、粒子状構造をまとって、外に飛び出せるようになり、レトロウイルスが生まれたのではないか、というシナリオです。

次に、ウイルスの起源と進化という問題を、考えてみましょう。

後戻りすることなく、進化する

生物において、なぜ進化が起こるのか――。その説明としていちばん有名なのが「赤の女王仮説」です。

ルイス・キャロルの児童小説『鏡の国のアリス』に登場する赤の女王のセリフに、「この場所にとどまるためには全力で走り続けなければなりません」というものがあります。

赤の女王仮説は、このセリフにちなんだもので、生物の種が生存し続けるためには、常に進化を続けなければならないという考え方です。

では、なぜ生物は生存するために、進化し続けなければならないのでしょうか。

生物というのは、異なる複数の種が同じ生息域に重なり合って存在し、それらの種の間には生物間相互作用が働きます。例えば、捕食者と被食者の場合、捕食者は捕食しやすいように、被食者は捕食されにくいように、お互いに戦略を駆使しながら進化競争を繰り広げています。したがって、お互いに進化し続けなければいけないのです。進化せず、とどまっていたら、種は滅んでしまいます。これが、赤の女王仮説です。

ウイルスの場合にも赤の女王仮説が当てはまります。しかし、ウイルス研究者の間では、より適切な表現として、アメリカの遺伝学者ハーマン・J・マラーの提唱した「ラチェット仮説」が紹介されます。

ラチェットとは、歯止め装置のことです。回転のが一方向のみで、決して逆向きには回転しないように、歯止めがついた円盤をイメージしていただければよいでしょう。

赤の女王仮説もラチェットも進化し続けることの例えですが、ウイルスの進化はスピードが速く、後戻りが許されないほど次々に変異していきます。それに対して、生物の進化スピードはゆっくりで、ときには逆方向の進化も起こり得ます。

次々と変異が起こって進化が急速に進むことのほか、ウイルスの場合、宿主への感染によって爆発的に複製が起こります。数多くの変異がほぼ同時期に生まれる可能性が高いので、そうした変異のなかには、生存に不利なものも有利なものも含まれます。そして、数多くの変異のなかで生存に有利なものはわずかです。そのわずかなもののみが、変異を蓄積していくことが繰り返され、進化するのです。

長期的に見れば生物も同じですが、ウイルスの場合は変異速度が速く、より短期間でこのような進化の様相をもたらすという点が異なります。

ウイルスはどのように生まれたのか

では、ウイルスは、どのようにして生まれたのでしょうか。

これには4つの仮説があります。オーストラリアのウイルス学者マクファーレン・バーネットが提唱したものです。確かな証拠に基づいて証明された仮説ではありません。しかし、否定する根拠もないため、そのまま受け継がれています。

第一の仮説は、もともとウイルスはある種の細胞であり、余計なものをだんだんと捨てていくうちに、他の細胞に強く依存するようになったというもの。細胞に感染して増えるための最低限必要なものしか持たなくなったという考えで、これは「ミニマリスト仮説」と呼んでいいでしょう。

第二の仮説は、もともとウイルスはある種の細胞内に存在していた自己複製分子、つまりRNAやDNAだったというものです。あるとき偶然、細胞の外に飛び出す機会を得て飛び出し、再び細胞に戻って複製を行う、というサイクルを繰り返すようになって、今の姿になったというものです。

そして第三の仮説は、細胞とは全く異なる起源で誕生して、現在のウイルス界をつくったというもの。これは最も普通に考えられている仮説です。

ウイルスの最大の特徴は、宿主の細胞が必要であるということです。その中でしか増殖できないという非常に強い細胞依存性を持っています。この細胞依存性を説明する仮説は、第一と第二の仮説です。

第一の仮説は、もともと細胞だったものが他の細胞への依存性を獲得し、やがてウイルスへと進化したということですから、進化の流れのなかで、細胞依存性を徐々に獲得したと説明できます。生物のなかにも他の細胞への依存性が高いものは存在しますから、決して不思議ではありません。

第二の仮説の場合、もともと細胞内にあった自己複製子がウイルスへと進化したわけですから、細胞依存性が強くても不思議ではありません。

一方、第三の仮説は、まだ細胞が存在しなかった時代に、すでにウイルスがいたというものです。ウイルスは細胞とは全く異なる起源で誕生し、現在のウイルス界をつくったという仮説なので、生物とは関係ありません。そうすると、情報しかないときに、その情報をどうやって伝達していくのか、つまりは細胞なしにどうやって増殖できたのか、という問題が生じます。

そこで、最近注目されているのが第四の仮説です。ウイルスファースト仮説とでもいえるような考え方です。これは、その名のとおり、ウイルスがすべての最初で、ウイルスも生命もその根源はウイルスにあるという考えです。つまり、地球上に最初に現れた生物もどきのものが、実はウイルスだったという仮説です。

寄生する生物のいない世界で最初に存在したウイルスはどうやって生きていたのか……。そう不思議に思うかもしれませんが、最初は生命との関わりはなかったはずです。レトロウイルス起源に関して紹介した、レトロトランスポゾンや内在性レトロウイルス、あるいは、レトロウイルスのゲノムはRNAですから、RNAウイルスのもとのような分子、あるいはそういうものをつくる酵素が生まれたことが最初だったのかもしれません。

RNAウイルスには共通祖先がいた

DNAウイルス、RNAウイルス、レトロウイルスと、種類が異なると進化の仕方も異なります。ただ、ここでそれぞれの詳細を説明すると、この本のテーマである「地球外生命を探る」とは離れていってしまいますので、ここではRNAワールドに関連するRNAウイルスの話だけ追加で触れましょう。

RNAウイルスの進化については、「RNAヴィローム仮説」と呼ばれるものがあります。RNAヴィロームというのは、遺伝情報の全体をゲノムというのと同じことで、RNAウイルス全体の世界をそう呼びます。

RNAウイルスの進化に関する仮説は、ヴァレリアン・ドルジャとユージン・クーニンが提唱しています。彼らは精密な分子系統解析に基づいて、RNAヴィロームの起源と進化に関する仮説を、2018年に発表しました。

RNAヴィロームにおいて、共通した唯一の遺伝子は、RNAポリメラーゼ遺伝子です。その分子系統解析に、RNAウイルスに密接に関係する遺伝子の進化を加味して、RNAヴィローム全体がどのような起源を持ち、どのように進化したのかを考察しました。RNAウイルスに密接に関係する遺伝子というのは、カプシドの主要構造であるジェリー・ロールや、逆転写酵素に関わる遺伝子です。

それまでの考え方というのは、RNAウイルスは、その時々に生物から抜け出したRNA因子にすぎないとか、RNAワールドの生き残りである、とかいったものです。RNAワールドというのは、生命の起源を考える際の、唯一ともいえる理論的モデルです。それは、原始地球において、まだ生物が誕生する以前、DNAも存在せず、その前段階としてRNAが自己複製を繰り返していた、という仮想的世界のことです。また、動く遺伝子であるトランスポゾンから転写されたRNAが独立し、RNAウイルスになったという説もあります。

RNAヴィローム仮説の前提は、すべてのRNAウイルスには、共通祖先がいたというものです。太古のバクテリアが持っていた逆転写酵素の遺伝子と、それに由来するRNAポリメラーゼ遺伝子から転写されたRNA（プラス鎖RNA）が、殻（カプシド）をまとって、細胞の外へ飛び出した。それが起源ではないかというのが、この仮説です。細胞そのものが矮小化してウイルスになったのか、それとも、すでに準備されていた外に飛び出す仕組みに乗っかってウイルスになったのかは不明です。

このRNAウイルスの共通祖先から最初に進化したのが、レヴィウイルス科や、カプシドを持たず、細胞のミトコンドリア内で一生を過ごすミトウイルスなどのグループではないかというのです。レヴィウイルス科のウイルスというのは、原核生物に感染することがほぼ唯一知られている、プラス鎖RNAウイルスです。

この共通祖先から、真核生物に感染する多くのプラス鎖RNAウイルスのグループが生まれました。コロナウイルスやノロウイルスは、このグループです。このグループの一部から、二本鎖RNAウイルスが進化しました。これらを共通祖先2とすると、この共通祖先から、デングウイルスや日本脳炎ウイルスなど、真核生物に感染する多くのプラス鎖RNAウイルスのグループが生まれました。

続いて、複数本のRNAを持つ、二本鎖RNAウイルスのグループが生まれました。そして、この二本鎖RNAウイルスのグループから分かれて進化したのが、マイナス鎖RNAウイルスだというのです。このグループに含まれるのが、インフルエンザウイルスやエボラウイルスなどです。

要するに、RNAウイルスのなかでは、プラス鎖RNAウイルスがプロトタイプであって、そのなかから二本鎖RNAウイルスが進化し、最後に、二本鎖RNAからマイナス鎖RNAウイルスが進化した、ということになります。

ミトウイルスについて

ウイルスにはタンパク質の殻（カプシド）を持つものもあれば、持たないものもあると説明しました。しかし、なかにはゲノムのみで構成されている変わったウイルスもいます。その一つが前に紹介したミトウイルスです。

「ウイロイド」というもののもそうです。これは、植物の細胞に時折見られ、植物のゲノムとは独立して存在します。一本鎖のＲＮＡのみからなり、要するに、ＲＮＡそのものともいえます。その塩基配列は非常に短く、タンパク質をコードする遺伝子すらありません。ウイロイドの起源についてはまだ明らかになっていませんが、生命の起源に関係している可能性は大いにあります。つまり、生命誕生の当初から存在していたのが、このウイロイドかもしれないのです。

ここで、ウイルスの起源に関係すると考えられているウイルスについて、紹介しておきましょう。ウイロイドから一歩進化し、より長いゲノムサイズを持ち、少なくとも一つはタンパク質をコードする遺伝子を持つ、ミトウイルスです。ウイルスとして最低限必要なものを備えたのが、ミトウイルスといえます。

ミトウイルスは、２０００から３０００塩基程度の長さのプラス鎖ＲＮＡと、そのＲＮＡを複製するためのＲＮＡポリメラーゼのみでできています。それを包み込むカプシドはありません。

このミトウイルスの宿主は、菌類の細胞のミトコンドリアです。ミトウイルスは、ミトコンドリアの外に出ることなく、一生をミトコンドリアの中で過ごし、複製そのものも内部で行います。ミトコンドリアの増殖に合わせて、自らも増殖を続けるという戦略をとっているのです。そうやって、細胞から細胞へずっと受け継がれてきました。

では、このミトウイルスはどうやって生まれたのかというと、二つの仮説があります。

一つは、もともとはミトコンドリアの祖先であった、つまり、好気性バクテリアに感染するウイルスだったのではないかという考えです。その宿主が、バクテリアからアーキア（古細菌）、真核生物へと進化した際に、真核生物の菌類の系譜以外では、子孫はすべて絶滅したということになります。ミトコンドリアのもとの好気性細菌だったものが、延々と受け継がれて、今は、菌類のミトコンドリアの中で生き延びているという仮説です。

もう一つは、起源はそれほど古くはなく、菌類が誕生したあとに、何らかの形でRNAポリメラーゼをコードするRNAだけが独立してミトウイルスになったのではないか、というものです。

これら二つの仮説は全く違う考え方であり、どちらが正しいのか検証のしようがありませんが、私は前者のほうが可能性は高いと考えています。

ウイルスは進化のパートナー

最後に、レトロウイルスと生命の関わりについて、話をしましょう。

レトロウイルスは、自ら持っているRNAゲノムを逆転写してDNAをつくり、それを宿主のゲノムに押し込んだ上で、複製する段になったらそのDNAから再びRNAをつくり、増殖して飛び出します。つまり、DNAをあたかも中間体のように用いているのです。

すでに前述したように、こうしたレトロウイルスの痕跡が、人間のゲノムの中にもあります。太古のウイルスの遺伝子の痕跡が人間のゲノムの中に残っているのです。

レトロウイルスは、前述したようにDNAを重要なものとして扱っていません。ということは、原核生物の時代か、それ以前、つまりは生命誕生以前に起源があるのではないかと考えられます。

レトロウイルスの進化を語る上で、欠かすことのできないのが、逆転写酵素です。RNAウイルスの起源においても、太古のバクテリアが保有していた逆転写酵素が関わっているのではないかと考えられていることは、すでに説明しました。逆転写酵素は、レトロウイルスにとってもRNAウイルスにとっても、どうやら重要なのです。

ではなぜ、レトロウイルスはRNAゲノムを持ちながら、わざわざ逆転写酵素によってDNAを逆転写し、さらにそのDNAを宿主のゲノムに無理やり押し込むなどという煩雑なことを行う必要があったのでしょうか。

普通に考えれば、RNAウイルスだけで十分です。これは非常に不思議です。

レトロウイルスとRNAウイルスの違いは、つくったDNAを宿主のゲノムDNAに組み込むか否かです。レトロウイルスだけが、なぜかそういう煩雑なことを行っています。

そこには、何らかの利点があるはずです。

一つは、そうすることで、宿主の免疫系が異物として認識できなくなるということです。また、潜んでいることによって、増殖に都合のよい環境の時期を選べる、という利点もあります。例えば、脊椎動物が生まれた頃は、レトロウイルスにとっては生存に適さない環境だったとしても、隠れていることによって、よい環境になったときに、もう一度ウイルスとして復活すればいいのです。

ところが、よい環境が訪れるのをずっと待ちわびて、いつの間にか都合のよい環境が来なくなり、そのまま遺伝子の中に埋め込まれたのが、内在性レトロウイルスです。それが、ヒトゲノムの約1割を占めているわけです。

そして、ヒトゲノムの約3割がレトロトランスポゾンです。合わせて4割ほどがウイルス由来の遺伝子ということになります。

レトロトランスポゾンは、コピー・アンド・ペーストでゲノム内を移動している「トランスポゾン」の一種です。DNAをRNAに転写し、そのRNAから逆転写によってDNAを合成し、それをゲノムの別の場所に挿入します。したがって、レトロトランスポゾンは、「逆転写酵素遺伝子」と、それによってつくられたDNAをゲノム内に挿入する「トランスポザーゼ遺伝子」[19]の

19 トランスポザーゼ……DNAを切断し、別の場所に動かす酵素。

二つから構成されています。

ですから、前にも説明したように、レトロウイルスとレトロトランスポゾンは、増殖する能力が潜在的にあるかないかの違いであって、非常に似ています。レトロトランスポゾンは、もともとはそういう機能を持っていたものの、ジャンク遺伝子として、今は機能を失っているのです。

しかしレトロトランスポゾンは、脊椎動物にとって重要な働きを担うさまざまな遺伝子の供給源となってきました。進化を可能にするような新たなものを、つくり出してきた可能性があるのです。

実は、ウイルスが人間をつくったという考え方もあり得ます。例えば、私たち人間も含め、哺乳類の胎児の多くは胎盤によって育てられますが、その胎盤はウイルス由来の遺伝子によってつくられることがわかっています。宿主のゲノムに埋め込まれたウイルスが、私たちにとって有用なものをつくり出している例があるのです。

ですから、ウイルスは、真核生物にとって常に進化のパートナーであるともいえます。ウイルス（毒）という名前がつけられているように、ウイルスは生物にとって害となる存在という印象が強いかもしれませんが、これまでの歴史のなかで、私たち生物とウイルスは共進化してきたともいえるのです。

6章

この地球上で、生命はなぜ進化したのか

——「地球」と「地球もどきの惑星」の違い

地球はなぜ「地球」になったのか

4章では生命はアルカリ熱水噴出孔から生まれた可能性が高いことを紹介しました。そして、アルカリ熱水噴出孔は、岩石惑星や岩石衛星であればどこでもつくられて不思議はないことも述べました。そうであれば、生命の誕生の場は、地球以外の岩石惑星にも広がることを説明しました。

この章では、地球がどういう惑星なのか、「地球」と地球に似た惑星——私は「地球もどきの惑星」と呼んでいます——とはどう違うのかについて、紹介しようと思います。

地球はどんな惑星か

まず、地球はどういう惑星なのでしょうか。

その特徴を挙げると、海があり、大気は窒素を主成分とし、2番目の成分として、酸素を20％近く含みます。また、大陸が地表を覆い、プレートテクトニクスという、表層の岩石部分の運動があります。異なる物質圏が成層構造をなし、その間に物質循環があります。このような開放系のことを、地球システムといいます。

さらに、微生物レベルの生物だけでなく、多様な生物が地球上に棲み、地球システムの構成要素として生物圏を構築し、地球と相互作用しています。生物のなかには、我々のような知的生命体がいて、文明を築き、生物圏とは異なる人間圏という構成要素をつくって、生きています。

太陽系には惑星は8個ありますが、岩石惑星である地球型惑星は、水星、金星、地球、火星の4個です。先に挙げた構成要素から成り、システムとして機能する惑星は、地球以外にありません。

一つひとつの特徴をもう少し詳しく見ていきましょう。

まず大気ですが、主成分が窒素で、なんといっても第二の成分として、酸素があることが非常に特徴的です。金星や火星のように大気を持つ地球型惑星の場合、実はほとんどが、二酸化炭素からなる大気です。ですから、同じく大気を持つといっても、その中身は顕著に違うのです。

私は研究者生活の初めの頃、地球の生まれた過程について研究してきました。その頃明らかにしたことは、誕生した直後には、地球も金星も火星も、ほとんど同じような原始大気を持っていただろうということです。それは二酸化炭素を主成分とする大気です。

地球も昔は、二酸化炭素が主成分の大気がありました。ところが、地球ではその後、大気から二酸化炭素が抜け落ちてしまったのです。どこへ行ったのかというと、大陸です。現在は、大陸の上に、炭酸塩鉱物から成る岩石として存在しています。ですから、現在の地球上の炭酸塩岩石をすべてガスに戻せば、金星と変わらないぐらいの二酸化炭素の大気になります。

この特徴はどうして生まれたのでしょうか。それには、もう一つの大きな特徴である地表を覆う海が、なぜ地球にしか存在しないのかを考えなくてはなりません。

地球の表面には、誕生以来、海がずっと存在してきました。海を持つ惑星は、太陽系では地球のみです。この理由を説明するには、地球がどのようにして生まれたのかという段階まで遡って考える必要があります。

地球も、金星も火星も形成過程は同じ

地球型惑星はどれも同じように生まれたと考えられています。微惑星と呼ばれる小さな天体が集積して、形成されました。地球がどのようにして誕生したか、私は１９８６年に『ネイチャー』という学術雑誌に二つの論文を発表しています。

地球も他の地球型惑星も同じように生まれたのに、なぜ地球だけが今の姿になったのでしょう

か。地球と金星を比べるとわかりやすいと思います。

地球も金星も大きさはほぼ同じです。太陽の周りを回る公転軌道もよく似ています。それなのに今の金星は、二酸化炭素の大気で覆われ、海はなく、地表温度は480℃にも達しています。一方で地球は、窒素を主成分とした大気で、海があり、気候は温暖です。この違いは何で生じたのでしょうか。

生まれたときには、地球も金星も（火星も同じですが）、原始水蒸気大気を持っていました。微惑星が集積する際、含まれている水分が衝突脱ガスによって蒸発し、水が蒸気として大気を構成していたのです。そして、第二の成分として二酸化炭素があり、第三の成分として窒素がありました。

ところが、地球にしても金星にしても、生成の過程では微惑星（微小天体）が衝突して地表が熱くなっています。したがって、水は蒸発していますが、形成されてしまうと地表温度が下がります。地表温度が下がると、原始水蒸気大気は安定ではありません。雨となって地表に降り注ぎます。

これは、金星でも地球でも、そして火星でも、同じように起こったことです。

ですから、地球型惑星の金星、火星も、一時的には海を持つ惑星だったのです。

問題は、その後、何が起こったのか、です。

実はここでもう一つ考慮しなければいけない条件があります。その頃の太陽は今よりも大体30パーセントほど暗かったということです。その暗い太陽のもと、金星でも地球でも火星でも海ができました。

その後、太陽はだんだんと明るくなっていきます。すると、金星では地表温度が上がり、海が蒸発してしまったのです。

海が蒸発する前に大陸ができた

地球も、そのままの状態で10億年も経過すれば、太陽が明るくなるとともに、海からの蒸発が盛んになり、海は干上がってしまいます。水蒸気は大気の上空に行くと、太陽からの紫外線で水素と酸素に分解されてしまいます。水素は軽いので、宇宙空間へ逃げていき、酸素は地表の岩石の酸化に使われます。これは実際に金星で起こったことで、地球でも海が失われたはずです。ここで、地球と金星の軌道の違いが影響を及ぼします。地球の場合、金星より早く冷えていきます。十億年も経たないうちに地表が冷えて、地殻も厚くなります。地殻のすぐ下のマントルも冷えて、硬くなります。

その結果、「岩石圏[20]」という硬い層が個体地球の表面を覆うようになります。この硬い岩石圏

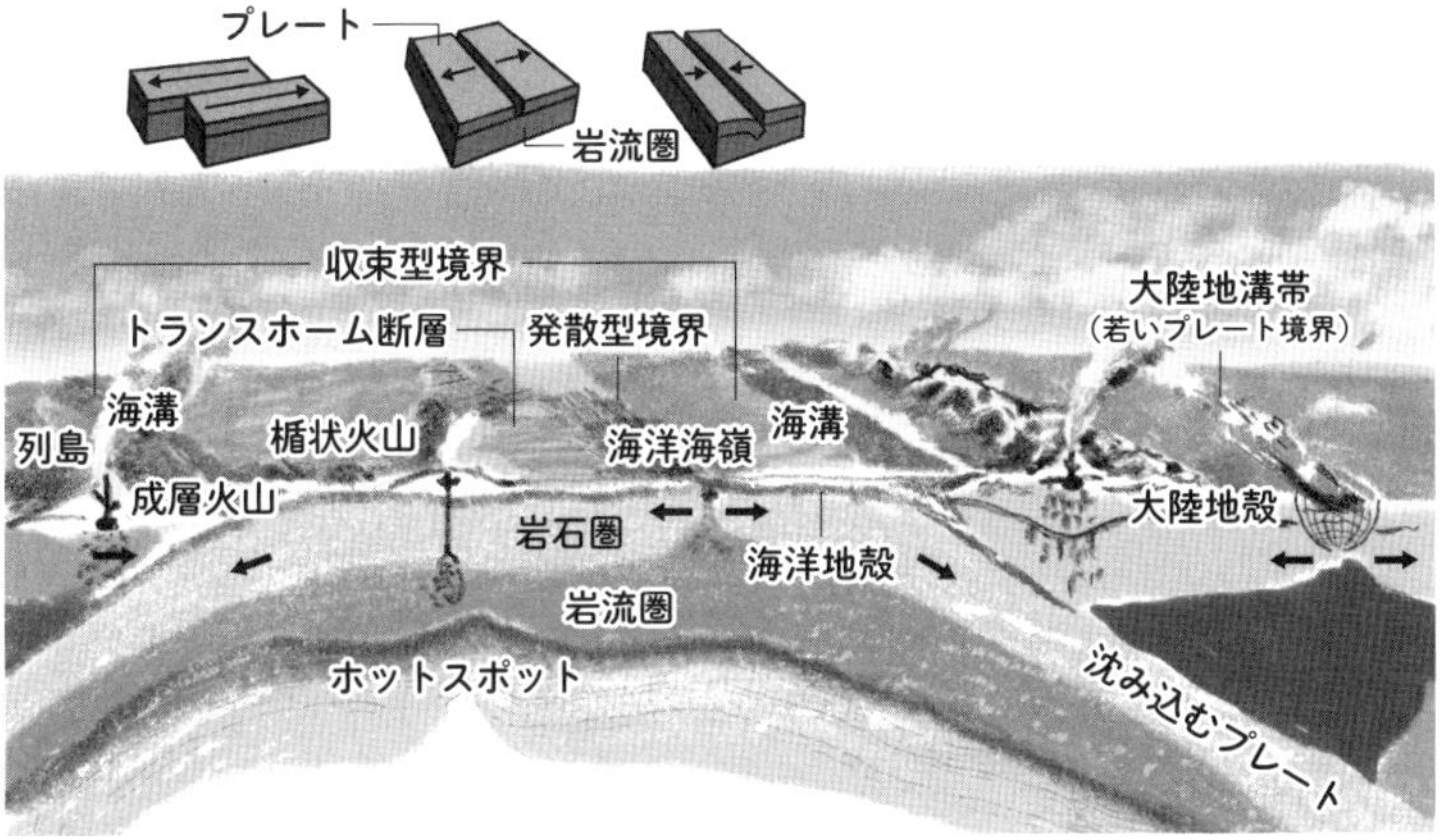

プレートテクトニクス

の下に、流動性に富む軟らかい「岩流圏[21]」があるという構造になりました。

岩石圏は、一枚の岩石圏として地球をぐるりと覆うわけではありません。何枚にも割れた状態になります。割れたそれぞれの岩石圏は、独立して運動できるような状態になっています。その個々の岩石圏のことを「プレート」と呼びます。このプレートの誕生こそ、実は金星と地球を分けた非常に大きな要因でした。

地球の場合、プレートという岩板がマントルの上に浮いているような状態です。プレートは、マントルの上部に比べて冷たいので重くなっています。そこで、

20 岩石圏……地球の地殻とマントル最上部の硬い岩盤を合わせた部分の総称。プレートとほぼ同じ。

21 岩流圏……上部マントル中に位置し、深度100kmから300kmの間にある。地震波の低速度域であり、物質が部分溶融し、流動性を有している。

マントルに沈み込み、プレート運動が起こります。これをプレートテクトニクスといいます。さらに、マントルに沈み込んだプレートが、マントルに対流運動を引き起こします。その結果、プレートの沈み込んだところとは別のところで、マントルが湧き出します。マントル物質が湧き出すとは、溶岩が噴出するということです。この溶岩が固まって海洋地殻がつくられます。これが現在の地球で見られる、プレートの沈み込みと、中央海嶺という地質構造に相当します。そして、プレートの沈み込み部分でも、海洋地殻の融解が起こり、海洋地殻とは異なる二次的な地殻の形成が起こります。それが大陸地殻の形成です。

金星では、こうしたプロセスが始まる前に暴走的な海の蒸発が起こり、海がなくなってしまいました。地球は海のある状態でプレート運動が始まり、大陸地殻が生まれました。大陸地殻はマントルより軽い物質です。一度できると固体地球の表面にたまっていきます。そしてたまり続けた結果、「超大陸」と呼ばれるような非常に大きな大陸に成長します。

超大陸は、これまで地球上で何度となく生まれては、分裂して形を変えてきました。そして現在のような大陸の配置に至っています。ただし、プレートの沈み込み部分では、絶えず大陸地殻の形成が進むので、総量としては徐々に増えていきます。

地球上で大陸が生まれた頃、形成期の原始水蒸気大気は、すでに水蒸気が抜け落ちて二酸化炭素の大気になっています。大陸の形成前と形成後では、地表付近の物質循環が大きく変わります。大陸のない時代は、海から蒸発した水蒸気がそのまま雨となって、海の上に降るだけです。大陸の形成後は、大気にも海洋にも劇的な変化が起こります。

雨が降るとき、二酸化炭素はその雨の中に溶け込んで地表に降ります。そして、大陸ができると、その雨は、大陸の岩石を浸食して海の中に入っていきます。海の中には二酸化炭素がイオン化したものに加えて、大陸の浸食によってつくられたカルシウムやマグネシウムなどのイオンが入ってきます。その結果海の水素イオン濃度（pH）が変化します。大陸が存在しないときの海は、少し酸性的でした。そのため、大気中の二酸化炭素は多量には海に溶け込めません。しかし、大陸が生まれて、浸食された大陸物質が海の中に入ってくると、海は中和されます。海に流入した大陸物質が海の塩分です。中和された海の中では、重炭酸イオンとカルシウム、マグネシウムなどのイオンが結合して炭酸塩鉱物というものが生まれます。この炭酸塩鉱物が海底に沈殿します。

沈殿した炭酸塩鉱物はプレート運動で運ばれ、一部は大陸にくっつき、一部はマントル内に運ばれ、火山活動を通じて火山ガスとして再び大気中に戻っていきます。このような物質循環のプロセスが始まります。

二酸化炭素は大気中にとどまっているのではなく、地表付近を循環するようになるのです。大陸が成長すると、海の中に溶け込んだ二酸化炭素が、炭酸塩岩石として大陸に固定されていき、循環する二酸化炭素は減ります。結果として地球の大気中の二酸化炭素は減っていくことになります。大気中の二酸化炭素が減少すれば、その温室効果も減少します。太陽光度が上昇しても、そのための温度上昇分を相殺して余りあるほどの、温室効果減少による温度低下を引き起こします。金星では起こった地表温度の上昇が、地球では起こらず、逆に地表温度の低下が起こりました。

こうして、地球は金星とは違う惑星になったのです。

地球は、システムである

地球の特徴は、すでに述べたように「海がある」「プレート運動がある」「大陸がある」「大気の主成分が窒素である」、そして「生物がいる」ことです。

生物がいるといっても、地球のエネルギーに依存した生命ではありません。太陽のエネルギーを利用する光合成生物が有機物とともに酸素をつくりだしています。そして酸素は微生物段階の生物には不要のため、大気中に放出されます。そのため大気中には、酸素がたまっていきます。

これまで見てきたように、プレートテクトニクスも大陸も生物も海も、すべてが関係し合っています。それぞれが、絡み合って、地球を一つのシステムとして構成しています。その意味では、地球がシステムであるからこそ、海を持てるような環境をずっと維持し続けることができた、といえるでしょう。であるからこそ、地球は「地球」になったのだ、といえます。

ですから、地球の特徴とは、海があって、大気の主成分が窒素で、酸素があって、生物圏があって、大陸があって、プレートテクトニクスがあるということです。これらがすべて揃ってこその「地球」なのです。

その「地球」において、微生物から進化して真核生物が生まれ、多細胞生物が生まれ、動物が生まれ、生物圏ができ、生物の進化という現象が起きたのです。さらに、我々のような知的生命体が生まれ、文明というものがつくられ、人間圏という構成要素も形成されました。

大気、海、大陸地殻、生物圏、人間圏、そして海洋地殻、マントル、コアのすべてが、地球システムを構成する要素です。それにマントル対流やプレートテクトニクスが絡み合い、「地球」を形成したのです。どれ一つ単独で取り出しても、それだけでは「地球」の特徴は語れません。

ですから、「地球とは何か」と問われれば、「地球はシステムだ」というのが答えです。今述べたような構成要素から成る地球システムのことを、「地球」と定義しているのです。

そうではない岩石惑星が、地球型惑星、あるいは私が「地球もどきの惑星」と呼ぶ惑星です。

地球と瓜二つの岩石惑星は存在しない

では、地球はどれくらい珍しい存在なのでしょうか。この問題を推定するには、地球の鉱物組成を考えてみればいいでしょう。

例えば、地球の表面にはだいたい5000種を超える鉱物が存在します。鉱物の生成はまさに、地球システムの物質分化の結果です。火成活動や堆積活動、あるいは生物活動の結果として、さまざまな鉱物がつくられます。鉱物の種類は、まさに、惑星の活動指標そのものなのです。どのような惑星を、地球と瓜二つと考えればいいのか。地球と全く同じ鉱物組成を持つ惑星が、一つの目安になります。

そこで、5000種類の鉱物がつくられる確率を計算すると、これは非常に低く、10の320乗分の1となります。宇宙広しといえども、「地球」の存在は限りなく0に近い、ということになります。そうすると、この宇宙に「地球」と瓜二つの惑星（=同じ5000種類の鉱物を持つ惑星）は「ない」という結論に至ります。

実際に今、系外惑星（太陽以外の恒星の周りを公転する惑星）が次々と観測され、そのなかには岩石惑星も数多くあります。しかし、その鉱物組成はまだ推定できません。元素組成は、天体の密度からある程度推定できますが、全く同じ惑星を探そうとしても、現段階では非常に厳しいということです。

私自身は、「地球」の定義をもう少し広く捉えて、地球システムと同じような構成要素を持つ惑星と考えています。

地球のような構成要素とは、ここまで説明してきたとおり、コアがあり、マントルがあり、地殻があり、地殻として大陸地殻と海洋地殻の2種類があり、海があり、生物圏があり、人間圏があり、大気がその上を覆っている——こうした構成要素から成るシステムです。もっとも人間圏に関しては、生物の進化がどの段階まで進むかによります。ホモ・サピエンスの誕生は、単なるヒトの誕生とは、その意味が異なるからです。

システムという以上その構成要素のみではなく、構成要素間で物やエネルギーのやり取りがあることも必要です。

物やエネルギーのやり取りがなぜ起こっているのかというと、それぞれの構成要素のなかに「対流運動」があるからです。

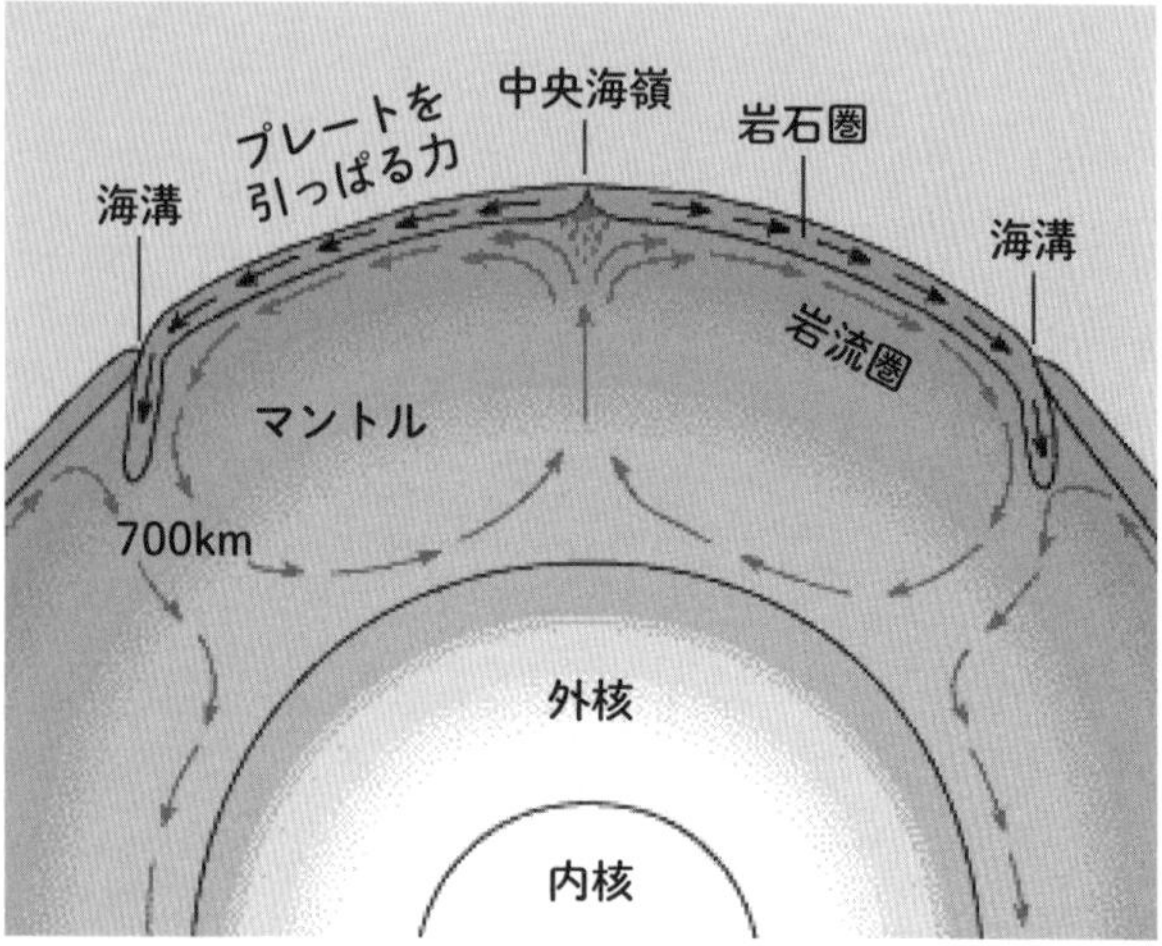

マントルの対流

地球システムの成立まで

地球はその誕生時、微惑星の集積のときに解放される熱で溶けていました。したがって、その構造は重さの順に成層構造をしています。いちばん重い鉄、ニッケルから成るコアが中心にあり、その次に重い鉱物がマントルを構成し、そして表面を、岩石としては軽い地殻が覆っています。さらにその上に揮発性物質として水があり、大気がある。有機物も、基本的には揮発性物質からできていますから、地表付近に存在しています。

それぞれが重力に応じて分かれたあとも、まだ熱いので、それぞれの構成要素の中で熱の輸送が起こります。中心に行けば行くほど地球は熱く、しかも形成後も、例えば放射性元素が崩壊して熱が出ますから、それを表面まで運ぶ必要があります。

通常、熱は熱伝導で運ばれます。しかし、温度が高いと対流のほうが運びやすいので、地球の場合は、コアもマントルも対流運動を行っています。

ただし、マントルは溶けているわけではありません。溶けているのは、コアの外核という部分のみです。

溶けていない、つまり固体であっても動くのです。非常に長い時間をかけると、流動します。ですから、固体であるマントルも対流運動しています。

そのような熱対流に加えて、地球の場合、表面付近にプレートという硬く冷たい層があります。プレートの大部分は上部マントルと物質的には同じですが、冷たい分、重くなります。このため、プレートは、マントルの中に沈み込みます。

例えば、大陸を乗せたプレートと海洋プレートがぶつかると、海洋プレートのほうが重たいので、大陸のプレートの下に潜り込みます。そして、マントルの中に沈み込んでいく。沈み込んだプレートはしばらくその場にとどまっていますが、たまってくるとさらに重くなり、マントルの下のほうに落ちていきます。

このように、実はマントルの中では、熱の輸送によって駆動されるような対流運動に加えて、プレートが落ちていくことによって引き起こされる対流もあります。

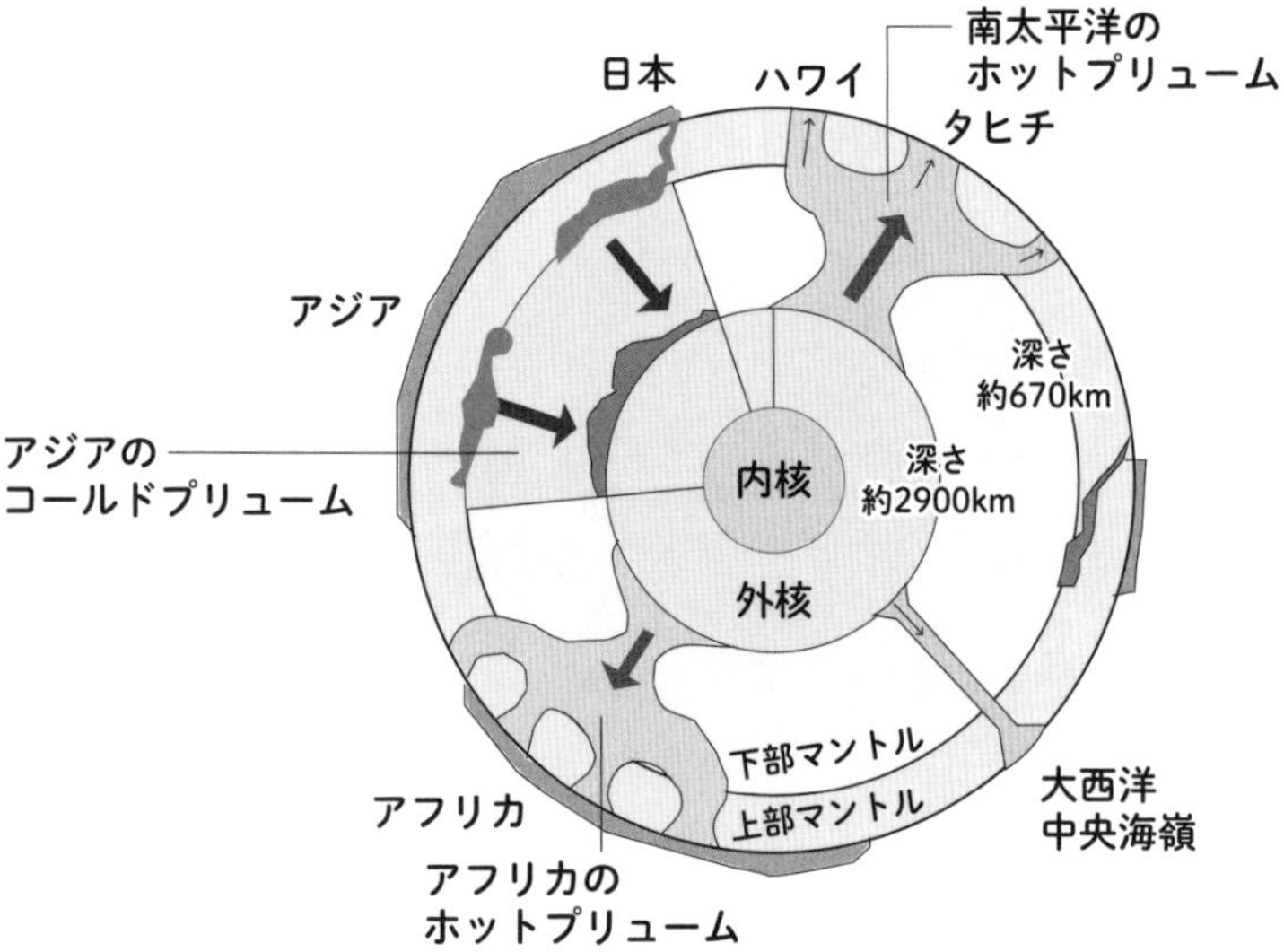

プリュームテクトニクス
https://upload.wikimedia.org/wikipedia/commons/3/3d/Plume_tectonics_japanese.svg

なお、マントルは一層になっているわけではありません。上部マントルと下部マントルというように、二層構造になっています。熱の輸送だけであれば、上部マントルの対流と下部マントルの対流というふうに分かれていてもいいのですが、プレートはそれを突き抜けてマントルとコアの境界まで落ちていきます。この落下運動によって誘起される対流は、マントル全層に及ぶ対流になります。マントル下部に物質が補給されるということは、どこかで上昇流が生じなくてはなりません。マントルには、このような上昇流が存在します。

このようにして起こる運動のことを、「プリュームテクトニクス」といいます。

ですから、地球にはプレートテクトニクスとプリュームテクトニクスがあります。後者が起こると、超大陸が分裂したりとか、集合したりとかいった、大陸の離合集散が起こると考えられています。

コアの内部でも対流運動があります。コアは鉄ニッケル合金を主成分としますが、それに不純物が10％くらい混じっています。そのため地球内部で唯一溶けている部分ですが、コアの冷却に伴って、純粋の鉄ニッケル合金が析出し、中心部に落ちていきます。この落下運動に伴って、対流運動が生じます。中心部には、固体の鉄ニッケル合金がたまり、内核が形成されます。外核の対流運動は、自転の影響も受けて複雑になります。この運動が地場を生じさせます。コアにおける磁場の発生メカニズムについては、このあと説明します。

ここで重要なのは、こうした対流運動が地球システムの構成要素の間の関係性、すなわち物質循環を生み出しているという点です。

こうした対流運動は、固体地球だけでなく、地表付近の海洋でも大気中でも起こっています。それが、地球表層システムの物質循環を駆動しています。その駆動力は、太陽からの入射エネルギーです。

私はこれまで「地球システム」と一言で述べてきましたが、実は地球システムは「表層付近の地球システム」と「固体部分の地球システム」に分けられます。というのは、表層部分と固体部分（地球の地面より下の部分）では、対流運動の駆動力もスピードも、全く違うのです。固体地球はゆっくり運動している一方、表層のほうは速く動きます。ですから、物質循環としては、分けて考えなくてはなりません。

ただし、プリュームテクトニクスやプレートテクトニクスのような固体地球の運動が、表層の地球システムにも影響を及ぼします。例えば、火山活動が盛んになり、環境へのガスの供給が増加したり、溶岩の噴出が盛んになるといったことです。

つまり、固体地球システムと表層の地球システムは全く別々に存在しているわけではないのです。

地球型惑星と地球もどきの惑星

さて、ここまで、地球とはどういう惑星かという説明をしてきました。

ここで、「地球型惑星」と呼ばれる惑星はどういう惑星なのかも説明しておきましょう。ただし、こちらの定義は非常に大雑把です。

一般に、天文学者は半径と質量、軌道に基づいて惑星の種類を区別します。その際、「地球型」と分類されるのは、半径と質量から考えてその組成が岩石から成る惑星であり、なおかつ、太陽に近い軌道を回っているものです。

では、それ以外にはどんな惑星があるのかというと、「巨大ガス惑星」と「巨大氷惑星」です。太陽系でいえば、木星と土星が巨大ガス惑星で、天王星と海王星が巨大氷惑星です。

太陽系惑星がどんな物質でできているのか、大雑把にいえば、岩石と氷とガスです。岩石を主に集まったものが岩石惑星で、地球型惑星ということになります。一方、ガスが主として集まったものが巨大ガス惑星、氷が主として集まったものが巨大氷惑星です。

太陽に近いほど温度が高くなるので、氷は太陽系のなかでも外側にしかありません。氷が存在する領域のいちばん内側を「スノーライン」といいます。

地球型惑星は、このスノーラインよりも基本的に内側にあります。

スノーラインの内側には水は存在しにくいはずですが、どうして地球に水があるのでしょうか。太陽系という構造ができる過程で、巨大ガス惑星が生まれると、外側にあった小さな天体や木星と火星の中間領域にあったような小さな天体が、重力の影響で吹き飛ばされます。それが太陽系の内側のほうに入ってきて、水をもたらしたと考えられています。

私は、すでにお伝えしたように「地球もどきの惑星」という考え方を提唱しています。地球外生命を探るということを考えると、4章で説明したように、海を持つような地球型惑星の海底に熱水噴出孔のようなものがあれば、生命は生まれると考えられます。「地球」とは違いますが、この条件に当てはまる天体はたくさんあるはずです。そういう地球型惑星のことを、地球もどきの惑星と、私は呼んでいます。

地球上でなぜ生物進化が起こったのか

地球は、現在の地球を構成する要素から成るシステムである、と繰り返し紹介してきました。その構成要素の一つに「生物圏」があります。

生物圏は、地球上に生まれた生命が進化した結果、多様な生命が生まれてつくり出された構成要素です。では、どうして地球上でそうした生物進化が起こったのでしょうか。「地球」とは何かを探るには、このことを考えることが非常に重要になってきます。

岩石惑星の誕生過程を考えると、地球も金星も火星も、最初の状態はほとんど変わりません。そのなかで、海が存続できるような条件を満たしたのが「地球」です。そのためには、プレートテクトニクスが起こり、大陸が誕生することが必要です。その結果、生命が生まれ、進化して生物圏ができました。

地球外生命を探る上で、まず答えなければならないのは、「最初の生命である微生物が、どのようにして生まれたのか」ということです。これについてはすでに説明しました。

次に考えなければならないのが、その微生物が進化して、今のような生物圏になるのかどうか、すなわち生物進化が起こる条件とは何か、です。

もしも大陸が生まれなかったら

例えば、大陸が生まれず、海だけがあるような状態を考えてみましょう。そこでは、アルカリ熱水噴出孔のような場所で、最初の生命は生まれるでしょう。でも、その生命はずっとそのままで、進化することはないでしょう。

生命が大量に増えて、今我々が知っているような生物圏を形成するには、実は大陸が必要なのです。

海を維持するためにも大陸が必要ですが、それだけではなく、生命の材料となる養分を供給する役割もあります。深海の熱水噴出孔で物とエネルギーの流れがあれば、生命は生まれますが、その量は微々たるものです。

生命が必要とする元素にはいろいろあり、例えば、非常に量が少なくて重要なものに「リン」という元素があります。リンは、大陸が浸食されて海に供給されるのが主です。大陸が生まれると、大陸が浸食されて大陸棚付近にたくさんの養分が流れ込みます。生命は、そうして流れ込んできた養分を使って、量を増やすことができるのです。

どうやって太陽のエネルギーを利用できるようになったのか

最初に生まれた生命は、地球のエネルギーを利用する生命でした。しかし、地球のエネルギー（地殻熱流量）は微々たるものです。もっと大きなエネルギーが地球の外にあります。つまり、太陽のエネルギーです。

生命はエネルギーを必要としますから、自ずと、地球のエネルギーから太陽のエネルギーを利用するように進化していきます。ただし、その進化もさまざまな条件が重なって実現したものなのです。

まず、生命が生まれた最初の頃、地表付近は生命の生存に適した場所ではありませんでした。有害な紫外線や放射線が多量に降り注いでいたからです。今の地球は、大気中に酸素が多くあるのでオゾン層が形成され、有害な紫外線はほぼ遮断されます。そのため有害な紫外線は、地上にほとんど降り注いできません。ところが、酸素がない時代には、紫外線がすべて地表まで届くので、海の浅いところでも生命は進出することができませんでした。さらに、紫外線以外にも放射線を遮断するシールドのようなものも必要です。

生命が海から出てくるようになるには、実は、コアの対流が非常に重要な意味を持っています。

コアというのは地球の中心に位置します。コアでも、地表に熱を運ぶために対流運動が起きますが、加えて、別のメカニズムでも対流運動が起こっています。それは、組成対流というものです。

コアは鉄、ニッケルを主成分としています。しかし、そこに水素や酸素、炭素といった軽い元素がたくさん溶け込んでいて、100パーセント純粋な鉄ニッケル合金でできているわけではありません。

純粋な鉄ニッケル合金と不純物を含む鉄ニッケル合金では、溶ける温度（融点）が違います。純粋な鉄ニッケル合金のほうが融点が高く、不純物を含む鉄ニッケル合金のほうが融点が低いのです。

最初に形成されたコアは不純物を含んだ鉄ニッケル合金でしたから、融点が低く、すべて溶けていました。ところが、その温度からだんだん冷えていくと、純粋な鉄ニッケル合金が析出してきて沈降し、中心部にたまるようになります。そのため、地球のコアは「内核」と「外核」とい

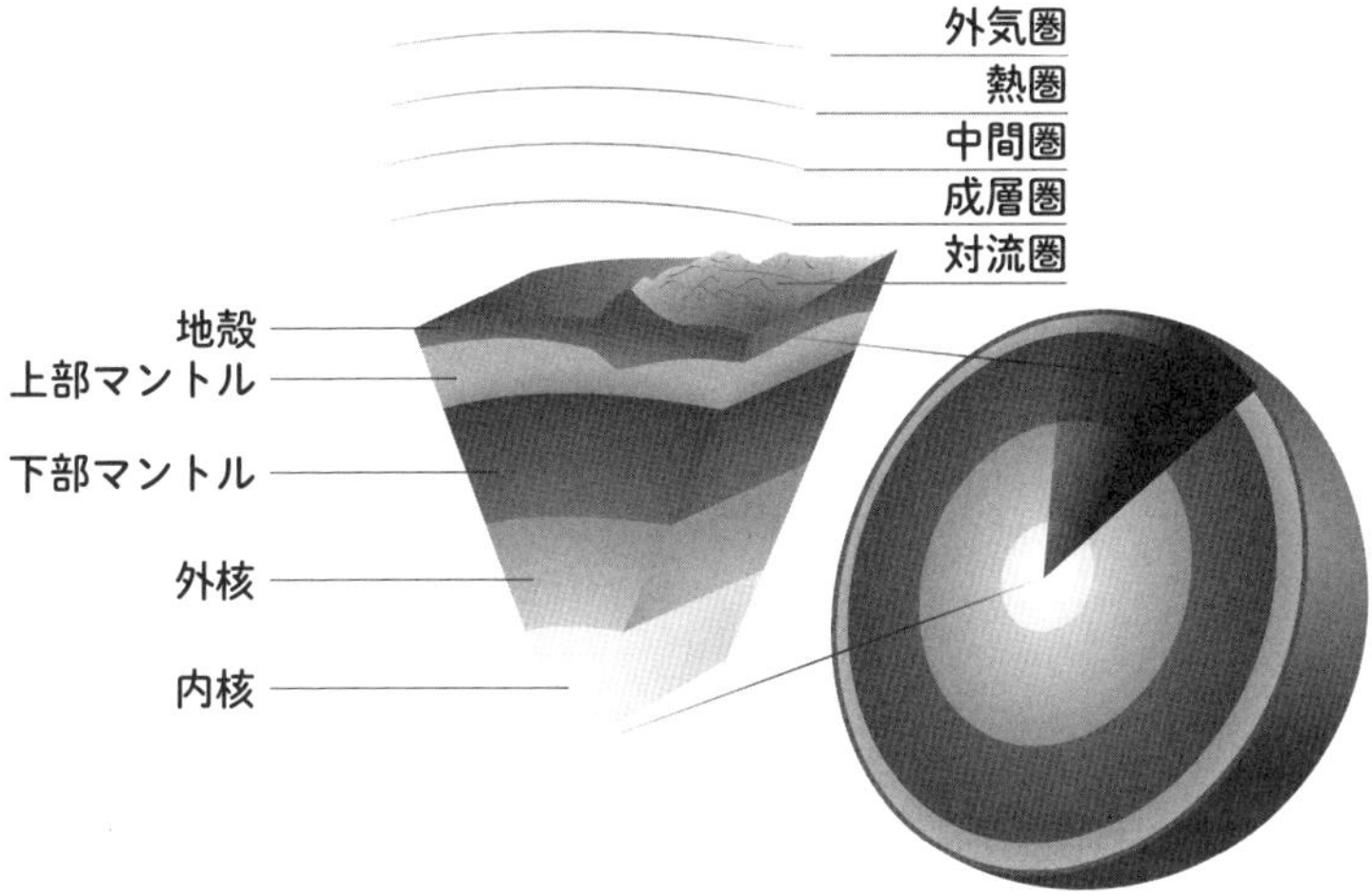

地球の構造

う二層構造になっています。

内核は純粋な鉄ニッケル合金で、外核は不純物を含んだ鉄ニッケル合金。しかも、内核は固体、外核は液体という状態です。

液体であるコアの外核の部分では、鉄ニッケル合金が沈むという重力分離の働きが、対流運動の駆動力になっています。このほか、先ほども少しお伝えしたとおり、地表にあったプレートがマントルとコアの境界まで落ちてきてたまります。そうすると、プレートは冷たいので、コアが冷やされるわけです。

こうしてコアは冷却され、重いものが沈み、コアの溶けている部分で対流運動が生じます。なおかつ、地球が自転しているので、回転運動も加わります。そのため、外核では複雑な運動が生じています。

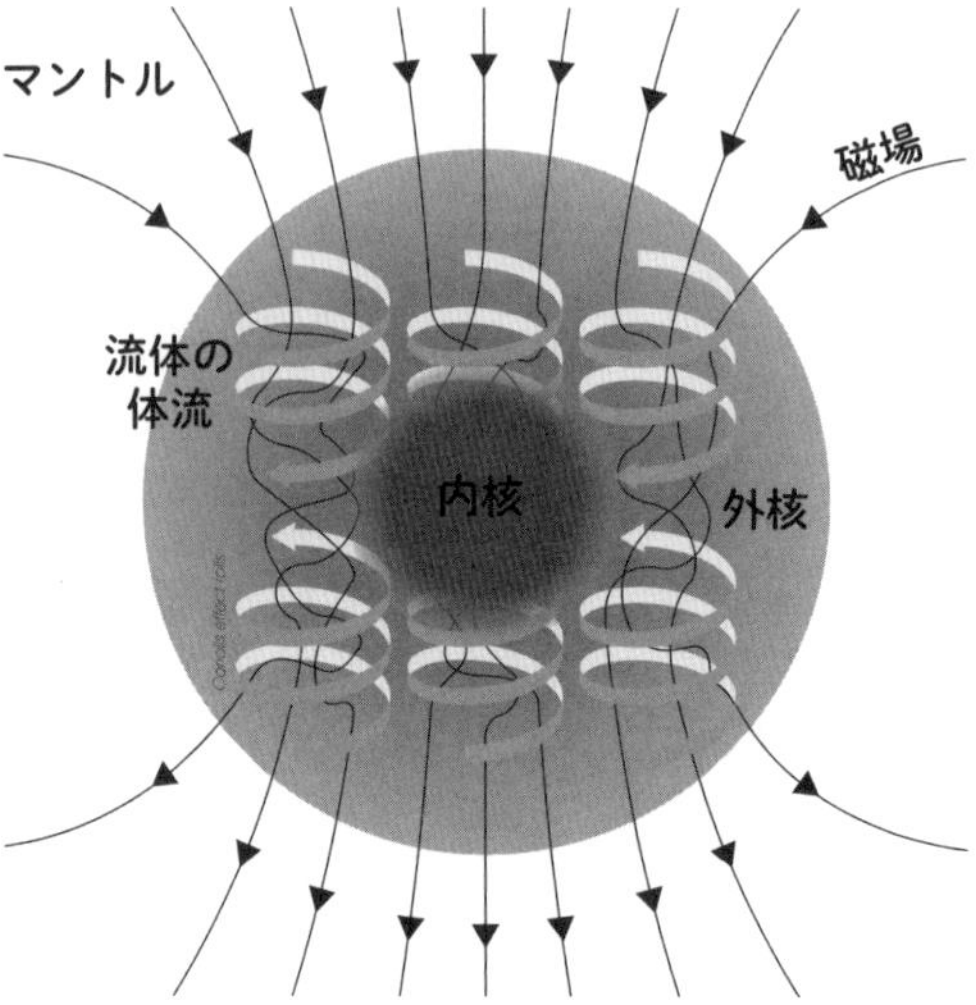

地球の磁場　https://en.wikipedia.org/wiki/Dynamo_theory

その結果、生まれるのが「磁場」です。鉄ニッケル合金は電気を通す性質を持っていますから、それが回転すると電流が流れ、磁場が発生するのです。

そして、磁力線が地球の外まで出て地球を取り囲むようになると、太陽から来る高エネルギーの流れ（電離したガスの流れ）をブロックしてくれるようになります。

先ほど、オゾン層が生まれて、紫外線をシャットアウトするようになると述べました。地球は時代が経過すると、その表面が磁場や大気中の酸素などで宇宙からの放射がブロックされるようになるのです。おそらくオゾン層より磁場のほうが先に生まれて、太陽風という電離したガスの流れがブロックされるようになったのでしょう。

そうすると、有害な高エネルギー粒子が地表に入ってこなくなりますから（紫外線は多少入りますが）、海のある程度の深さまで生命が進出できるようになります。そして、大陸から流れ込む豊富な養分を使って、生命がその量を増やしていくことができます。

さらに、海の表面付近まで進出すると、太陽のエネルギーを利用できるようになります。すると太陽のエネルギーを利用する生物に進化していきます。それが、光合成生物です。最初の光合成生物は、水を分解して水素を取り出すことができず、硫化水素を利用する微生物でした。やがて、水を分解できる光合成微生物が誕生します。

この進化した光合成生物は、酸素を発生します。この酸素発生型の光合成生物が増殖して、酸素を大気中にためるようになっていきます。

こうして、今から24億年ぐらい前になると、地球の大気中に酸素がたまり始め、紫外線が少し遮断されるような状況になり、地表付近が生命にとってますます住みやすい環境になっていきました。

まさに固体の地球システムで起こる運動が、地表の地球システムにも影響を与えるわけです。その結果、光合成微生物の量が非常に多くなり、酸素の蓄積で大気の成分が変わるという事態が起きました。これは、地球と生物の共進化が起こり始めたということです。

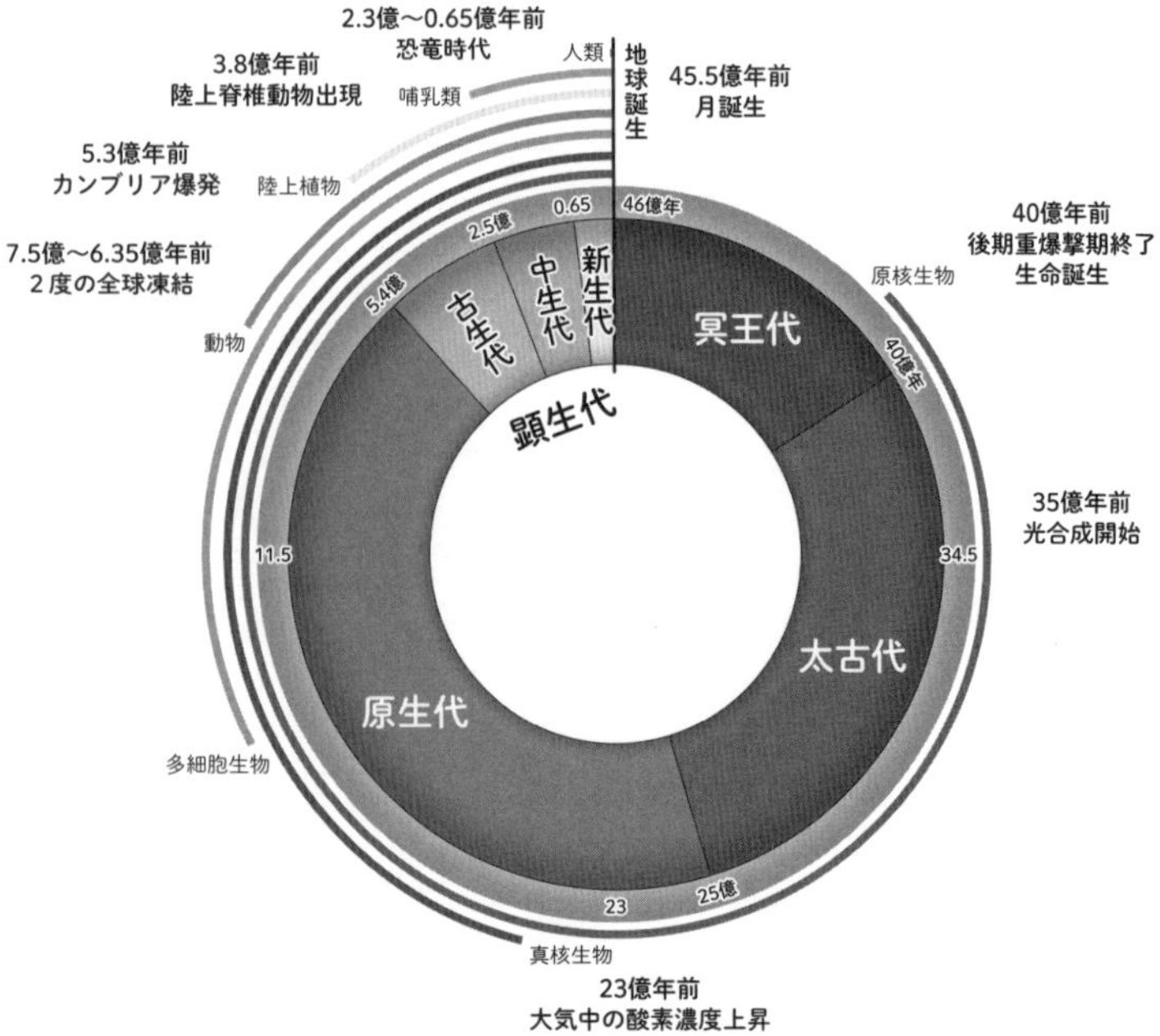

地質年代

二度の全球凍結時に生物は進化した

ここまでに紹介した進化ぐらいまでは、地球と似た惑星でも起こり得るかもしれません。ただし、一度きりのまれな現象ですが。その先に地球に何が起こったのか、本当のところはまだ明確にはわかっていません。

地質年代は、冥王代、太古代、原生代、顕生代の4つの時代に分けられます。光合成をする微生物が誕生し、生物の進化らしきものが起こり始めた24億年ぐらい前は、原生代という時代に当たります。

なお、原生代は、今から25億年ぐらい前から5億4000万年ぐらい前の時代を指します。

実は原生代初期、酸素がたまり始めたちょうどその頃、地球はすごく寒くなりました。その頃にはすでに大陸も生まれていて、先ほど述べたような二酸化炭素の循環プロセスが始まっていました。しかし、この二酸化炭素の循環が何らかの作用で停滞し、大気中の二酸化炭素が減少したのです。その頃はまだメタンの量も多かったのですが、メタンの減少が引き金だったかもしれません。その結果、温室効果が弱まり、通常は温度が高いはずの赤道付近でも気温が0℃を下回り、水が凍り付いたのです。

この気候変動を「全球凍結」あるいは「スノーボール・アース」と呼び、地質学的証拠から、24億年ぐらい前、原生代初期に起こったことがわかっています。さらに、全球凍結は一度ではなく、実は原生代の末期、今から6億~7億年前にも再び起こったことがわかっています。

このように地球が寒冷化して気候変動が起こるようになることが、生物の進化にとっては、どうやら非常に重要ということがわかっています。

なぜなら、最初に全球凍結が起こったちょうどその頃に、光合成生物が繁茂して、酸素を大気中に蓄積し始めているからです。そして、その後に真核生物が誕生します。もう一つは、原生代末期の全球凍結の後に、多細胞生物が突如として生まれてきたからです。

こうしたことを鑑みると、気候変動と生物進化が深くかかわっていることがうかがえます。逆に、気候変動があるから生物進化が起こる、ともいえるでしょう。

地球の気候は何で決まるのか

では、地球の気候は何で決まるのでしょうか。

大雑把にいえば、25億年ぐらい前まで、地球は温暖で湿潤な気候でした。それが突如として寒くなり始めたわけです。

地球の気候を左右するのは、太陽からのエネルギーで、これは「太陽放射」と呼ばれます。太陽放射によって温められた地球は、熱を宇宙空間に放出します。これが「惑星放射」です。

この太陽放射と惑星放射のバランスで地球の気候は決まるという考え方を、「エネルギーバランスモデル」といいます。エネルギーの出入りで地表温度が決まるという、非常にシンプルな考え方です。

問題が複雑になるのは、そこに温室効果ガスが関わるからです。

温室効果とはそもそもどういうことか、簡単に説明しましょう。太陽放射で太陽からエネルギーが入ってきますが、地球には雲がありますから、反射されて一部しか地表まで到達しません。ただ、一部といっても、雲で反射されるのは30％程度なので、残りの70％は地表まで入ってきて、地球の表面を温めます。

そのため温められた地表は熱を放射するわけですが、その熱放射は大気によって一部は吸収されるのです。この吸収した熱を、大気はまた地表に向かって放射するので、その分さらに、地表は温まります。このように余分に温まった大気の熱放射が、また地表を温める、そのことを温室効果といいます。

この温室効果が、地球の場合には無視できないほどあります。もしも大気に温室効果ガスがなければ、地表の温度は平均でマイナス18℃ぐらいです。それが現在は平均15℃程度ですから、温室効果が33℃分あるということです。

ですから、地球の気候は、太陽放射、惑星放射、温室効果ガスで決まります。

大陸がない時代には二酸化炭素が大気中に満ちていたので、温室効果ガスがたくさんあり、地表温度は高く、水蒸気も多くあり、温暖で湿潤な気候でした。その後、大陸が生まれると、二酸化炭素を炭酸塩岩石という形で地表に固定されるようになります。地球は、大陸が生まれることによって、気候が寒冷化するようになりました。地球システムを構成する要素は、複雑に互いに絡んで、影響を及ぼし合っているのです。

大陸が生まれると、その風化のために大気中の二酸化炭素が使われ、最終的に海の中に入って炭酸塩として海底に沈殿し、堆積していきます。プレート運動により、海底に堆積した炭酸塩岩石は大陸に付加します。そのままであれば、大気中の二酸化炭素濃度は減っていく一方です。ところが、地球の場合にはプレートテクトニクスに伴う物質循環があるので、海底に堆積した炭酸塩岩石の一部は、マントル内部に沈み込むと、その高温下で分解され、火山ガスとして大気に戻ってくるのです。そのため、ただ減る一方ではなく、また供給されるというプロセスもあるのです。

この供給するプロセスが、プレート運動やプリュームテクトニクスなどに誘起されて起こる火山活動です。

このように地表付近で炭素が回っている(実際には二酸化炭素として動いている)現象を「炭素循環」といいます。大陸が生まれて以降、この炭素循環が、地球の気候を決めているのです。

「暗い太陽のパラドックス」――なぜ海は凍りつかなかったのか

太陽の光度は、地球が生まれたばかりの46億年前には、今よりも30％暗い状態でした。それから少しずつ光度が上昇していきます。

太陽放射と惑星放射と温室効果ガスのうち、太陽放射だけを下げていくとどうなるでしょうか。現在から過去に遡ると、当然、地球の表面温度は下がっていきます。30億年以上前の太陽の明るさであれば、零下になって、地球は凍り付いてしまうのです。ところが実際は、二酸化炭素の濃度が高かったために、凍り付かなかったわけです。

その昔、カール・セーガンという天文学者が、数十億年前には太陽は暗かった。それなのにどうも地球は凍り付いていなかった。それはどうしてだろう……と、「暗い太陽のパラドックス」という問題を、提起したことがありました。

このパラドックスを解決する論文を、私はずいぶん前に書いていますが、その答えは「地球がシステムだから」です。

太陽の光度を下げていくと、地球で何が起こるか。地表温度が下がり、雨の降り方が少なくなります。温度が低くなると、乾燥化が始まり、大気中の水蒸気の量も減り、降雨量が減るのです。そうすると、大気中から除去される二酸化炭素の量が小さくなりますが、一方で、火山活動は変わりません。

太陽が暗くなっていくと、降雨量が減り、マントルから供給される二酸化炭素がたまり、大気中の二酸化炭素ガスが増えていくわけです。温室効果ガスが増えていくので、その影響で地表温度は上昇します。結局、太陽放射が減っても、地球の温度はあまり変わらないのです。

ただし、これは「現在の状態から過去に戻ったとしたら」という話です。太陽と地球の誕生からスタートすると、全く違うストーリーが見えてきます。

原始水蒸気大気から水蒸気が抜け落ちて（雨となって地表に降り注ぐ）、二酸化炭素を主成分とした大気が残ります。そのとき、太陽の光度は今の70％くらいでした。

そこからスタートして気候はどう変わるのか計算していくと、大陸がないときには、だんだん地表の温度が上がっていきます。地表の温度が上がると海からの蒸発が盛んになるので、大気中の水蒸気が多くなります。水蒸気が多くなると、その温室効果で温度が上がり、海からの蒸発は増えます。蒸発した水蒸気は大気上層部にどんどん運ばれ、大気の上層で紫外線によって水素と酸素に分解されます。すると、水素は軽いので大気圏外に逃げていきます。

こうして海が失われていきます。地球では、大陸ができたことでそうはならなかったわけですが、金星では大陸が生まれなかったので、こうしたことが実際に起こったのです。

海が蒸発する条件

このように、緩やかな温室効果によって水蒸気が失われていくわけですが、例えば、地球の海が蒸発するかしないかは、実際のところ、何で決まるのでしょうか。

結論をいえば、先ほどお伝えした太陽放射と惑星放射に加えて、「惑星がどのぐらいの熱を宇宙空間に捨てられるか」という上限値で、海の存続の可否が決まります。具体的には、1㎡あたり300W（ワット）くらいが上限になります。

300Wを超えると、暴走温室状態といって、蒸発が進み、水蒸気がどんどん大気にたまって、非常に速いスピードで水が失われてしまうのです。

今の地球では1㎡あたりおよそ340Wの太陽エネルギーが入ってきていますが、何度もお伝えしているようにすべてが地球に到達するわけではなく、地表に到達するのはその70%、つまり240Wほどです。300Wの上限以下ですから、海を保つことができるのです。

地球が誕生時からどのように変化してきたのかを知るには、本来はもっと複雑にいろいろな条件を入れて計算をしなければ正しい結果は出てきません。しかし、いずれにしても、大陸が生まれると大気中の二酸化炭素の量が減り、その結果、温暖で湿潤な気候が寒冷化するようになるのです。その変化が一気に起こると、全球凍結という事態に陥ります。

暴走温室状態と全球凍結の間にあって、部分的に凍結したような状態が今の地球の気候ですが、それは、太陽放射と惑星放射と温室効果ガスの、３つの効果のエネルギーバランスが上手に保たれているからです。

7章

地球と生命の進化の歴史

「地球」が「地球もどきの惑星」と違うのは、生物進化が起こったことです。生命の系統樹と呼ばれる、生物の類縁性や進化的関係性を表したものがあります。これは、現在のすべての生命が、そのもととなる一つの共通祖先から次々と枝分かれして、現在に至ったことを示唆しています。その共通祖先はまだ発見されていませんが、筆者はその共通祖先が、アルカリ熱水噴出孔で生まれた、最初の生命ではないかと考えています。

もっとも、ウイルスと生物の進化を考えると、互いに深い関係がありそうです。最初の生命は、袋状のものの中にさまざまな分子が入り込んだ、ガラクタから生まれたのかもしれません。アルカリ熱水噴出孔の周りには、そのようなガラクタの袋状構造がたくさんつくられていてもおかしくありません。RNAワールドを考えると、RNAウイルスが最初につくられたのかもしれません。そのことを示唆する多くの状況証拠があることを、5章で紹介しました。

生命と非生命の境界

最初の生命や地球外生命を考えようとすれば、生命と非生命の境界を考える必要があります。生命の定義とか、生命の誕生という問題は、まさに、その境界を探ることが本質ともいえるのです。生と死の間に、仮死という状態があります。マーク・ロスという生化学者がこの問題を提起しました。

ロスは、致死量に近い硫化水素に哺乳動物をさらすと、仮死としかいいようのない状態が、実現することを発見しました。この気体を吸わせた動物に起きることは、仮死状態といわれる状態です。すなわち、動物は、外から観察できる活動を止めます。全く体を動かさず、呼吸数も心拍数も大幅に下がります。体組織や細胞の正常な機能も著しく鈍化します。驚くべきことに、哺乳類なのに、体温調節能力すら失ってしまいます。すなわち、外温性を持つ変温動物に先祖返りをしてしまうというのです。

これは、死んでいるとも、本当の意味で生きているともいえない、あたかも死んだような状態です。ただし、その死は一時的なものでした。硫化水素にさらすのをやめれば、動物の正常な機能はすべて回復したのです。ロスは、線虫についても、水中の酸素濃度を下げる実験を行いました。線虫も生きているとも死んでいるともいえない「休止状態」になりますが、最終的に生き残ることを示しました。

仮死状態は、微生物やウイルスのように、格段に単純で小型の生物では知られています。例えば、航空機で到達できる最も高い高度でも真菌の胞子や細菌が見つかることは、すでに知られていました。2010年に始まった研究で、数千種類もの細菌と真菌、さらには無数の分類群に及ぶウイルスが、常に存在する可能性が示されています。私たちは、生物が存在できる大気中の上限（対流圏の上限をトロポポーズというのに習い、私達はバイオポーズと命名している）を調べていますが、成層圏でも、微生物が回収されています。

このことは、地球に誕生した生命がさまざまな場所に広がっていったのは、大気によって運ばれた可能性を示唆します。すでに紹介しましたが、赤い雨に含まれる赤い細胞の正体は、シアノバクテリアです。すなわち、いったん宇宙に出たシアノバクテリアが再び地上に戻ってくる現象が、赤い雨細胞なのです。

細胞の中の分子は死んだ化学物質です。しかし、適切に組み合わせてエネルギーを与えれば、生命を宿せるようになります。まさに、仮死状態が、生命の誕生前の状態といってもいいでしょう。したがって、仮死とは何かという問題は、生命の定義にも関係します。

物理学者のシュレディンガーは、「生きている」状態に注目し、「生きている物質とは、負のエントロピーを摂取し、崩壊を経て平衡状態に至ることを免れている」と喝破しました。それを、具体的に行っているのが代謝なので、生物学者は、それが生命のカギを握っていると考えています。しかし、物質の反応が生命の本質だと考えるのは馬鹿げていると、シュレディンガーは考えたのです。

本書でも、基本的立場はシュレディンガーと同じです。生命とは、外界との物・エネルギー・情報の流れで維持されている、開放系と捉えています。

生命が誕生しても、進化が起こらないと「地球」になりません。「地球もどきの惑星」にとどまったままです。生命の誕生に比べれば、その進化には、はるかに複雑な条件が課せられます。「地球もどきの惑星」に比べれば、「地球」は極めてまれな存在なのです。地球と地球もどきの惑星の違いを探ろうと思えば、この地球上で、実際に、生物進化はいかにして起こったのか、その様子を知ることが最も重要な課題です。本章では、そのことを紹介します。

地球の歴史は、地質学的には「冥王代」「太古代」「原生代」「顕生代」という4つの時代に区分されます。以下で、それぞれの時代について紹介しましょう。各時代における生物進化が、「地球」と「地球もどきの惑星」を分ける重要な条件だからです。

地球の歴史①冥王代：天体が衝突を繰り返した時代

冥王代というのは、アポロの探査が行われるまでは、文字どおり全く情報のない「冥界」の世界でした。なにしろ、地質記録がほとんど残っていないのです。唯一、44億年前に形成されたジルコンという鉱物の存在が知られています。この砂粒のような鉱物は、冥王代の地球に水が存在したことを示す貴重な試料です。ジルコンに含まれる酸素の同位体に、海水がマントルに吸い込まれた痕跡が見つかっています。

この時代に地質記録が残っていない理由は、アポロ計画によって明らかにされました。月の地表は地球と異なり、一面クレーターが穿たれています。クレーターは天体の衝突によってつくられます。すなわち、月の歴史とは、天体衝突の歴史ということを意味します。一方、地球には、クレーターはあることはあるのですが、その数は圧倒的に少ないのです。

なぜでしょうか。地球では現在に至るまで、激しい火成活動が続いているからです。クレーターは、月と同じように絶えずつくられていますが、つくられてもすぐに、火成活動によって消し去られてしまうのです。しかし月の場合は、天体が小さいため火成活動が長続きせず、クレーターが残されているのです。

月のクレーターは、その形成年代分布から、形成頻度は、過去ほど高く、特に46億年前から39億年前までは激しかったことが知られています。隕石重爆撃期と呼ばれています。月の海は特に大きなクレーターの跡で、衝突盆地といわれますが、その形成年代は、ほとんどこの時代のものです。

この年代は、地球の冥王代とほぼ重なります。月で天体衝突が激しかったということは、地球ではもっと激しかったはずです。地球のほうが重力がより強く、より多くの天体が衝突したはずだからです。月の海をつくったような天体衝突は、天体の大きさが百キロから数百キロに達するようなものです。したがって冥王代の地球にも、このくらいのサイズの天体が1000万年かそれ以下の時間間隔で、頻繁に衝突を繰り返していたと推測されます。

月でもそうですが、このサイズの天体が衝突すると、広範囲の領域が融けてマグマに覆われます。月の海が周囲より少し暗い色なのは、マグマが冷えて固まった、玄武岩という岩石でできているからです。地球では天体の衝突速度はもっと大きく、したがって、衝突が起こると原始の海は蒸発し、原始地殻は再びドロドロに溶け、形成時のようにマグマの海と水蒸気大気に覆われるといった状態になっていたでしょう。

もちろん、それまでに形成された地質記録は、すべて消し去られてしまいます。冥王代というのは、そういう時代だったのです。もちろん、生命が誕生しても、すぐに絶滅してしまいます。

地球の歴史②太古代：地表環境が安定化し、生物が生きられる環境が整備された時代

次の太古代は、激しい衝突が収束し、地表環境が安定化した時代です。冥王代に比べれば、多くの地質記録が残されています。といっても、地球では火成活動と浸食作用により地表が絶えず更新されているので、時代が遡れば遡るほど、地質記録として残っているのはまれになります。それでも、冥王代に比べれば、ずっと多くの地質イベントが記録されています。

なんといっても特筆すべきは、地表が冷え始め、それが固体地球内部にも伝わり、地殻や上部マントルが硬くなり始めたことです。その部分を岩石圏と呼びます。地球が冷えるとともに、その部分が厚くなり、地殻と一体となって動き始めました。岩石圏は、一枚で地球を覆っているわけではありません。いくつかに分裂しています。その分裂した個々の岩石圏を、プレートといいます。プレート運動が始まったのがこの時代です。

この時代のもう一つの大きなイベントがマントル対流とコアの対流運動です。コア対流運動は電流が流れるようなものです。この電流により、磁場が誘起されます。地球に磁気圏が生まれたのが、太古代です。

こうした固体地球システムにおける物質循環の変化は、表層地球システムにも大きな影響をもたらしました。表層システムへの顕著な影響は、大陸の誕生です。大陸は、海の上にその岩石部分を露出させています。そのため、第一の影響として、大気や降雨による大陸物質の浸食が起こるのです。岩石の浸食が起こると、海の中に浸食された物質が流れ込みます。この浸食物質が、海の塩分です。

海は、大陸物質によって汚染されるということです。それによって、海の水素イオン濃度(pH)が変わります。それまでの海は、どちらかというと酸性でした、塩分によって、海は中和されました。

第二の影響として、大気中にある二酸化炭素が雨に溶け込み、除去されるようになります。二酸化炭素は雨に重炭酸イオンとして溶け込み、雨を弱酸性に変えます。酸性の雨が岩石を浸食するのは、現在、酸性雨問題として見られる現象です。炭酸塩岩石でできた建築物や彫刻などが、浸食され形を変えていくことからもわかるように、その過程で、浸食物質と共に重炭酸イオンを海に流出させます。海には、大気に含まれていた二酸化炭素が、重炭酸イオンとしてたまるようになります。

重炭酸イオンは、大陸から浸食されて流入するカルシウムイオンやマグネシウムイオンなどと反応し、炭酸カルシウムなどの鉱物に変わります。海にこれらの物質が供給され続けると、反応が進み、炭酸カルシウムなどの鉱物は沈殿し、海底にたまるようになります。海底にたまった炭酸塩岩石は、プレート運動によって大陸の縁で沈み込み、一部は大陸に付加し、一部はマントルにもたらされます。

マントル中に沈み込んだ炭酸塩岩石は、高温下で分解され、二酸化炭素とカルシウムのケイ酸塩などに変化します。そして、二酸化炭素は火山ガスとして再び大気中に戻ります。大陸が生まれると、このような物質循環が表層システムに誘起されるのです。

この炭素循環が、地球の気候を安定化させます。太陽の光度が上昇しても、大気中の二酸化炭素濃度が減少すれば、その温室効果の減少で、太陽光度の上昇による地表温度の上昇を相殺するからです。プレートテクトニクスや大陸の生まれなかった金星では、大気中に残る大量の二酸化炭素を除去するメカニズムが生まれません。そのため、暴走温室効果が起こり、海は蒸発してしまいました。

シアノバクテリアの誕生

太古代にシアノバクテリアが生まれました。磁気圏により地表への高エネルギー粒子の入射が妨げられるようになったことは、地表付近の海で生活するシアノバクテリアにとって、重要な意味を持ちます。また、大陸からのさまざまな元素の流入も、栄養源として役立ちます。太古代は、地球のエネルギーを食べる生命から、太陽のエネルギーを食べる生命へという生物進化が起こりました。

地球のエネルギーを食べる微生物にしても、最初に生まれた太陽のエネルギーを食べる微生物にしても、深海に住んでいたと考えられます。しかし、最初の太陽のエネルギーを食べる微生物から進化した光合成微生物は、太陽光を有効に活用するため、生活の場を浅い海に拡大させたと考えられます。そのためには、浅い海が微生物の生活の場として整備される必要があります。太古代は、その準備が整った時代といえるでしょう。

酸素発生型光合成生物はいつ生まれたのか

最初に誕生した生命は、地球のエネルギーを利用するにしても、太陽のエネルギーを利用するにしても、地球環境を大きく変えることはありませんでした。その環境を利用して生きる生命だったからです。しかし、新たに誕生した第二段階の光合成微生物は、その意味では、全く異なる生命でした。自ら地球環境を変え、地球と共進化する生命になったからです。その進化は多くの新機軸によってもたらされました。

したがって、太古代に続く原生代は、生物の進化が一段と複雑になった時代です。生命の痕跡が地層に多く残されるようになり、そのため、地質年代の名に「生」が含まれるようになりました。といっても、地球と生物の共進化が本格的に始まるのは、さらにその次の時代、顕生代になってからです。顕生代における生物の、爆発的な進化の準備が進んだのが、原生代という時代です。

原生代という時代の紹介をする前に、光合成生物の誕生の時期について、紹介しておきましょう。なんといっても、地球が単なる「地球もどきの惑星」から「地球」へと変身する最初の関門が、複雑な進化を遂げた第二段階の光合成微生物、シアノバクテリアの誕生だったからです。

シアノバクテリアはいつ誕生したのでしょうか。生命の痕跡を探るには、化石を調べることが一般的です。しかし、最古の生物の物理化石を見極めるのは容易なことではありません。そこで注目されるのが、化学的な痕跡です。例えば、炭素の同位体比とか、脂質と呼ばれる分子です。

従来、いちばん古い生命の痕跡として引用されてきたのは、グリーンランドのイスアにある堆積岩中の痕跡です。この堆積岩は38億5000万年前に形成されました。そこに含まれる炭素同位体比が、生物のそれに近いというのです。炭素の同位体はいくつかありますが、生物の場合、12と13の比率が特徴的なのです。それに近いということで、従来、生命の痕跡として挙げられてきましたが、最新の機器を用いた分析で、生命由来という説に否定的な結果が得られています。

しかし、38億5000万年前の堆積岩が存在するということは、この頃、地球に海が存在していたことを示唆します。堆積岩というのは、土砂や火山灰、生物の遺骸などが堆積して固化した岩石です。すなわち、降雨や流水、大気の浸食作用などがあったことを意味し、海の存在が間接的に示唆されるのです。この頃、激しい天体衝突が終わり、地球環境が安定化した証拠といえるでしょう。

従来、生命の痕跡の直接の証拠として教科書などで取り上げられているものに、約35億年前の微化石があります。西オーストラリアのピルバラ地域にある、エイペクスチャートという岩石群の中で発見されました。この微化石は、20世紀後半にカリフォルニア大学のウィリアム・ショップによって発見され、20年近くにわたって、最古の細胞化石として生物学や地質学の教科書に記載されてきました。

21世紀になって、この主張に疑義が提出されました。発端は、ショップがこの試料をイギリスの大英博物館に寄贈したことです。それまで、この試料はショップの手元に保管され、誰の目にも触れませんでした。オックスフォード大学のマーティン・プレイジャーが、その試料をあらためて分析したのです。彼の結論は、これが鉱物の結晶であって、微化石ではないというものでした。この問題は、その後、大きな論争になりました。形勢はというとショップにかなり不利なのですが、決着がついたわけではありません。

その後、この論争は、最古の細胞化石という意味では、ほとんど意味がなくなりました。その微化石が含まれていたエイペクスチャートの年齢が、35億年ではなく、10億年以上も若いことが明らかにされたのです。

一方で、ショップの発見した化石を調べ直した当のマーティン・プレイジャーが、2011年に、34億年前の地層から最古の化石を発見したという共著論文を発表しました。この発見も基本的には、微化石らしき形態を見つけたというものです。その化石のもとになった生物は、海に棲む嫌気性細菌で、硫化水素から電子を取り出し、いらなくなった硫黄を周囲に吐き出していたと考えられています。これは生命の進化段階としては、最初の光合成微生物に相当します。この化石の周囲には硫黄があり、辻褄が合うのですが、かといってすべての専門家の合意が得られているわけではありません。微化石に基づいて、いつからどんな生命が地球上にいたのかという議論はなかなか難しいものなのです。

結局、これなら確かだろうという直接の証拠は、25億年くらい前の岩石中に見つかる微化石です。25億年くらい前には、微生物が存在していたのは確かだと考えていいでしょう。しかし、数多くの状況証拠をつなぎ合わせると、おそらく、その前から微生物が存在していたと考えてもいいでしょう。

そうした状況証拠の一つが「ストロマトライト」です。シアノバクテリアは今でも、西オーストラリアのシャーク湾や、世界何か所かに生息しています。ストロマトライトは、魚や海洋生物が進化した何億年も前から形成されなくなりましたが、魚や巻貝が生きるには塩分濃度が高すぎる場所では、かろうじて生き延びていられるのです。

私も30年くらい前、シャーク湾のハメリンプールを訪れたことがあります。高さ30㎝、直径30㎝ほどの丸いドームのような地質構造物が、潮間帯に林立していて、なかなか見かけない光景で

ストロマトライト（オーストラリア、シャーク湾） Paul Harrison

す。ドームは黒い斑点で覆われ、そのまだら模様が波に洗われると、薄暗いオリーブグリーンに変わります。しかし、ほとんどのドームは水の中に沈んでいて、その間の砂の上は暗い緑色のヘドロのマットが覆っています。

ストロマトライトはギリシャ語の「岩の層」からきた言葉で、内部は普通の硬い石ですが、外側の層はスポンジのような感触で、この表面にシアノバクテリアが棲んでいます。昼間は、糸状の体を伸ばして日光を吸い込み、自分たちの食糧をつくります。そして夜には、また元に戻ります。周囲の水には、細かい砂や、波でかき回され舞い上がった堆積物が多く含まれています。その砂が少しずつシアノバクテリアの上に降り注ぎ、でき始めの、新しい岩の表層が積み重なっていきます。

シアノバクテリアから出るネバネバした分泌物がモルタルのような役割、砂がレンガの役割をして、このような構造物が形成されるのです。毎日、シアノバクテリアが表面に出ているとき、新たに薄い層がその下につくられ、気の遠くなるような年月を経て、大きなストロマトライトが形成されます。このような地質構造物は30億年ぐらい前から存在し、その後の各年代の地層中に見つかっていきます。

したがって、状況証拠としては、30億年くらい前からシアノバクテリアが存在していたと考えられます。そうだとすると、34億年前の最初の段階の光合成微生物の微化石も、もっともらしいということになります。

シアノバクテリアの誕生は生命進化のターニングポイント

シアノバクテリアは、太陽のエネルギーと水を食べる光合成微生物です。光合成微生物としては進化した微生物で、進化段階としてはその前段階の、光合成微生物の存在が知られています。太陽のエネルギーは食べるが、水ではなく硫化水素を食べる、緑色硫黄細菌や紅色光合成細菌といった微生物です。これらは共に光合成微生物ですが、その利用する太陽光の波長域が異なります。光は波でもあり、エネルギーの粒（光子）でもあります。光の波長が短いほど、光子1個のエネルギーは大きくなります。分子は光子を吸収しますが、熱くも冷たくもないエネルギーしか使えません。生化学反応を進めるには、程よいエネルギー値の光子を吸収して、電子を動かす必要があるのです。

ほとんどの分子は、可視光より波長の長い、すなわち、光子エネルギーの小さな赤外線を吸収します。一方、可視光を挟んで赤外線の逆側には、光子エネルギーの大きな紫外線があります。紫外線を吸収した分子は電子を出してイオン化すれば、分子は分解しやすくなります。しかし、紫外線はエネルギーが高く、ＤＮＡの分子を損傷させるなど、生命の反応には適しません。

このように考えると、赤外線に近い可視光（赤色）と、可視光に近い近赤外線が、生命のエネルギー源としてふさわしいということになります。例えば、植物が持つクロロフィル分子は可視光を吸収し、活性な励起状態になります。励起状態の電子は、別の分子に移って生化学反応を促します。光合成する微生物も、同様に赤～近赤外線の格子を吸収し、そのエネルギーで反応を進めます。

光合成というメカニズムは30億年以上前に出現しました。しかし、それはまだ酸素発生型ではありません。電子のもとは水ではなく、火山の吐く悪臭ガスの硫化水素でした。その光合成微生物は緑色硫黄細菌と呼ばれますが、光化学系Ⅰという分子装置で赤い光を吸収し、電子を動かします。

光化学系Ⅰの色素が光を吸収すると、励起電子が別の分子に移ります。赤い光のエネルギーは、色素分子が持つ電子の背中を押して、別の分子に移らせるのです。すると、色素分子は電子1個分の正電荷を帯びるため、外から電子を受け入れたい状態になります。その電子を、硫化水素がくれるのです。この反応で、硫化水素は硫黄に酸化されます。色素から出た電子のエネルギーが生体の合成反応を進ませるのです。

やがて、紅色光合成細菌という微生物が、光化学系Ⅱという別の分子装置を発明しました。緑色硫黄細菌より少し波長の短い光子、すなわちエネルギーの少し大きい光子を吸収して、電子を動かします。一端で硫化水素を酸化し、他端で高エネルギーの生命分子をつくるのです。

どちらも30億年以上前に生まれましたが、両者は、海中で、お互い交流なしに生きていました。画期的だったのは、この二つが合体して、光化学系ⅠとⅡを直列につないだ新しい光合成生物が生まれたことです。この革命的イベントがなければ、地球は「地球もどきの惑星」にとどまり、「地球」へと変貌しなかったでしょう。

35億年くらい前の地球で、緑色硫黄細菌と紅色光合成細菌は、赤い光のエネルギーで硫化水素から電子を奪いつつ生きていました。しかし、この光合成には難点がありました。硫化水素は地球上に豊富には存在せず、また、硫化水素から奪った電子のパワーが弱いということです。

水の電子のパワーははるかに強力です。反応産物のエネルギーは、水素＋酸素にほぼ等しいわけですから、できた物質のエネルギーがずっと大きいということです。水の電子を奪えれば、エネルギー的にはほぼ究極のエネルギー源を獲得したといっていいでしょう。しかも水は、地球には無尽蔵にあります。

しかし、水は簡単には電子を出しません。光子を1個だけ使う光化学系ⅠかⅡのままだと、水から電子を奪うパワーはありません。おそらく、10億年くらい試行錯誤を繰り返したのでしょう。光化学系Ⅰと光化学系Ⅱの両方を備え、光子2個のエネルギーを使う生物が誕生しました。ほかの仕組みも刷新され、強力な光合成反応系が発明されました。

シアノバクテリアは、この二つの細菌の太陽光吸収装置をうまく組み合わせて、より多くの太陽光を利用できるようになりました。水を分解するには、硫化水素を分解する場合よりも多くのエネルギーが必要なのです。この意味では、進化の新機軸を開発した、究極の光合成微生物ともいえる生物なのです。

それ以外にも、進化の新機軸の開発が必要です。紫外線対策、大気中の窒素の体内での固定、それと水の分解で生じる酸素対策などです。そのためには、その誕生までに長い時間が必要だったはずです。

地球上で、硫化水素が存在する場所は限られます。しかし、水は至る所にあります。水を分解して水素を取り出すほうが、地球上で繁栄する戦略としては、はるかに優れています。その能力を獲得したシアノバクテリアが、その後、地球上で繁栄したのは、当然のことだといえるでしょう。

この宇宙における生命の誕生を普遍的なものだと考えれば、ハビタブルゾーンに存在する海を持つ岩石惑星に存在する生命として、シアノバクテリアは、ある意味、その環境に最も適した生命といえるでしょう。アルカリ熱水噴出孔で生まれた、地球もどきの惑星のエネルギーを食べる微生物が、次に取るエネルギー戦略は、中心の星からの放射を食べることでしょう。中心の星が太陽のような星なら、そのエネルギーを使い、硫化水素を食べる光合成微生物に進化することが考えられます。この宇宙の生命の進化のエネルギー戦略があるとすれば、その進化の最終的な生命の形態が、シアノバクテリアなのです。

今、ほとんどの生物は、光合成のおかげで生きています。光合成でエネルギーの高まった電子は水素とほぼ同じ還元力を持ち、二酸化炭素を糖（グルコース＝ブドウ糖）に還元します。グルコース分子がつながったセルロースは、地球上で最大量の炭素系分子です。茎や葉、根、枝、草、巨木の体は、ほぼ半分が、セルロースです。あと半分がリグニン[22]などです。セルロース生産の波及効果は、その後、地球に大きな影響を及ぼすことになります。

数十億年前に生まれた光合成生物は、大気中の二酸化炭素を食物にしました。その後、シアノバクテリアから進化した藻類が、海の沿岸域を占拠するようになります。生物が死ぬと、炭素質の組織は海底に沈んで埋もれ、その一方で、大気中と海中には酸素がじわじわ増えていくことになります。

酸素の発生

水を分解して水素、すなわち電子を取り出すと、その片割れの分解物として、酸素が発生します。酸素の発生は、生命にとって致命的ともいえる負の効果を持ちます。酸素というのは、非常に反応が起こりやすい元素です。周りの元素と反応して、電子を奪おうとします。化学的には、結合しようとする性質が非常に強いということです。生命は有機物でできていますが、酸素があればすぐに反応して、別の分子に変わってしまいます。ですから、前にも述べたように、シアノバクテリアが誕生するには、発生する酸素にどう対応するか、その防御機構をある程度準備していなくてはなりません。

酸素は生命にとって有害な分子ですが、その防御対策ができれば、極めて有効に利用できる分子でもあります。まだ環境に酸素のない頃、初期の段階の微生物は、発酵によってエネルギーを得ていました。

大気中に酸素が蓄積してくると、呼吸によってエネルギーを得る生物が生まれます。発酵と呼吸では、エネルギー通貨といわれるATPの生産量が桁違いです。その生産量は、呼吸によって10倍以上も高くなり、細胞の活動も活発になりました。細胞の分業化の準備も進み始めます。そのことにより、多細胞生物といわれる生物の誕生も可能になりました。

酸素対策以外にも、シアノバクテリアは、有害なものから自分の身を守る仕組みが備わっています。例えば紫外線は、DNAも含め、分子の結合を切って損傷を引き起こすので、それを防ぐ

22 **リグニン**……木質素とも。木化した植物体の主成分の一つ。木材中の20～30％を占める。

対策が必要です。シアノバクテリアが、日焼け止めの効果を持つ粘液を放出して自らの身を守っていることを紹介しました。紫外線対策としてのこの種の粘液の放出は、現在の藻類などにも引き継がれています。

太古代や原生代の海にも、多様な生命が生息していたことが予想されます。それはなぜでしょうか。

シアノバクテリアによる窒素化合物の放出が、周囲の生物の生息環境に影響を及ぼすからです。シアノバクテリアは、体内で自ら利用する窒素化合物の合成を行います。しかし、体内で生産した窒素化合物をすべて自分で消費するわけではありません。半分くらいは海に放出します。その結果、その窒素化合物を、周りの微生物が利用できるようになったのです。

酸素の利用にしても、窒素化合物の利用にしても、シアノバクテリアのような生物の誕生がなければ進みません。その後の地球で起こった生物進化の礎は、シアノバクテリアによって築かれた、といっても過言ではありません。

酸素の発生は、地球にも大きな影響を及ぼします。大酸化イベントの前、鉱物成分のほとんどは、還元型の（電子を出せる）イオンでした。その当時の鉱物の種類は、ありふれた鉄やマンガンの鉱物も、希少な銅やニッケル、モリブデン、ウランの鉱物も含めて、せいぜい数百種でした。しかし、環境に蓄積する酸素が、この状況を一変させます。酸素に電子を奪われて酸化型になった金属イオンが、新しい鉱物を何千種も生み出すからです。

各地にある博物館を訪れると、きれいな鉱物の結晶が展示されています。きれいなものも、そうでないものも含めて、全鉱物のほぼ3分の2は、酸素発生型光合成の産物です。深緑の孔雀石も、濃青色の藍銅鉱、トルコ石など銅鉱物の大半も、大酸化イベントのあとに生まれました。黄色から橙色をした300種近いウラン鉱物の90%くらいも、光合成の間接的な産物です。こうした鉱物とは成因が異なりますが、炭素鉱物も、地表近くの化学環境が変わったため、種類がドッと増えました。地球が「地球」であるとは、このような鉱物組成から成る岩石惑星ということです。

地球の歴史③原生代：地球と生物の共進化の舞台が準備された時代

太古代に続くのが、原生代と呼ばれる時代です。24億年くらい前から5億4000万年にかけての時代です。この時代を特徴づけるのは、表層環境に起こった大きな変化です。超大陸と呼ばれる、すべてが一つにまとまった大きな大陸が形成され、さらにその分裂と、分裂した大陸の離合集散が起こりました。また、全球が凍結するという、前代未聞の気候変動も起こりました生物界で起きた大きな変化は、真核細胞の誕生です。シアノバクテリアをはじめ、それまでの生物は、原核細胞から成る生命でした。2章で、細胞には原核細胞と真核細胞の2種類があることを紹介しました。原核細胞のゲノムは、細胞質の中でむき出しの状態です。その周囲を膜で保護されていません。それとは装いを全く新たに、ゲノムが膜で区切られた細胞が生まれたのです。真核細胞です。真核細胞では、ゲノム以外の内部の諸器官も膜に覆われて、それぞれが隔離されています。

分子生物学に基づく生命の系統樹は、3つのドメインに分けられます。細菌（バクテリア）、古細菌（アーキア）、真核生物です。真核細胞から成る生物のドメインが真核生物です。真核細胞から成る単細胞の生物が誕生したのが、原生代です。多細胞から成る真核生物が誕生したのは、原生代の次の時代、顕生代です。重要なことは、原生代という時代に真核細胞がつくられたからこそ、その後10億年以上かけて、私たちになじみ深い動物や植物が生まれる準備が進んだのです。

どのようにして真核細胞が生まれたのか、その詳細はまだ明らかにされていません。その誕生に深く関係するのが、細胞内共生という現象です。代表的な例が、真核細胞の小器官ミトコンドリアと葉緑体です。ある種のバクテリアが飲み込まれ、ミトコンドリアや葉緑体になったというのです。

まだ原核細胞から成る微生物が繁栄していた時代、彼らも「食うか、食われるか」という環境にありました。5章で紹介しましたが、微生物の捕食には、細胞の食作用という現象が関わります。細胞膜が融合し、一方が片方に飲み込まれてしまう現象のことです。

そのようなプロセスによって飲み込まれた細菌が、飲み込んだ細胞の中に棲みつき、居座るようなことが起こった、と考えられています。ちなみに、それを防ぐために細菌や古細菌で発達したのが、細胞壁です。軟らかい細胞膜を、タンパク質から成る硬い細胞壁で覆い、身を守るようになったのです。

原生代の生物には特徴があります。単細胞で、顕微鏡で観察しなければ見えないほど小さいということです。この時代の海には、単細胞の単純なバクテリアと、その親戚のアーキアが棲息していました。アーキアは細胞膜を構成する脂質が、バクテリアと異なります。これらの微生物も、生きるためにエネルギーを必要とし、分裂して増殖するために、さまざまな細胞成分を合成する必要があります。しかし、バクテリアもアーキアも硬い細胞壁に覆われ、仲間を食べてエネルギーを獲得することはできませんでした。

そこで彼らは、細胞壁を通して硫化水素のような化合物を細胞内部に取り込み、生体内の反応に必要な電子を取り出しました。その電子を使って、短期的にエネルギーを貯蔵するＡＴＰを生成します。このATPのエネルギーと、水に溶けている二酸化炭素を使い、生存し増殖するために必要なアミノ酸、タンパク質、脂質、炭水化物を合成したのです。これらの生物のことを、化学合成独立栄養生物といいます。こうしたバクテリアが進化して、シアノバクテリアが誕生したのです。

しかし、シアノバクテリアや、真核細胞から成る生物の誕生以来、生物の種類は増大し、さまざまな種類のバクテリアや藻類、あるいはそれらの親戚にあたる微生物が共存する時代となりました。しかし、私たちになじみ深い生物は誕生しませんでした。微生物の多様性は増しましたが、生物進化という意味では、空白の10億年とでも呼べるような時代でもあったのです。

シアノバクテリアのすごい点はたくさんありますが、生物の多様性を生み出すという意味では、地球上の主要な窒素固定生物（ジアゾ栄養生物）になったことです。すでに紹介しましたが、シアノバクテリアが進化しなければ、生物界は最も単純な、しかも限られた数の海洋生物のみで構成されていたはずです。

固定窒素をつくるには、鉄とモリブデンを含み、窒素を固定する反応を触媒する、ニトロゲナーゼと呼ばれる酵素を発明しなければなりません。ところが、自らがつくり出す酸素が、その邪魔をします。初期の海水には多量の二価の鉄イオンが溶け込んでいますが、酸素が鉄と素早く反応して、鉄を除去してしまうからです。そこで、あるシアノバクテリアが新機軸を開発します。窒素を固定する間、光合成を停止したのです。あるいは、他のシアノバクテリアは、光合成をしない夜に窒素を固定しました。

さらにある種のシアノバクテリアは、同じ種がビーズのように連なって微細な鎖をつくり、ビーズ10個ごとにヘテロシスト（窒素が欠乏すると分化する細胞）という特殊化した細胞を形成します。ヘテロシストは光合成を停止し、さらに、厚い細胞壁をつくって外界の酸素を遮断します。このようにして、ヘテロシストは窒素固定に専念し、糖と引き換えに窒素化合物を他の細胞と共有したのです。現在、ジアゾ栄養性シアノバクテリアは、右記のいずれかの方法で窒素固定を行っています。

また、彼らは海の表面近くに棲息するため、紫外線によるDNAの損傷を受けることなく日光を集める必要があります。そのため、世界で最初に日焼け止めとして機能する、粘液と呼ばれる多糖類（糖分子の長い鎖）の、滑らかな外層を進化させました。シアノバクテリアから進化したすべての藻類は、表面がスベスベの粘液の外層（スライム）で覆われるようになりました。

原生代は微生物の時代です。この時代、生物の世界を支配する力は、分子同士を結び付ける力（分子間力）でした。微生物ではありませんが、生物にとって分子間力が重要な力であることは、アリやハエなど小さな動物が壁に止まっている現象に見ることができます。ハエやアリにとって、体に及んでいる重力は、無視できるほど小さいのです。いちばん重要なのは、足の分子を壁の分子に結び付ける力です。

その後、私たちのような多細胞生物の時代になると、生物の世界を支配する力も変わりました。重力が支配的になったのです。このことが進化に影響を及ぼすのは、私たちホモ属の進化を考えてみればわかるでしょう。思考、記憶、事前の計画など私たちの能力の多くが、一定の体の大きさがあって初めて成立するからです。

この時代、特筆すべき気候変動が起こりました。赤道まで凍り付くような、とてつもなく寒い時代が訪れたのです。太古代に大陸が生まれ、表層環境には二酸化炭素の循環が生まれたことを紹介しました。その結果、当初の分厚い二酸化炭素大気が減少し始めました。その温室効果の減少が、太陽光度の上昇による地表温度上昇を相殺し、地球は寒冷化し始めたのです。

最古の氷河時代は、約29億年前に起こっています。南アに露出するこの年代の地層中に、氷河性のダイアミクタイトが見つかり、ポンゴラ氷河時代と呼ばれています。ちなみに氷河時代というのは、寒冷な気候の影響で、大陸氷河、または大陸氷床（地形の起伏によらず存在する広域的な氷河のこと）と呼ばれる巨大な氷の塊が大陸上に存在する時代のことです。俗に氷河期という表現が用いられますが、それは最近の氷期である「最終氷期（約7万〜1万年前）」を指して用いられることが多いようです。

その後、原生代の前期と後期に、非常に大規模な氷河時代が訪れました。約24億5000万〜約22億年前の原生代前期氷河時代（ヒューロニアン氷河時代）と、約7億3000万〜約6億3500万年前の原生代後期氷河時代（スターチアン氷河時代およびマリノアン氷河時代）です。これら3つの氷河時代は、赤道まで凍り付く全球凍結イベントが起こっていることが明らかにされ、単なる氷河時代というより、スノーボール・アースと呼ばれています。

そして、奇しくもスノーボール・アースと符合するように、大気中に酸素が蓄積し始めます。太古代、大気中には酸素がほとんど存在しませんでした。原生代になって大気中に酸素が蓄積し始めたのです。酸素の供給源はシアノバクテリアです。ということは、スノーボール・アースの出現と消滅にシアノバクテリアが深く関わっている、ということが示唆されます。

一つの可能性として指摘されているのが、当時の大気中に二酸化炭素と並んで多量にあったメタンの減少です。メタンがシアノバクテリアを放出する酸素により酸化され、消失し、その温室効果の減少が引き金となって寒冷化が始まったというのです。シアノバクテリアは、光合成で大気中の二酸化炭素を吸収し、大量の二酸化炭素を死骸の形で海底にため込みます。これは二酸化炭素の減少を引き起こします。シアノバクテリアの増殖は、メタンと二酸化炭素という二つの温室効果ガスの減少を引き起こすことで、地球を寒冷化させる要因になったというのです。

原生代の特徴は、地球と生物との共進化が始まったことにあります。そのきっかけは、大気中の酸素濃度の上昇にあります。酸素濃度の上昇は、その頃の大気中に多量にあったメタンを酸化し、その濃度を下げました。メタンの減少が、地球に寒冷化をもたらしたというのです。もちろん、本格的な共進化は顕生代になって起こります。しかし、はるかに規模の大きな共進化が、頻度は低いのですが原生代には起こっています。以下で、原生代の表層環境に起こった大きな変化の例として、酸素の蓄積とスノーボール・アースを紹介しましょう。

酸素は大気中にいつたまり始めたのか

地質学的記録によると、大気中の酸素濃度は、原生代前期の24億5000万年から20億年前頃にかけて、急激に増加しました。この原生代前期の酸素濃度増加は、その時期が重なることから、スノーボール・アース・イベントとの関連が示唆されています。

酸素濃度蓄積の証拠として昔から知られていたのは、縞状鉄鉱床の形成です。地球表層には、火山活動に伴い、二価の鉄が絶えずマントルから供給されています。環境に酸素がなければ、二価の鉄は海に溶け込んでいられます。しかし、海に酸素が存在するようになると、二価の鉄は酸化されて、三価の鉄に変わります。二価と三価では、水への溶解度が異なり、三価の鉄は、二価の鉄ほど海に溶け込みません。したがって、水酸化鉄として海底に沈殿します。それが堆積したのが、縞状鉄鉱床といわれる鉄鉱床です。人類は今、この鉄鉱床から鉄を取り出しています。

同様のことが、マンガンにおいても見られます。南アの22億年くらい前の洪水玄武岩のすぐ上に、堆積性のマンガン鉱床があります。これは、このあとスノーボール・アースの節でも紹介しますが、大気中に酸素がたまり始めた間接的な証拠と考えられます。

陸では、同じような現象が、堆積岩の中に黄鉄鉱や閃ウラン鉱が含まれるか否かで判断できます。古い時代の河川の堆積岩の中には、黄鉄鉱や、微量のウランを含む鉱物である閃ウラン鉱が観察されます。これは現代では考えられません。黄鉄鉱や閃ウラン鉱は、酸素があるとすぐに錆びてしまうからです。この変化が、およそ23億〜24億年前を境に見られるというのです。25億年前に生成された岩石からは、黄鉄鉱も閃ウラン鉱も豊富に確認されています。

それ以外に、酸素濃度増加の化学的証拠が、二つ挙げられています。一つは、大酸化イベントと呼ばれる、炭素同位体比の正異常の発見です。もう一つは、硫黄同位体比の異常なシグナルの消失です。

炭素同位体の正異常は、埋没した有機炭素が多いことに起因します。それは、シアノバクテリアの埋没が多かったことを意味します。ということは、シアノバクテリアが多量に生まれ、それによる酸素の放出が多かったことを示唆します。このときの酸素の総生産量は、現在の大気中の酸素量の12~22倍と見積もられています。

もう一つは、硫黄同位体の、質量に依存しない分別効果の発見により明らかにされました。大気中の酸素濃度が現在の10万分の1のレベルでは、硫黄化合物は酸化分解され、硫黄同位体比の異常なシグナルは地質記録に残らなくなります。

生命にとっての最も深刻な環境変動は、化学的な環境変化、すなわち、酸化還元状態の変化です。その影響の深刻さは、物理的な環境変化であるスノーボール・アースという気候変動に、匹敵します。何度も述べていますが、生命活動を司るのは、代謝という化学反応です。代謝とは、光合成や呼吸など、生命維持のために、外界から取り入れた無機物や有機物を用いて行われる一連の反応のことです。その反応に必要な物質や、反応を阻害する物質は、その外界における存在量も含め、酸化還元状態に強く影響されています。

地球史前半は、環境に酸素が存在しませんでした。嫌気的環境といいます。その頃誕生した生物は、嫌気的環境に適応、進化してきました。地球史半ばに、酸素発生型光合成を行うシアノバクテリアが出現し、環境に酸素が放出されるようになりました。好気的環境といいます。その結果、先に述べたような原生代初期、24億5000万年前から20億年前にかけての、大酸化イベントが生じたと考えられています。

地球環境は一変し、嫌気的環境から好気的環境へと変化したと考えられています。約21億年前から6億年前にかけての実際の大気酸素濃度は、現在の100分の1から1000分の1以下と推測されています。このくらいの酸素濃度だと、海洋は、表層を除いて、ほとんど酸素がない嫌気的環境です。したがって、嫌気性生物の多くは海洋深部で、その後も生存可能だったでしょう。逆に海洋表層では、酸素を好む好気的生物が繁栄していました。

スノーボール・アース仮説

カーシュビンクによるスノーボール・アース仮説の提唱とホフマンによる地質学的証拠の発見

カリフォルニア工科大学教授のカーシュビンクは、1992年、ごく短い論文を発表しました。約6億年前の原生代後期に、地球全体が凍結するほどの気候変動があったというのです。彼はこの気候変動を、スノーボール・アース（雪玉地球）仮説と命名しました。この論文は、かなり分厚いページの本の中の短篇論文で、発表からしばらくの間、誰からも注目されることはありませんでした。

この論文が注目されるようになったのは、1998年、ポール・ホフマンによる論文が、アメリカの学術誌『サイエンス』に掲載されて以降です。カーシュビンクの仮説は、原生代後期（約7億〜6億年前）の氷河堆積物に伴うさまざまな地質学的特徴を統一的に説明できる、壮大なものでした。しかし、その壮大さに比べて、地質学的証拠の乏しさが、この仮説の正統性に疑問を投げかけていたのです。

ホフマンは、長らくカナダの地質調査所で、北極圏の地質調査に従事していました。その職場での環境が変わらなければ、彼は今も北極圏の地質調査をしていたでしょう。よくあることですが、職場の上司との衝突で、彼は、ハーバード大学に移りました。それが彼に、学術的な意味では、思いもかけない幸運をもたらしました。

彼は、北極圏での先カンブリア時代の地質調査を継続できず、新しい研究対象地域をアフリカに絞り込みます。新たに選んだ調査地は、ナミビア共和国です。ナミビアの最高峰ブランドバーグ山を北に行くと、先カンブリア時代の露頭が広がっています。これらの岩が形成されたのは約6億年前、ナミビアは広く浅い海の下に沈んでいました。砂岩、泥岩、ピンク・カーボネート、黒っぽい頁岩などから成る地層を、のちの時代に残しました。

ナミビアで彼が驚いたのは、どこに行っても、太古の時代の氷河堆積物の証拠が見られることでした。峡谷には、巨大な白い岩が埋まった、灰色のシルト岩が目に付きます。シルト岩は昔、海の中で長い時間をかけて細かな泥や砂が静かに堆積し、岩に変わったものです。巨岩は、海岸から何らかの媒体により運ばれてきたはずです。考えられるのは氷山です。

巨礫、ドロップストーン（少しあとに説明）と呼ばれるものは、氷山に運ばれ、氷山が融けたときに落ちたと考えられています。形もサイズも色もさまざまな石がシルト岩の中に閉じ込められていますが、巨礫と同じように、別のところから運ばれてきたに違いありません。いずれも、運ぶことのできる媒体は氷山です。ナミビア共和国の、原生代後期の地層の地質調査から、彼は、原生代後期の氷河期に関して、次々と新しい事実を発見することになります

驚くべき発見の一つは、氷河性のダイアミクタイトが2層存在し、そのどちらもが、炭酸塩岩石に覆われていたことです。このような炭酸塩岩石のことを、キャップカーボネートといいます。ダイアミクタイトというのは、さまざまなサイズの礫がたくさん含まれている地層のことです。地層の詳しい観察によって、氷河作用で形成されたと考えられる特徴を発見できれば、そのダイアミクタイトは氷河堆積物と考えられます。氷河作用によって形成された特徴とは、例えば、礫によってその下の堆積構造が歪められているような場合です。このような礫を、ドロップストーンといいます。あるいは、擦痕と呼ばれる、岩石表面に見られる直線的な擦り傷も、氷河作用の証拠と考えられます。

こうした地質構造は、地質学者にとっては極めて異常なことです。なぜなら、氷河堆積物は、普通なら極域で形成される堆積物です。一方、炭酸塩岩石は、普通なら熱帯域で形成される堆積物です。それらが連続的に堆積することは、常識的には考えられません。

この事実を説明しようと思ったら、これらが堆積した地域が、あるときは極域のように寒冷で、その直後に熱帯のような酷暑の気候に変わったと考えなくてはなりません。ナミビア共和国の位置が、あるとき突然、極域から赤道域に移動することはあり得ません。とすれば、赤道域が寒くなり、氷河堆積物が形成されるような気候になった。そして、あるとき突然、その気候状態が変わり、今度は酷暑の気候になったとしか考えられません。実は、それが、スノーボール・アース仮説というものなのです。

さらに、キャップカーボネートの炭素同位体比の測定から別の、驚くべき事実が浮かび上がりました。マイナス6パーミルという値が検出されたのです。パーミルというのは、100万分の1あたりという単位のことです。これは、炭素同位体比の負異常を表しています。詳細は省きますが、炭素同位体比の負異常は、一般に、生物の大絶滅を示唆しています。この時代、地表付近に大量に生存していたのはシアノバクテリアです。氷河時代の直後に、シアノバクテリアによる光合成活動がほぼ完全に停止、すなわち大量絶滅したとしなければ、説明できない数値なのです。

このほかにも、氷河堆積物に伴って、縞状鉄鉱床が形成されています。縞状鉄鉱床の形成は、ほぼ10億年ぶりのことです。これらの事実は、いずれも、スノーボール・アース仮説によってしか説明できません。その詳細を紹介する前に、22億年前の、もう一つのスノーボール・アースの証拠についても紹介します。

22億年前のスノーボール・アースの証拠の発見

南アフリカには、太古代から原生代前期にかけての地層が分布しています。その地層には氷河堆積物が含まれ、その下に洪水玄武岩が堆積しています。洪水玄武岩というのは、溶岩が、中央海嶺における溶岩噴出に匹敵する速度で数百万年間にわたり、ある特定の場所で集中的に噴出する現象です。洪水玄武岩の噴出は、通常の火山噴火とは異なり、マントルプリュームが地殻を突き破って生じる火山活動によるものです。

南アの洪水玄武岩の噴出は、約22億2200万年前に起こりました。このすぐ上に氷河性のドロップストーンがあることから、この氷河堆積物も、約22億2200万年前と考えられます。古地磁気測定から、この地層が形成されたときの緯度は約11度と推定でき、赤道まで凍り付く全球凍結であったことがわかります。

洪水玄武岩のすぐ上には、堆積性のマンガン鉱床があります。実に巨大な鉱床で、大陸棚の上に堆積し、厚さ50mに達し、面積は500㎢近くに及びます。これは、極めて珍しい鉱床です。このような鉱床が形成されたのは、地球史上初めてのことだからです。この鉱床は、大酸化イベントがいつ起きたのかについて、貴重な情報を提供してくれます。こうした鉱床は酸素を豊富に含む大気のもとでしか形成されないからです。この鉱床の形成年代は、22億2000万年前と求められています。すなわち、大気中に酸素がたまり始めたのは、この頃だったということになります。

鉱床には、酸素が存在しなければ見られないはずの硫黄同位体比の異常も、一切見つかっていません。また、岩屑性の黄鉄鉱や、閃ウラン鉱の粒子も含まれていません。前にも述べましたが、これらの粒子は非常に酸化されやすいため、大気に酸素が存在するか否かの判断の指標に使えます。酸素が存在しない時代には見つかりますが、酸素が存在した時代には発見されていません。実際、25億年前に形成された岩石からは、黄鉄鉱も閃ウラン鉱も豊富に確認されています。したがって、25億年前までは大気中に酸素が含まれていなかったと考えられています。

ここで、マンガンの堆積とある種のシアノバクテリアとの出現に関する面白い仮説を紹介しておきましょう。24億年前から22億年前にかけての時代の地層で、不思議なものが見つかっているのです。この時代の地層ですから、黄鉄鉱と閃ウラン鉱を含み、そしてもちろん、硫黄同位体比も異常な挙動を示しています。要するに、この堆積岩が堆積した当時、酸素が大気中には存在しなかったということです。ところが、この岩石からは、多量の酸化マンガンが確認されたのです。

この矛盾をどう考えたらいいのでしょうか。シアノバクテリアが酸素を放出する仕組みは、当時まだ発達していませんでした。しかし、そこに至る準備は進んでいたのではないか、と考えてみると、ヒントが得られます。酸素発生型の光合成では、マンガン原子4個とカルシウム原子1個が、5個の酸素原子でつながった、マンガンクラスターと呼ばれる物質の関与が必要であることが明らかにされています。

これらの物質を含むタンパク質の複合体がつくられるとき、マンガン原子は一度に1個ずつ複合体のなかに取り込まれます。還元マンガンを摂取するのは、光合成に必要な電子を得るためです。ただし、同じことを、硫化水素や有機炭素、還元的な第一鉄で行う原始的な光合成細菌はいくつも発見されていますが、還元マンガンを利用するものは、まだ発見されていません。

マンガンを用いて光合成をすれば、排泄物として大量の酸化マンガンが堆積物に吐き出されますが、酸素分子は放出されません。したがって、堆積性のマンガンが、岩屑性の黄鉄鉱や閃ウラン鉱の粒子と一緒に見つかっても不思議はないのです。

真核生物の登場

シアノバクテリアの誕生に並ぶ生物進化の画期：真核生物の誕生

好気的環境になると、酸素を呼吸に利用する生物が現れます。嫌気的呼吸から好気的呼吸への遷移は、環境中の酸素濃度が、現在の値の約１％を境に起こるといわれています。大気中の酸素濃度の増加は、原生代前期に起こった、生物進化の一大イベントを促したのではないかと考えられています。真核細胞という、新しい種類の細胞の出現です。

それまで地球を支配していたのは、原核生物でした。原核細胞を持つ生物のことです。生物の系統樹でいえば、真正細菌と古細菌という二つのドメインに属します。原核細胞は、細胞内にゲノムなどの分子がむき出しで存在している細胞です。一方、真核細胞は原核細胞より少し大きく、細胞内に、ＤＮＡ分子を納めた核や、小胞体など膜で覆われた組織、発電所的なミトコンドリア、光合成を進める葉緑体（クロロプラスト）などを持つような細胞です。これらの細胞内の特殊構造は、細胞小器官と呼ばれます。

真核生物の語源は、ギリシャ語の「本物の核」です。これらの細胞小器官の出現を、生命史で最大の事件と考える研究者も多くいます。なにしろ細胞が、自前のエネルギー発生源を備え、かつてない組織化と共同作業ができるようになったのですから。

真核生物の複雑な内部構造は、どのようにして生まれたのでしょうか。ヒントは、ミトコンドリアと葉緑体が握っています。どちらも固有の膜とDNAを持ち、独自に増殖します。どうやら、大きな細胞（微生物）が小さな細胞（微生物）を飲み込んだらしいのです。これは、5章でも紹介したように、微生物やウイルスの世界ではよくあることです、大きい細胞は、侵入者を消化せず、相棒にしました。生命の細胞内共生が始まったのです。

細胞内共生の発想は、今ではどの教科書にも載っていますが、最初に言いだした人は大変な反発を受けました。その一人に、女性生物学者リン・マーギュリスがいます。彼女が1967年に書いた論文原稿は、20回以上も突き返され、研究費の申請も却下され続けました。

批判の背後には、ある理由がありました。この考え方には、ダーウィンの進化論を脅かす側面があったのです。ダーウィンの進化論では、わずかな変異が積み重なり、個体の選別が進む結果、形質がゆっくり変わっていくと考えます。一方、共生進化説では、全く別の生物が合体して、新しい種を生むことになります。激しい論争が繰り広げられましたが、ミトコンドリアと葉緑体に独自のＤＮＡが見つかり、どちらも別の単細胞微生物であることがわかり、論争も決着しました。

それでも彼女は、遺伝情報の変化は遺伝子の変異ではなく、細胞間でのＤＮＡをやり取りする結果なのだと、主張し続けました。これは、最近の知見に基づけば、細胞間の、ウイルスを介した遺伝子の水平移動にほかなりません。どちらの主張にも根拠があるということです。

真核細胞を持つ生物のことを、真核生物といいます。真核生物とは、生物の系統樹のなかで、人類を含む動物、植物、菌類、原生生物などから成る生物のドメインです。したがって、真核細胞の出現は、その後の生物進化が起こるためには、なくてはならない進化のイベントといえます。地球が「地球」になるためには、シアノバクテリアの出現という第一の必要条件に続く、第二の必要条件です。

前述したように、真核細胞は古細菌に、真正細菌が細胞内共生して、誕生したと考えられています。ミトコンドリアの祖先は好気性細菌です。ミトコンドリアは、酸素で燃焼する内燃機関で食物をエネルギーに変換します。原核生物に比べて10万個も多くのタンパク質をつくれるようになり、したがって、より多くの酵素、ホルモン、その他の構造をつくれるようになりました。

約16億年前の真核生物（ここでは、単細胞の真核細胞から成る生物）の誕生を物語的に紹介すると、以下のようになります。原核生物は、細胞壁の狭い通路を通して分子を輸送することで「食べます」が、原核生物より10～20倍大きく、また伸縮性に優れた真核生物は、生物を丸ごと飲み込んで食べることができました。

十分な装備を持つ大きな真核生物の一つが、シアノバクテリアにぶつかりました。捕食者は、餌を飲み込むように細胞膜を窪ませます。窪みは、餌を包み込みながら袋になり、さらに袋が閉じて、細胞膜から切り離されます。これは、単細胞の真核生物が通常行う捕食の方法です。

こうしてシアノバクテリアは、捕食者の細胞内の、細胞膜の一部から形成された泡のような液胞中に取り込まれました。これは、シアノバクテリアにとって死を意味します。真核生物の消化の役割を担う小器官であるリソソームが、液胞に結合して、その内容物を完全に分解するのが普通です。しかし、このときは、どうしてか、犠牲者は分解を免れました。シアノバクテリアは、捕食者だったはずの真核生物の内部に棲みつくことになったのです。自身の細胞膜の内部に無傷のまま存在し、真核生物からの贈り物である第二の膜に包まれて、生き延びたのです。

捕食者は家主になり、被害者は借り手になりました。シアノバクテリアは、真核生物の細胞壁を通過してきた日光を使って糖をつくり続け、糖の一部は宿主に漏れ出します。これが家賃です。

新しい家はシアノバクテリアにとって居心地のいいものだったので、繁殖を続けました。そして真核生物が繁殖するとき、子孫は、借家人ごと家を買うように、カプセルに包まれたシアノバクテリアを受け継ぐことになったのです。

時間の経過とともに、シアノバクテリアの遺伝子のいくつかは、宿主の核に移りました。これは、生存にとって必然的な過程です。DNAの複製には時間とエネルギーが必要で、重複した遺伝子を排除した真核生物は、より速く、より効率的に増幅することができるからです。

最終的に、シアノバクテリアは遺伝子の多く、約90%を失い、もはや独立して機能できなくなりました。シアノバクテリアはこのようにして、葉緑体、すなわち光合成を行う緑色の、円盤状の細胞小器官になったのです。これらの真核生物は、太陽のエネルギーで自身を養う独立栄養生物になり、従属栄養生物であることをやめました。彼らは、こうして、微細藻類に進化したのです。

微細藻類はこの時期に、紅藻（紅色植物）と緑藻（緑色植物）という、二つの主要な系統に分かれました。3番目の主要なグループである褐藻は、紅藻と緑藻が融合した可能性があり、ずっとあとに進化したと考えられます。

微細藻類は、シアノバクテリアよりもはるかに洗練され、強力で順応性があり、海洋の生物の主役になってもおかしくありませんでした。多くの利点を持っているにもかかわらず、その後10億年にわたって、繁栄することはありませんでした。退屈な10億年として知られる、約18億年前から8億年前にかけて、単純で小さなシアノバクテリアが、原生代の海を支配し続けました。

その理由の一つは、微細藻類がニトロゲナーゼ[23]をつくれず、窒素を固定できなかったことが挙げられます。すなわち、微細藻類は、すでに固定された窒素を水中に探さなければならなかったのです。退屈な10億年の間、窒素化合物の供給は不足していました。

固定窒素だけではありません。リンやその他のミネラル化合物も、ひどく不足していました。シアノバクテリアに比べ大型の微細藻類は、周囲の水が供給できるよりもはるかに大量の栄養素を必要とするからです。今日でも、海洋の栄養の乏しい水域は、シアノバクテリアに支配されています。利点を多く持っているにもかかわらず、微細藻類にとって生活は容易ではなく、浅い水域で細々と暮らすだけの存在でした。依然として、世界は原核生物に支配され、生命は大きく飛躍することはありませんでした。

真核生物は、細胞内にミトコンドリアがあるために、酸素呼吸を行うことができます。また、細胞膜にはステロール[24]という分子が使われています。この分子をつくる際にも、酸素が使われます。このためには、周囲の環境に、現在の酸素濃度の1～10％程度の酸素が必要とされます。したがって、環境中へ酸素が蓄積することが、真核生物の出現と深く関係すると考えられます。

真核生物がいつ出現したのかについては、まだよくわかっていません。最古の真核生物の化石（グリパニア）と考えられている化石は19億年前のもので、アメリカ・ミシガン州ネゴーニー鉄鉱床から発見されています。

退屈な10億年

真核生物の誕生後、多細胞動物の最初の共通祖先が現れるまでの時代は、退屈な10億年と呼ばれています。生物学的に見て大きな変化が、ほとんど起きていないからです。最近の研究で、この10億年がそれほど退屈でないことが明らかになりつつありますが、今から10億年以上前には動物が存在しなかったことも事実です。とにかく、23億年前に大酸化イベントをもたらした単細胞

23 ニトロゲナーゼ……窒素固定を行う細菌が持っている酵素。大気中の窒素をアンモニアに変換する反応を触媒する。
24 ステロール……ステロイドのサブグループの一つであり、別名ステロイドアルコール。

生物と、長い年月を経て現れたもっと大きな多細胞動物との間には、中間的な形態が全く存在しないのです。

退屈な10億年が始まったのは、史上初めて、大気中に高濃度の酸素が存在した時期です。20億年前の時点では、すでに、生命の一大革命が起きていました。私たちと同じように、核のある大きな細胞を持った、真核生物の登場です。真核生物も、そのままの段階にとどまっていたわけではありません。微細藻類は誕生後進化しなかったことを紹介しましたが、現存する生物でいえば、アメーバ、ゾウリムシ、ミドリムシなど、原生動物は多様に進化しています。

ここで、動物と、後生動物と、原生動物の違いを簡単に説明しておきましょう。3つはいずれも真核生物です。動物と後生動物は同じで、どちらも、受精卵のとき以外は、複数の細胞で形がつくられています。原生動物の多くは、動くことができる上に、比較的複雑な振る舞いをするので、動物のように見えます。ただし、どれもたった1個の細胞でできているところが大きな違いです。

退屈な10億年の原因の可能性を述べておきましょう。酸素の濃度です。22億年前から10億年前まで、動物の生命活動を支えられるほどの酸素は多分なかった、というのが、さまざまな専門家の一致した意見です。動物が生きるためには、大気中に少なくとも10％の酸素を必要とします。どういうわけか、光合成生物は、十分に仕事をしていなかったということになります。

光合成生物は、どうして十分な仕事をしていなかったのでしょう。その理由は、ある元素にあります。硫黄です。具体的には、毒性が強いと同時に、光合成生命を生むもとであった、硫化水素です。ハーバード大学の古生物学者アンディ・ノールは、２００９年の論文で、退屈な10億年の間に酸素濃度が高まらなかった理由について、ある仮説を提案しています。

この期間、どんなに単純な生物でも、分子や化学物質の視点から見れば複雑ですが、私たちが複雑と呼ぶような生物は存在しませんでした。理由は、硫黄を利用する単細胞生物が多すぎるほどにいて、酸素を放出する生物と競い合っていたからです。空間と栄養分という、生命に欠かせない資源を求めて、全く異なる2種類の生物がしのぎを削っていたのです。

退屈な10億年の大半を通じて海は、層構造を成していました。最上部の薄い層にのみ酸素が存在したのです。透明な表層水では、単細胞の緑藻類が太陽光を受け、そのエネルギーを使って細胞を成長させながら、酸素を吐き出し続けていました。こうした層構造は、数は少ないものの、現在の地球にも残っています。なかでも有名なのが、ミクロネシアのパラオ諸島にある「クラゲの湖」です。その上層には酸素濃度の高い層があり、大型のクラゲが群れていますが、はるか下には、暗く深い第二の層が広がり、硫化水素が充満しています。

原生代の海も、最上層のわずか3～6m下には、全く異なる層が広がり、海底にまで達していました。その層には、無数の紅色硫黄細菌[25]が棲息していました。この細菌が住む世界は、ほとんどの海洋生物にとって致命的な、毒性を持つ硫化水素が充満していたのです。硫黄細菌は、死んだあとも、腐敗することで酸素の消費に手を貸します。

光合成する硫黄細菌と、酸素を吐き出す光合成微生物とのバランスは、次第に後者に有利に働くようになります。そのきっかけは、地表に露出した大陸の面積が徐々に広がったことにあります。大陸から浸食された鉄が海に流れ込み、それが硫黄と反応して、重く硬い黄鉄鉱として沈殿し、地表環境から硫黄が隔離されたのです。必須の元素を一つ失っては、硫黄細菌も生きてはいけません。

加えて、大陸の風化と浸食によって粘土鉱物が形成されると、有機物と結合し、有機物を堆積中に埋没させます。何者かに食べられる前に有機炭素が埋もれると、光合成でつくられた酸素は、その分周囲に残り、酸素濃度を上昇させ、硫化水素を消滅させます。

原生代後期の二度目のスノーボール・アース後は、氷が融けてから、藻類の爆発的な増殖が誘発されたようです。それが酸素濃度をさらに押し上げ、地球の環境はある種の転換点を迎えます。

6億3500万年前に最後のスノーボール・アース現象が終わったあとに、大きな動物が存在していたらしい、初めての痕跡が現れました。

退屈な10億年といわれますが、その間も生物は存在していました。地球で最長に存在する生物といえば、ストロマトライトです。微生物も初めて登場したときと同様に、まだ勢力を保っていました。ところが22億年くらい前になると、新たに奇妙な形態の生物が現れます。黒く細いらせん状の紐のような姿をしていて、肉眼でも確実に見ることができます。この生物はグリパニアと呼ばれています。グリパニアの誕生は、生命が新たな一歩を踏み出したことを示しています。複数の細胞が膜組織で結合されて、コロニーとして生きることができるようになったのです。つまり、最古の多細胞生物とでもいえるような生物です。ただし、グリパニアは、原核細胞（おそらくは細菌）のコロニーです。

しかし、2010年にアフリカのガボンで、立て続けに奇妙な化石が発見されました。この新発見の化石は、あまりに大きく、あまりに複雑で、グリパニアとは異なります。ただしそれは、最古の動物というわけではありません。本当の意味での最古の動物は、グリパニアや同類より、

25 **紅色硫黄細菌**……嫌気性の光合成細菌で、光のエネルギーを利用し硫化水素を酸化して単体の硫黄にし、二酸化炭素を固定する。

はるかにあとの時代に現れます。最後のスノーボール・アースよりかなり前の時代からは、動物の化石は見つかっていません。

ここで、多細胞生物についてまとめておきましょう。原核生物ですが、多細胞構造を持つものは、多数存在します。そうした複数の細胞を持つ生命の登場が、20億年以上前に遡るのも事実です。ただし、多細胞構造の原核生物は、同じ細胞のみからできているので、動物と混同されるようなものではありません。細胞性粘菌[26]は多細胞であるし、ある種のシアノバクテリアや、走磁性細菌[27]の一群もそうです。しかし、これらは進化の袋小路であって、それから先へは行きませんでした。

もっと複雑なのは、多細胞植物です。といっても、外見は緑藻類や紅藻類に非常に近いものだったでしょう。どちらも、海岸の潮間帯や、日光の届く海中でよく見かけるものです。本物の動物の化石が豊富に見つかるのは、約6億年前の地層からです。この頃の岩石には、最初の生痕化石が確認されています。

20億年前から10億年前までの間、地球の微化石は単純な形態のまま、ゆっくりと変遷してきました。微化石のもととなった生物は、原核生物と、小さな単細胞の真核生物（現存する原生動物のようなもの）の両方でした。ところが、10億年前になると、奇妙なことが起こります。それまで簡素だった微化石に、装飾が現れ始めたのです。表面を覆うトゲの数が10億年前から増加し始め、顕生代のカンブリア紀直前までその傾向が続きました。トゲを持つ微化石は、約6億3500万年前の、最後のスノーボール・アースが終わった直後にもその数と種類を増しましたが、5億6000万年前には完全に姿を消します。

10億年前の浅い海の底を、想像逞しく思い浮かべてみましょう。ケルプ（大型の褐藻）のような植物と、緑藻が海底に揺れています。日光の届く海底は、虹色に輝く微生物のマットによって、柔らかなシフォン生地のように、覆いつくされています。そのマットから突き出て、上に向かって伸びているのが、大小さまざまなストロマトライトです。水の中は、単細胞から多細胞まで生命に満ちあふれていますが、動物の姿はどこを探しても見当たりません。

10億年前からカンブリア爆発の起こる約5億4000万年前にかけて、原生代の最後の時代には、大きな環境の変化がありました。7億1700万年前頃のことですが、原生代初期と同じよ

26 細胞性粘菌……土壌の表層部に広く存在する生物で、原生生物（藻、アメーバ）の一種として分類される。

27 走磁性細菌……地磁気に沿って鞭毛で移動する磁性細菌（磁力に反応して移動を行う細菌を磁性細菌と呼ぶ）。

うに、地球が寒冷化したのです。それと時期を同じくして、動物の唐突な出現が起こりました。合理的に考えれば、この二つのイベントは相互に関係しているはずです。

二度目のスノーボール・アース現象

7億1700万年前から6億3500万年前にかけて、地球は二度にわたって全球が凍結しました。この一連のスノーボール・アース現象が起きたのは、原生代最後の、新原生代と呼ばれる地質時代、さらにクライオジェニアン紀と細分化される時代のことです。すでに紹介したように、ポール・ホフマンがこの時代に起きたスノーボール・アースについて、その地質学的詳細を明らかにし、スノーボール・アースという現象が広く世に知られるようになりました。

クライオジェニアン紀に二度起きたスノーボール・アース現象のせいで、海における有機物の生産量は激減しました。海面の氷が日光を遮ってしまうからです。これは、原生代初期と、末期のスノーボール・アース現象の、両方についていえることですが、全球が凍結して、その後の超温室効果が終われば、その激しい環境変化を生き延びて進化できる生物は、非常に限定されます。

現生生物の多くは、環境ストレスにさらされると、自らのゲノムを大幅に再構成してストレスに対応することが知られています。スノーボール・アースの、環境ストレスによるゲノム変化が生物の進化にどのような意味を持つのかは、分子生物学における注目の研究テーマです。いずれにせよ、全球凍結が終わった直後には、凍結前よりも、複雑な生物の多様な化石が現れるのは事実です。スノーボール・アースが引き金となって、生命の複雑さと多様性が著しく増した、という仮説を裏付ける証拠は、数多く見つけることができます。

スノーボール・アース現象をめぐる大きな謎の一つが、その原因です。一度目のスノーボール・アースが、生命自体によって引き起こされた可能性については、すでに紹介しました。酸素発生型光合成が始まったせいで、メタンや二酸化炭素などの温室効果ガスが急速に消費された結果だというものです。それから10億年以上経って起こったスノーボール・アース現象では、全く別の理由が考えられます。

一つは、当時の大陸の、大陸プレートの動きです。二度目の全球凍結が起きたのは、ロディニア超大陸が分裂を始めてから４０００万年ほどあとのことです。超大陸では、陸地の大部分が海から遠く離れるため、乾燥した気候になります。逆に、超大陸がバラバラに分裂すると、かつての乾燥気候が海洋性気候に取って代わられ、化学的風化作用が激しくなります。ケイ酸塩鉱物が[28]化学的に風化されると、大気中の二酸化炭素が急激に低下し、気温も下がります。これが、二度目の全球凍結の原因ではないか、というのが第一の可能性です。

第二の可能性として考えられるのは、新種の植物が短期間で急速に数を増やして、地球全体に分布したのではないかというものです。その光合成によって、二酸化炭素が激減した可能性があるというのです。実際、最新の研究によると、最初の陸上植物は、およそ7億5000万年前に現れています。植物といってもまだ単細胞ですが、広大な領域に広がったとしても、おかしくはありません。

7億5000万年前から6億年前にかけて、生物はどんな状況にあったのでしょうか。当時の海には、現代の海岸でも見られるケルプや藻類（緑藻や紅藻）といった多細胞植物が、すでに存在したはずです。しかし大半は、単細胞の現生生物（すべて真核生物）か、あるいは海岸近くに棲息するストロマトライトや、シアノバクテリアとして存在する細菌のマットか、あるいは海に棲む膨大な量の単細胞光合成微生物だったでしょう。陸上でも、細菌マットのように単細胞ではありますが、海中よりさらに複雑な光合成生物の集合体が、淡水や湿った地面に進出していた可能性があります。

そこに全球凍結が起こったとしたら、植物性バイオマスが[29]、一気に減少したのは間違いありません。海面を厚さ1000mの氷が覆ったら、海中に届く日光は大幅に少なくなります。日光が失われるのと同じくらい深刻なのが、海に流れ込む重要な栄養素が激減することです。陸地が雪と氷に閉ざされれば、化学的風化作用は穏やかになるからです。栄養素が摂取できなくなれば、海の生産性は落ち込み、個体の死のみならず、種全体の大量絶滅も当然起こったでしょう。

当時、海全体が氷に閉ざされていたとはいえ、地球の火山活動は、今よりはるかに活発でした。温泉や間欠泉は数多くあり、海洋における活発な火山活動で、部分的に氷が融けて、温かい水のたまった領域もできていたでしょう。ダーウィンの温かい水たまりのようなものです。こうした水たまりは、凍った海と氷山で周りを囲まれ、孤立した状態で世界中に点在したいたはずです。この状況は、生物の進化を考えると、ある意味、理想的な状況です。進化が最も強く作用するのは、こうした孤立した小規模な集団に対してだからです。

このような小さな隠れ家は、進化を育む格好の場で、いわゆる、ボトルネック効果が働きます。ボトルネック効果というのは、個体数の少ない集団が孤立している場合、遺伝子の数が少ないた

28 **ケイ酸塩鉱物**……二酸化ケイ素と金属酸化物の塩より成る鉱物の総称で、造岩鉱物の大部分はケイ酸塩鉱物である。地球のマントルや地殻は主にケイ酸塩によって構成されており、他の地球型惑星についても同様である。

29 **バイオマス**……生態学で、特定の時点においてある空間に存在する生物（バイオ）の量を、物質（マス）の量として表現したもの。

め、短期間で進化を遂げる現象が起こることです。こうして、単細胞の真核生物だった小型の原生生物が、多種多様な後生動物へと進化を遂げた可能性が指摘されています。

地球が最後のスノーボール・アースを脱したのは、約6億3500万年前のことです。この頃の海を想像してみましょう。ほとんどは、単細胞ですがアメーバやゾウリムシの類の原生動物で、なかには、多細胞のボルボックス[30]や、単細胞のミドリムシといった、半分植物で半分動物のような生物もいたでしょう。海岸や海底には、緑藻や紅藻などの海藻類が見られます。これが、最初の動物が現れる直前の舞台です。最後のスノーボール・アースが終わってから、明らかに動物と呼べる最初の生物が現れるまでの時期は、エディアカラ紀と呼ばれています。

原生代最後の時代

原生代は、地質年代区分としては、古原生代、中原生代、新原生代と細分化されます。新原生代の最後の時代が、エディアカラ紀と呼ばれる時代です。オーストラリアのアデレードで、第二次大戦後に古生物学上の大発見がありました。アデレードから内陸に入った丘陵地帯で、最古とされる、比較的大型の動物化石が発見されたのです。エディアカラ生物群と呼ばれる化石です。

エディアカラ生物群の一つ、ディッキンソニア　Verisimilus

エディアカラ生物群の化石は、現存する生物の化石とは、およそかけ離れたさまざまな形をしています。かつては、南オーストラリアのエディアカラ丘陵のものしか知られていませんでした。しかし今では、この謎めいた化石は、世界のいくつもの場所から見つかっています。エディアカラ丘陵は、カナダのバージェス頁岩や、ドイツのゾルンホーフェン石灰岩、さらには、アメリカのヘルクリーク累層と並んで、世界で最も有名な化石産地の一つといわれています。この丘陵の地層は、5億6000万年前から5億4000万年にかけての時代のもので、

30 **ボルボックス**……群体を形成する緑藻の一種であり、ボルボックス属に属する生物種の総称である。和名はオオヒゲマワリという。

そこから見つかる化石が、現時点での最古の動物の体化石である、というのが大方の古生物学者の一致した見解です。

発見当時、年代は不詳でした。また、当時、カンブリア紀であるかどうかを見定める指標として用いられていたのは、典型的なカンブリア化石である三葉虫でした。現在は、別の指標が用いられています。その後、エディアカラ生物群のほうが間違いなく、それより古いことが示されました。エディアカラの化石は、現存する動物とは明らかに異なります。同じ体制（体のつくり）を持つ動物はすでに存在せず、子孫も知られていないと、20世紀後半には考えられていました。

しかし、その謎の最たるものは、体制ではなく、その化石が見つかる岩石にありました。そもそも、生物の体に硬い部分がなければ、化石として残ることは普通にはあり得ません。まれに化石になるとすれば、非常にきめの細かい、泥岩や頁岩が普通です。つまり、流れのない穏やかな、水の底に積もった堆積岩ということです。最初の頃見つかったエディアカラの化石は、クラゲを押し当てた跡のようなものでした。明らかに骨格を持たないにもかかわらず、泥岩や頁岩ではなく、砂岩に保存されていたのです。

砂粒が堆積するのは、比較的エネルギーの高い場所です。化石の保存環境としては適していません。ただし、微生物の薄いシートで浅い海底が覆われていたとすれば、砂の粒子がその場にとどまることができます。植物食動物の誕生で今は姿を消した、そのような微生物のマットが当時の浅水域を覆っていたとすれば、可能だったと考えられます。

今日、エディアカラ生物群は、6つの大陸の約30か所で確認され、70種に分類されています。エディアカラ生物群が進化して多様性が最大限に達したのは、およそ5億7500万年前のことでした。このイベントはアバロン爆発と呼ばれ、全球凍結が終わったあと、5000万年もの間、続きました。この生物群集全体はその後も繁栄したと考えられますが、5億5000万年前から5億4000万年前になると、突然姿を消します。その時期は、動物の移動の跡が生痕化石[31]として初めて確認される時代と同時期です。地球上に最初の動物がいきなり現れたように、多様で数も多かった生物群が、いわゆるカンブリア爆発の過程でいなくなってしまったのです。

確実にいえることは、約6億3500万年前から5億5000万年前にかけて、全く新しい分類の生物が出現していた、ということです。体腔に水分をためて、それを水力学的骨格に利用する生物や、筋肉、神経、特殊化した感覚細胞、生殖細胞、結合組織細胞を備え、硬い骨格になる物質を分泌できる能力を持った生物などです。動物かそうでないかは別にして、骨格（ただし石

31 **生痕化石**……生物そのものではなく、生物の活動の痕跡が地層中に残されたものを指す。

化していない）を発達させたのは、エディアカラ生物群が最初です。

骨格があれば、そこに筋肉がつくことができます。筋肉がつけば移動が可能になり、移動することによって新たな必要性が生まれ、それが原動力になって、さらに複雑に体が進化します。例えば、動くことができるようになれば、食料や交尾相手を見つけたり、捕食者を避けたりするために、感覚情報を必要とするようになります。感覚情報を得るには、それを処理する脳がなくてはなりません。こうした種々の器官の発達は、すべて絡み合っていて、真核細胞を持つ後生動物による革命ともいえるものです。


現存する複雑な生命のすべての共通祖先は、どのようにして誕生したのでしょうか。想像するに、それは、おそらく小型で、比較的数の少ない細胞で構成されていたでしょう。内部には細胞壁がなく、外側は上皮で覆われて、外界の物質を通さないようになっていたはずです。内側の体腔はコラーゲンで満たされ、生物に硬さを与えていたでしょう。体の大きさと複雑さを増せるような、遺伝子の道具箱も持っていたはずです。

適応放散[32]が最も起こりやすいのは、大型で、特定の生態系に適応できるよう特殊化し、有性生殖を行うことのできる、多細胞の真核生物です。結果的に、這うもの、のたくるもの、泳ぐもの、歩くもの、固着性のものといった、動物の多様性が生み出されたと考えられます。

前に話したトゲ付きの微化石が現れるのとほぼ同じ頃、動物の世界に革命的変化が起こりました。左右相称の体制を持つ動物が登場したのです。この結果、移動能力は格段に向上しました。左右相称動物というのは、前と後ろがはっきりしていて、前後に長い管のような体を持ち、その軸に対して体内の器官が、おおむね左右対称に配置されています。

遺伝子研究からは、左右相称生物が生息していたのは、6億6000万年前から5億7000万年前頃にかけてと推測されます。21世紀初め、中国のドゥシャンツァオで、左右相称動物の化石が見つかりました。ほぼ6億年前のもので、ベルナニマルキュラと名がつけられています。移動できる動物の誕生によって、地層の堆積の仕方が変わりました。動物が誕生する以前、生物による地層の擾乱《じょうらん》はありませんでした。20世紀後半になって、生物擾乱[33]というイベントは、カンブリア紀の農耕革命と称されるようになりました。

原生代末期には、世界が動物を迎える準備を整えていました。最後のスノーボール・アース現象が終わったあと、動物は態勢を整えていたものの、唯一足りないのが酸素でした。酸素濃度が

32 **適応放散**……生物の進化に見られる現象の一つ。単一の祖先から多様な形質の子孫が出現することを指す。
33 **生物擾乱**……地層の堆積後に存在していた生物の活動によって堆積構造が破壊されること。

低すぎたのです。5億5000万年くらい前になると状況が変わり、酸素濃度が上昇しました。酸素濃度を永続的に高めるには、石灰岩として埋もれる有機炭素ではなく、堆積物に埋没する有機炭素の割合を増やす必要があります。有機炭素の大部分は、大陸から浸食された粘土によって隔離されます。そのため、海、特に生産性の最も高い熱帯の海への粘土の流入量が増えれば、大気中の酸素濃度の上昇に寄与します。

この酸素濃度の上昇には、どうやら、極移動が絡んでいるようです。地球の自転軸が短期間のうちに移動することを、真の極移動と呼びます。今から8億年くらい前、炭素循環に段階的な変化が生じました。堆積物に埋もれる有機炭素の量が急落したのです。その変化の終了した時期が、地球の自転軸が短期間のうちに2回にわたって60度移動した時期と重なることが明らかにされています。

真の極移動が起こると、固体地球全体が急激に動きます。内核とマントルに挟まれた液体金属の層まで含まれます。この2回の極移動を通じて、ロディニア超大陸の大部分が、赤道付近から中緯度地方にいったん移動し、再び元に戻りました。それに伴い、炭素の埋没と酸素生成の両方が同時に変化しました。

多細胞生物の登場

カンブリア爆発

エディアカラ紀は、最後のスノーボール・アースが終わって、明らかに動物と呼べる最初の生物が現れるまでの時期にあたります。比較的大型の生物が捕食者のいない世界で暮らした、最後の時代といわれています。しかし、それは、私たちにつながる動物ではありませんでした。

私たちにつながる動物が登場したのは、5億4000万年前です。化石記録に動物が登場する重要なイベントで、カンブリア爆発と呼ばれています。古生物学者にとってカンブリア爆発とは、化石に残るほどの大型の、動物の主要な門のほとんどが、最初に誕生したことを意味します。分子遺伝学的に、生命が進化して、初めて動物になったことが確認されています。

カンブリア爆発に関する証拠は、化石からもたらされました。動物の化石が地層中に現れるパターンには、4つの時代が確認されています。

最初の時代は、およそ5億7500万年前、前にも紹介したアバロン爆発です。アバロンとは、カナダ東部のニューファンドランド島にある地名ですが、そこのエディアカラ紀の地層から、動物の最古の化石群が発見されています。

第二の時代は、エディアカラ生物群が姿を消した時期で、これがカンブリア爆発の最初のイベントです。エディアカラ生物群の消滅と同時に、化石ではありませんが、動物の活動の痕跡が、その頃の地層に現れます。小さな蠕虫のようなものだったろう、と考えられています。古いものは、5億6000万年前に遡りますが、ほとんどは5億5000万年前のものです。

第三の時代は、骨格の登場で特徴付けられます。5億5000万年前より少し新しい地層の中に、おびただしい数の微細な骨格要素が現れます。それらは小さなトゲやウロコですが、炭酸カルシウムでできています。動物の体表を、タイルのように覆っていたのでしょう。最後の第四の時代はもっと大型の化石で、三葉虫や、二枚貝のような腕足動物、トゲを持つ棘皮動物、さらには、巻貝に似た多種多様な軟体動物などです。それらすべてが、5億3000万年前より新しい地層に含まれます。

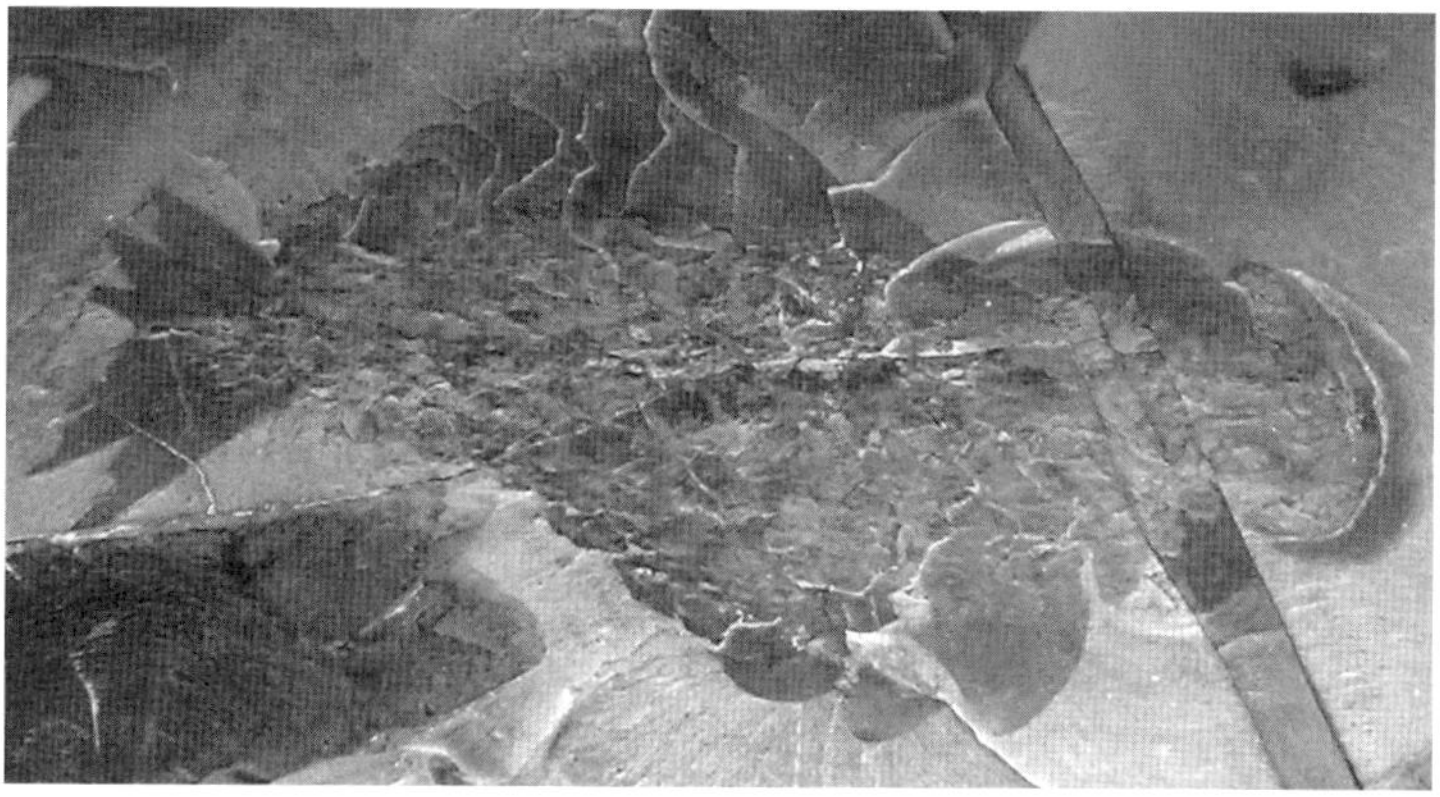

バージェス頁岩（カナダ）で発見されたアノマロカリスの全身化石　Keith Schengili-Roberts

カンブリア爆発を記録した化石産地としては、中国のチェンジャン地方、カナダのバージェス頁岩が有名です。どちらも、骨格だけでなく軟組織も保存されているため、どんな動物がどのくらい棲息していたかが、かなり正確に把握できます。チェンジャンの地層は、5億2000万年前から5億1500万年前にかけて堆積しているのに対し、バージェス頁岩はそれより古く、およそ1000万年の時を隔てているので、両者を比較することで、動物がどのように多様化していったかをたどることができます。

ダーウィンの時代には、第一から第三までの地質記録は発見されていませんでした。その頃は、カンブリア紀の始まりは堆積層に最初の三葉虫が確認できる時期とされていました。最新の年代測定によると、最初の複雑な化石、すなわち、最古の生痕化石後に現れた微細な骨格の化石が登場する時期は、5億4000万年くらい前と特定されています。最初の三葉虫が出現するのは、その2000万年ほどあとでした。現在では、カンブリア紀は5億4200万年前から4億9500万年前にかけての時代、と特定されています。

動物門の、圧倒的多数が初めて登場するのは、5億3000万年前から5億2000万年前にかけての、比較的短い期間です。これが、生命の歴史全体において3番目か4番目に重要なイベントであるというのが、あらゆる専門家の一致した見解です。これを超えるものは、最初に生命が誕生したこと、シアノバクテリアの誕生したこと、そして、真核生物の誕生しかありません。

カンブリア爆発の起こった頃の環境はいかなるものだったでしょうか。大気中の酸素濃度は、当初は13%くらいだったと推測されています。ところが、そのあとすぐに上昇し、現在と変わらない酸素濃度に達したと推定されています。この酸素濃度の上昇が、カンブリア爆発の要因です。

二酸化炭素の濃度は、現代に比べ、数百倍にも達していました。その温室効果は大きく、太陽エネルギーが今より5%低かったとしても、地表の温度は高かったはずです。カンブリア爆発の終わる頃には二酸化炭素濃度が減少したとはいえ、動物が誕生してからの時代のなかでも、気温は高かったでしょう。高温の状態では酸素が海水に溶けにくくなるため、海の酸素欠乏状態は深刻だったはずです。

カンブリア紀に繁栄した動物

動物の化石が突如出現することは、ダーウィンより前の時代から知られていました。イギリスのアダム・セジウィックは、カンブリア紀を定義した人物です。彼は、三葉虫の化石が最初に見つかる地層より上を、カンブリア紀と定めました。地質学では、何らかの化石が最初に現れた地層を底部とし、化石の絶滅か、異なる種が新たに登場することをもって、その最上部とします。カンブリア紀の場合、歴史的には、イギリスのウエールズ地方にあるカンブリア系と呼ばれる地層区分がそれにあたります。

一見すると、化石が存在しない堆積岩の上に、非常に目立つ化石を豊富に含む岩石が重なっていることに、セジウィックは気付きました。化石でいちばん多かったのが、三葉虫です。この発見は、ダーウィンを悩ませました。三葉虫は節足類なので、高度に進化した複雑な動物です。自らが提唱したばかりの進化論とは、食い違うように思えたからです。

特定の地質年代を象徴する化石はいろいろありますが、三葉虫もその一つです。三葉虫は、地球の歴史の早い段階から海の棲息環境を支配していましたが、具体的にどのくらい早かったのか、最近まで知られていませんでした。ダーウィンの時代には、三葉虫が最古の動物と考えられていました。

最古の動物にしては、その構造は複雑です。3つの体節に分かれ、複眼と多数の脚を備えた構造を持ち、しかも大きいのです。最初期の三葉虫には、体長が約60㎝にも達するものがあります。最古の動物のあるべき姿とはとても思えません。その後、前にも紹介したように、カンブリア爆発においては、動物の化石が現れるパターンには4つの波が確認されました。三葉虫は第四の波に相当し、三葉虫の登場までに、何段階かの動物の進化があったのです。

その後、カンブリア系の地層は世界各地で見つかり、なかでも豊富な化石が発見されているのが、カナダのバージェス頁岩です。バージェス頁岩に残された動物の化石は150種類に達しますが、その半数近くが節足動物[34]か、それに似た動物です。個体数で比べると、その優位性は群を抜きます。節足動物の個体数は化石数の9割以上に達し、次がカイメン動物、腕足《わんそく》動物[35]です。

節足動物は、無脊椎動物としては極めて複雑な構造を持っています。にもかかわらず、最も初期の動物化石のなかに、数多く存在します。そのことは、化石に残された節足動物の登場の前に、長い進化の歴史があったことを示唆します。

バージェスの地で、最もありふれた化石は三葉虫です。三葉虫と、それより数は少ないものの、実に多様な節足動物が、バージェス化石群の圧倒的多数を占めています。節足動物は、個体数においても、種の数においても、また体制の種類の数においても、圧倒的です。体制の種類は、異質性という尺度で測られます。それに対して、多様性は、分類群の数で測られます。

地球上の生物のなかで、最も多様性が進んでいるのは、体節を持つものです。体節は、動物の歴史の早い時期に現れ、それが初期の動物化石の、最も一般的な特徴といえます。それは、三葉虫の化石から見て取れます。なお、節足動物は外骨格に包まれているため、酸素を体のどの部分からも、受動的拡散によって酸素を取り込むことができません。酸素を摂取するために、最初の節足動物は、呼吸に特化した構造かエラを発達させるしかありませんでした。

34 **節足動物**……昆虫・甲殻類・クモ・ムカデなど、外骨格と関節を持つ動物を含んだ分類群。

35 **腕足動物**……2枚の殻を持つ海産の底生無脊椎動物。一見して二枚貝に似るが、体制は大きく異なり、貝類を含む軟体動物門ではなく、独立の腕足動物門に分類される。

進化はいかにして起こるのか

進化生物学において最大の問題とは、新奇性がどのようにして生まれるかということです。進化においては、それまで全く見られなかった形質が、比較的短期間で獲得されることがあります。翼や脚の登場、節足動物の体節制、あるいは、カンブリア爆発の特徴である体の大型化といった、飛躍的な進化です。これを、いくつもの突然変異が一斉に起きて、生物を根本的に変えたという、ダーウィンの進化論で説明するのは無理があります。

ショーン・キャロルは、進化における劇的な変化をうまく説明する4つのポイントを、新たな切り口から挙げています。まず、すでにあるものを利用するということです。新しいものを生み出すのに、新品の装置や道具でつくる必要はないということです。次に、多機能性です。すでに存在する形態や構造、または生理機能を使って、本来のものに加えて新たな機能を持たせることです。

そして3つ目は、反復性です。反復性とは、何かの構造が複数の部分で構成されていて、それによって完全な機能を果たしている場合、その一つの部分に新しい仕事を与え、残りの部分が従来どおりに働き続けるということです。そうすれば、全く新しい機能を一からつくり出すより、はるかに簡単に革新への道が開けます。その例が、頭足類[36]の泳ぎと呼吸に見られます。

4つ目は、モジュール性[37]です。節足動物はもちろんですが、私たち脊椎動物も、程度の差こそあれ、体が体節に分かれています。そういう意味で、すでにモジュール性を持っているといえます。節足動物の体節からは付属肢《ふぞくし》[38]が伸びていて、それが信じがたいほどに改造されて、摂食、交尾、移動などいろいろな機能に適した構造になっています。それは、脊椎動物にも当てはまります。例えば指です。当初、原始的だった指が、陸を歩いたり、水中を泳いだり、空を飛んだりというように、実に多彩な作業ができるまでに変化しました。

こうした根底に、遺伝子スイッチのシステムがあります。そのスイッチが位置しているのは、発達中の胚の中で、のちに、節足動物や脊椎動物のさまざまな付属肢になる部分と同じ場所です。スイッチは、それぞれの構造がいつどこで成長すればいいかを、体の各所に指示しています。

36 頭足類……軟体動物門頭足綱に属する動物の総称。イカ、タコ、オウムガイ、コウモリダコや絶滅したアンモナイトなどが含まれる。
37 モジュール性……工学などにおける設計上の概念。いくつかの部品的機能を集め、まとまりのある機能を持つこと。
38 付属肢……動物の体幹から突出し、運動・感覚などの機能を有する構造のこと。狭義には体節的構造を持つものにおいて、各体節から一対ずつ生じるものを指す。

何度も述べるように、チェンジャンでもバージェス頁岩でも、動物群を数で圧倒しているのは、節足動物です。種類も実に多く、程なく節足動物は地球上で最も多様な動物となり、以後、その地位を保ち続けることになります。今では、甲虫だけでも、3000万種が存在すると推定されています。

カンブリア爆発は、文字どおり、爆発という表現が当てはまります。実際に、精密な年代測定を行った結果、それまで想定されていたより25倍は速かったことが明らかになっています。三葉虫の登場した時代も特定され、カンブリア紀全体の長さが、わずか1000万年になってしまうことがわかりました。そこで、三葉虫の登場をカンブリア紀の目安にするのをやめ、もっと古いイベントである、生痕化石の登場を目安にすることにしたのです。

地球の歴史④顕生代：地球と生命の共進化が始まった時代

原生代の次の地質年代が、顕生代です。この時代の幕開けは、カンブリア爆発の節で詳しく述べました。顕生代とは、動物の誕生とその進化の時代で、今の私たちの時代につながります。顕生代の特徴は、それ以前の地質年代に比べ、化石が圧倒的に豊富に出土する地層から構成されていることです。
その化石に基づいて、古生代、中生代、新生代と大別され、それぞれの時代は、さらに、細かな時代区分に分けられます。古生代がカンブリア紀、オルドビス紀、シルル紀、デボン紀、石炭紀、ペルム紀です。中生代が、三畳紀、ジュラ紀、白亜紀、そして新生代が、古第三紀、新第三紀です。古生代の始まり（カンブリア紀）が、５億４２００万年前、中生代の始まり（三畳紀）が２億５２００万年前、新生代の始まり（古第三紀）が６５５０万年前です。カンブリア紀に続くオルドビス紀の始まりが４億８８００万年前、シルル紀の始まりが４億４４００万年前、デボン紀の始まりが４億１６００万年前、石炭紀の始まりが３億５９００万年前、ペルム紀の始まりが２億９９００万年前のことです。ジュラ紀の始まりは２億年前、白亜紀の始まりは１億４５００万年前、そして新生代の新第三紀が２３００万年前のことです。

カンブリア紀以降の、顕生代に起きた生物の発展について簡単に紹介しておきます。およそ５億年前に始まるオルドビス紀を特徴付けるのは、サンゴ礁です。サンゴ礁はほぼ動物のみから成り立っています、ウミトサカ類やカイメン類、あるいはレースのような外肛《がいこう》動物[39]などです。サン

39 外肛動物……小さな群体をつくって生活する動物。一般にはコケムシの名で呼ばれる。

ゴ礁は、進化がつくり出したものとしては非常に古い歴史を持ち、その存在感が増すと同時に、カンブリア爆発に続く生物の多様性が起きました。オルドビス紀は、カンブリア爆発よりはるかに大規模な生物の多様化が起きた時代です。種の数が急増する上で、極めて重要なのがサンゴ礁なのです。

最初の礁の登場は、カンブリア紀の最初期にまで遡ります。礁とは、生物がつくる三次元の構造のことで、波によって流されないものを指します。初めはサンゴの礁ではなく、はるか昔に絶滅してしまった、古代のカイメン動物「古杯類[40]」によるものでした。サンゴ礁の誕生はそれより遅く、オルドビス紀に入ってからです。

デボン紀の始まる頃には、サンゴ礁は、その大きさや多様性、分布域を大幅に広げていました。その後も特徴的な生態系として常に存在し続けますが、ペルム紀末になって、他の数々の生物と共に、その多くが滅びることになります。

生物の陸上進出は4億7500万年前から3億年くらい前にかけて起こりました。最初に上陸したのは植物です。海に動物が誕生してから1億年も経たないうちに、ある種の緑藻類が陸地に移動しました。当初は葉を持たない小枝のような形態で、今日のコケ類にも似た姿でした。最古の陸上植物はクックソニアと命名されています。それが、急速な変化を遂げて、巨大な植物に変

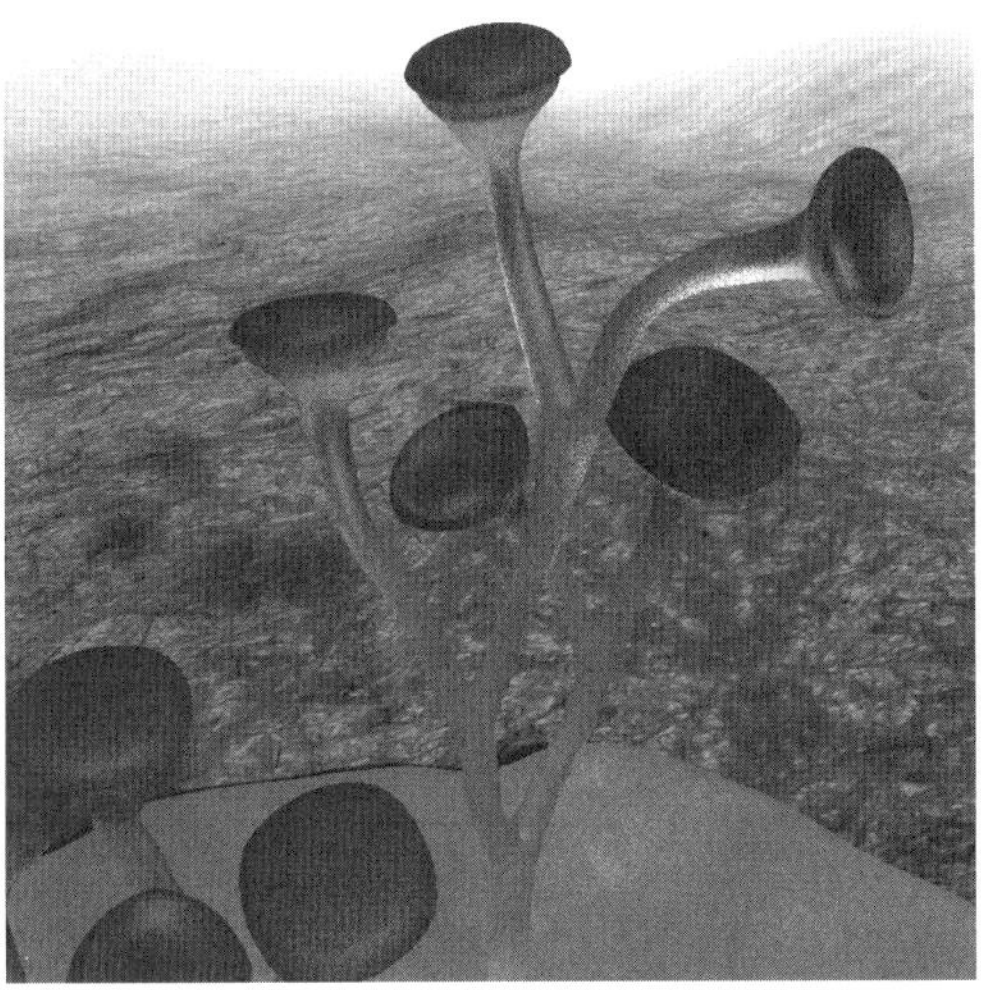
クックソニア　Smith609

わりました。これは、進化の生んだ新機軸である葉のおかげです。
約4億7500万年前には、水生だった緑藻類が数々の構造を発達させ始め、水からだけでなく、空気と土の組み合わせからも養分を得られるようになりました。4億2500万年前には、根と茎を持つ維管束植物[41]の化石が発見されます。そこから本物の葉を備えた植物が生まれるまでには、さらに4000万年を要しました。3億7000万年前頃から3億6000万年前頃には、すでに、木々の高さは8m近くにまで達していました。

40 **古杯類**……海綿に類似した化石で、先カンブリア時代後期から古生代カンブリア紀前期に繁栄。サンゴと海綿の中間的な性質を持つ独立した種類とみなされる。
41 **維管束植物**……維管束を持つ植物、すなわちシダ植物、裸子植物、被子植物を指す。

ティクターリク

デボン紀末には、森林が世界を覆うまでになっていました。

デボン紀には、動物も陸上進出を果たします。カナダ北極圏のデボン紀の地層から、魚類から両生類への過渡期を示す化石が見つかっています。ティクターリクと命名されていますが、発見者たちは「足を持つ魚」と呼びました。初めはただの魚かと思われたのですが、この新種の魚は、内部に頑丈な骨格を持っていたのです。ティクターリクは、魚の体制から四肢動物の体制へと、段階を追って進化していったことを示す絶好の化石です。

陸上動物の断片が確認できる最も古い化石は、ウエールズ地方にある、約4億2000万年前のシルル紀末期近くのものです。ほとんどの断片はヤスデ類[42]のものと見られています。最初に上陸した動物は、昆虫ではなくサソリではないか、と見られています。サソリの上陸は約4億3000万年前、4億2000万年前にはヤスデが、4億1000万年前には昆虫が続きます。しかし、多様な昆虫が登場するのは、3億3000万年前のことです。

両生類が著しく多様化したのは、3億4000万年前から3億3000万年前にかけてのことです。いったん適応放散が始まると、目覚ましい勢いで分布域を広げ、石炭紀前期の終わり頃（約3億1800万年前）には、おびただしい数の両生類が、世界中に棲息するまでになりました。

3億5000万年前から3億年前にかけては、節足動物の時代です。3億3000万年前から2億6000万年前までは、酸素濃度の高い時代で、この時代の化石トンボの大きさは驚くべきものです。石炭紀の化石からは、翼幅が76㎝になるものが見つかっています。

爬虫類は、3億2000万年あまり前の石炭紀前期に、祖先の両生類から分岐しました。石炭紀前期が終わる頃には、爬虫類は3つの大きな祖先系統に枝分かれします。一つは哺乳類に、一つはカメ類につながり、もう一つは別の爬虫類になって、のちに鳥類を生みました。それぞれの

42 **ヤスデ**……細く、短い多数の歩脚がある節足動物の総称。現存する陸上生活史を持つ節足動物では最も早く陸上に進出している。

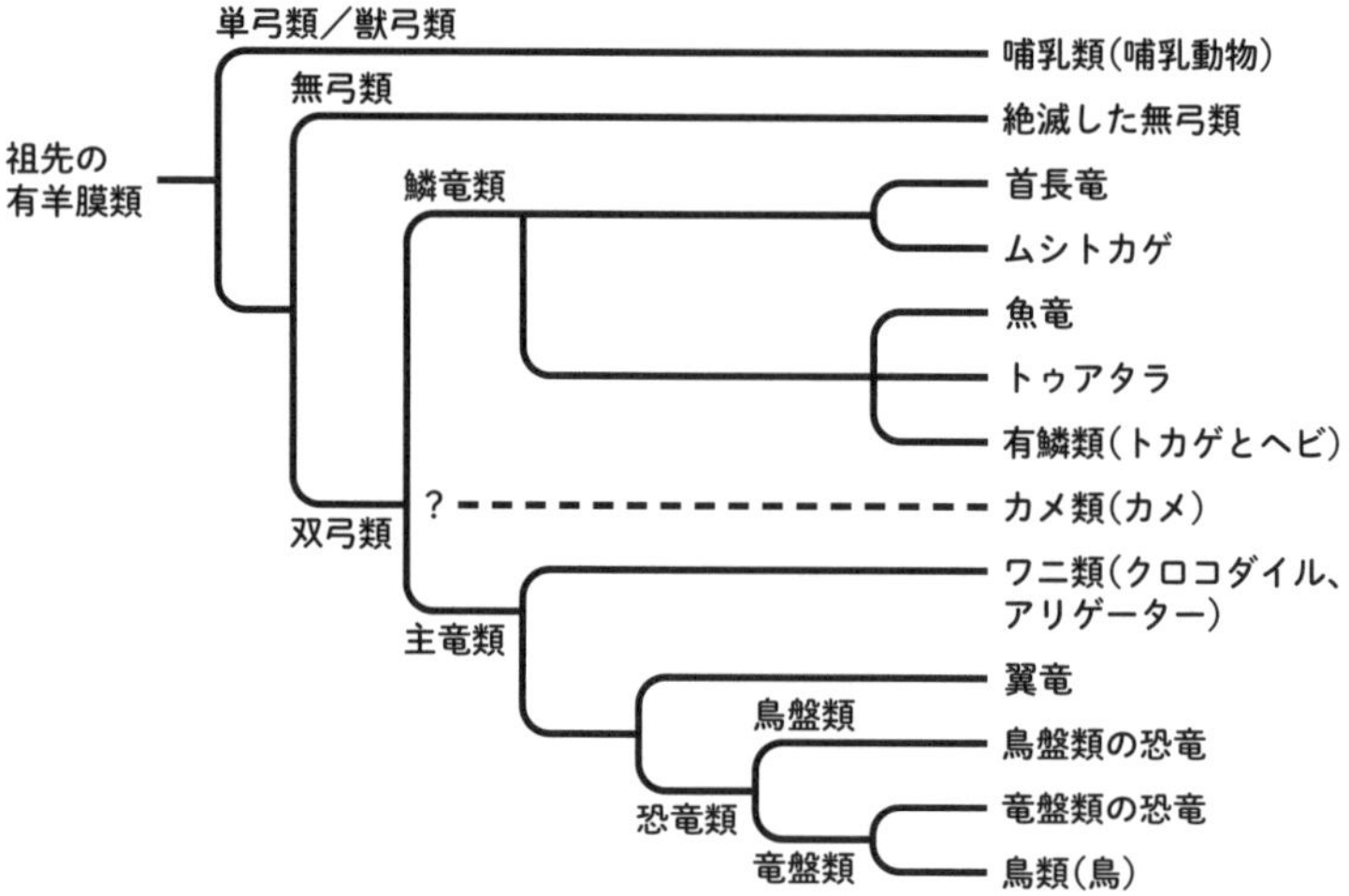

有羊膜類系統図

https://medium.com/@BetterLateThanNever/ 生物学 - 第2版 - 第29章 - 脊椎動物 -bb7412be3b72

爬虫類は、頭骨に開いた穴の数で区別でき、無弓類、単弓類、双弓類です。カメ類の祖先が無弓類、哺乳類の祖先が単弓類、恐竜、ワニ類、トカゲ類、ヘビ類の祖先が双弓類です。

ペルム紀絶滅のあと、世界には数多くの新しい生物が誕生しました。しかし、特筆すべきは、二つの全く新しい系統です。どちらも、三畳紀が終わる頃にはすでに繁栄と進化を遂げていました。一つは、哺乳類、一つはその宿敵である恐竜です。

ペルム紀絶滅を生き延びた獣弓類が多様化し、三畳紀初めに陸上の覇権をめぐって、主竜形類と競い合っていました。最初期の哺乳類から本物の哺乳類と呼べるものまで、三畳紀は動物デザインの壮大な実験場でした。

進化の新機軸という意味では、恐竜や鳥類につながる系統と哺乳類の系統は、それぞれ、新しい種類の呼吸器系を完成させました。三畳紀とジュラ紀の境目の絶滅で、最も絶滅率が低かったのは、竜盤類型恐竜です。競争に勝てる、優れた呼吸器系を持っていたのが、その理由です。

2億3000万年前から1億8000万年前にかけての低酸素時代に、覇権を握ったのは恐竜でした。哺乳類は、小型化して個体数も減り、陸上の動物相では目立たない存在となりました。鳥類は、ジュラ紀後半に恐竜から進化しました。

哺乳類の進化は3つの時代に分けられます。第一の哺乳類の時代はペルム紀で、第二の哺乳類の時代が三畳紀後期から白亜紀末まで、そして、第三の時代が、本当の意味での哺乳類の時代ですが、白亜紀と古第三紀の境目以後の時代です。

2億年前から6500万年前にかけての時代は、中生代と呼ばれます。三畳紀、ジュラ紀、白亜紀です。中生代は、地球の大気が、極地から赤道まで、どこでも高温多湿でした。海も温室化した状態でした。中生代の空は、昆虫などさまざまな飛行生物のほか、現代とは大きく異なる二つのグループが暮らしていました。一つは爬虫類で、巨大な翼竜と、それより小型の翼手竜、もう一つは鳥類です。

海はといえば、白亜紀にはほとんどの海洋に面して、ラグーンが広がっていました。ラグーンは、礁が壁となって形成されます。ラグーンの浅瀬には、二枚貝や巻貝が棲息していました。ただし、当時の礁をつくったのはサンゴではなく、二枚貝で、コウシニマイガイと呼ばれます。

バキュリテス　DanielCD

中生代の海は低酸素で、それに適応した2種類の軟体動物が繁栄しました。一つは、海底に棲む二枚貝類の軟体動物、もう一つは両足類の軟体動物で、多種多様なアンモナイトです。三畳紀末の絶滅のおかげで新種の動物が登場する道が開かれましたが、その一つが新しいデザインのアンモナイトでした。このアンモナイト最後のグループは、ジュラ紀最古の地層に始まり、白亜紀末で絶滅します。白亜紀後期に登場した、バキュリテスと呼ばれる新しいアンモナイトは、白亜紀後期の肉食動物としては、地球上で最も数が多かった可能性があります。

モルガヌコドン　Bob Nicholls, Paleocreations.com,

白亜紀は直径10㎞を超える小惑星の衝突で幕を閉じます。このときの大量絶滅は、それまでの大量絶滅と、様相が全く異なります。徐々にではなく、ある一瞬で絶滅が起こったことです。白亜紀末の絶滅では、全生物種の75％が死滅しました。陸では恐竜が絶滅し、海ではアンモナイトが姿を消しました。その後、陸では哺乳類が台頭し、海では新たな海洋生物が現れて、二枚貝や巻貝がその多数を占めました。

知られているなかで最初の哺乳類は、トガリネズミほどの大きさで、モルガヌコドンと呼ばれています。モルガヌコドンは、2億1000万年前の三畳紀末期に暮らし、三畳紀末の絶滅をなんとか生き延びた系統です。ヒトを含む現生哺乳類は、すべて、三畳紀末の絶滅をくぐり抜けたこの唯一の系統に由来します。長かった恐竜時代のあと、世界が目にしたのは、ネズミの大発生だったのです。

プルガトリウス　Nobu Tamura

霊長類の誕生

ヒト科動物が地球に登場するのは、最近のことですが、私たちが属する霊長類の起源は白亜紀にまで遡ります。霊長類の祖先であるプルガトリウスが三畳紀末の絶滅を生き延びたのは私たちにとって幸いでした。私たちが属する科はヒト科と呼ばれ、その歴史は700万年くらい前に遡ります。最も有名な化石は、通称ルーシーと呼ばれるものでしょう。彼女は、アウストラロピテクス・アファレンシス（アファール猿人ともいわれる）に属し、400万年くらい前に生きていました。ホモ（ヒト）属ではありませんが、ホモ属誕生の前に繁栄したヒト科の属の一つです。

私たちと同じホモ属として最古の種は、ホモ・ハビリス（器用なヒトの意）です。約250万年前に登場しました。150万年くらい前にはホモ・エレクトスが生まれ、この種が、ホモ属の原型をつくりました。ホモ属が他の種と異なっていたのは、長距離走ができることでした。この肉体的武器を使って狩猟ができるようになり、肉食が始まりました。その結果、腸が短くなり、脳が拡大し、ホモ属の繁栄につながりました。

250万年前にホモ属が誕生したのは、新たな気候変動と関連しています。氷河時代の始まりです。この頃から、氷床が形成され海面が下がる長い寒冷期と、それより短い温暖期が繰り返される、気候変動が始まったのです。今に続く、ミランコビッチ・サイクルの始まりです。ホモ属は氷河時代とともに進化してきたのです。

およそ20万年前、ホモ・サピエンスが生まれました。それより前に、同じくホモ・ハイデルベルゲンシスから分かれたホモ・ネアンデルターレンシスを含めて、いくつかのホモ属の種が、まだ地球上には存在していました。しかし、3万年前くらいにいずれの種も絶滅し、現在はホモ・サピエンスのみが繁栄を謳歌しています。

ホモ・サピエンスの誕生は、シアノバクテリアの誕生にも勝る、生物進化の最重要イベントかもしれません。

顕生代は、ホモ・サピエンスの誕生以降、その名を改めるべきでしょう。顕人代です。人間圏という新たな構成要素が誕生し、地球システムの構成要素が変わったからです。現在進行形である地球システムの変容を、予測することはできません。しかし、はっきりしていることは、技術革新を放棄した文明に未来はないということです。文化の変容こそ、ホモ・サピエンスの最大の特徴だからです。

大量絶滅という現象

カンブリア紀を終わらせた大量絶滅により、それまで成功を収めていた動物たちが多数影響を受けました。三葉虫や腕足動物のほか、バージェス頁岩に残るアノマロカリスのような風変りな節足動物もそうです。しかし2010年に、オルドビス紀の地層から、アノマロカリスとしては最も新しい化石が発見されています。カンブリア紀末の大量絶滅は、これまで考えられていたほどのものではなかったのかもしれません。

カンブリア紀前期に生物が爆発的に多様化したあと、種の数は急速に増えていき、やがて平衡に達します。そして、古生代の間、その状態を保ったあと、ペルム紀末で激減しました。その後は、全体としては、多様性が増加する傾向を示しながらも、種を減少させる短期的なイベントにたびたび阻まれます。すなわち、大量絶滅と呼ばれる現象です。特に規模の大きかった5つを、ビッグファイブ（五大絶滅）と称します。大量絶滅が起きるたびに、分類群は著しく失われますが、その都度、種が形成されるペースが上がり、絶滅以前のレベルどころか、当初の多様性を上回るほどになります。

ビッグファイブと合わせると、大規模な大量絶滅は、10回数えられます。まず、ビッグファイブ以外のものを、見ていきましょう。

最初の絶滅は、原生代初期の大酸化イベントのときに起こりました。死滅した種と個体数の割合からすると、これが、最も壊滅的といえるかもしれません。当時棲息していたほぼすべての微生物にとって、酸素は猛毒でした。しかも、全球凍結が同じ頃に起こっていたため、史上初にして最悪の絶滅だったことが考えられます。

次の絶滅は、原生代末期に起こりました。原生代末にスノーボール・アース現象が続けて2回起こり、塵にまみれて黒く汚れた氷が、海と陸を厚く覆いました。時代的には、原生代クライオジェニアン紀と呼ばれます。光合成は緩慢になり、おおむね停止しました。その結果、海と陸に暮らしていた多様な生物が死に絶えました。多様性だけでなく、バイオマス自体が激減しました。

3度目が、原生代の最後、エディアカラ紀後期の絶滅です。ストロマトライトや微生物マットなどのほか、原生代末期に誕生したエディアカラ生物群が、このとき絶滅しました。エディアカラの園を荒らした動物こそ、私たちの祖先です。この動物は食欲旺盛だった上に、活発に動くことができました。それらが手当たり次第に、動きの遅い微生物で覆われた海や陸をむさぼり食い、絶滅させたのです。

4度目が、顕生代の最初、カンブリア紀後期の絶滅です。三葉虫の大半と、バージェス頁岩のさまざまな奇妙きてれつな動物のほか、数多くの生物が絶滅しました。とりわけ重要なのは、これを機に、三葉虫の構造が大きく変わったことです。カンブリア紀の三葉虫は数多くの体節に分かれ、目は原始的で、明らかに防御のためとみられる構造は体に付属していません。ところがオルドビス紀に入ると、三葉虫は体制そのものを変化させます。ほぼすべての種が体節の数を減らし、目の機能も向上させ、身を守る構造を発達させたのです。この絶滅は1回ではなく、比較的小規模の絶滅が3〜4回起きたと考えられています。

従来の説では、温かい低酸素水塊の増加や、動物相の変化がその原因とされていました。しかし、水が温かいどころか冷たかったこと、海底への有機物の大規模な埋没が起きていたことを示す新たなデータが見つかり、従来とは異なる説が提唱されています。有機物の大量埋没は、酸素濃度の急上昇をもたらします。現在、この変化は「後期カンブリア紀の正の炭素同位体変動（SPICE）」と呼ばれています。

顕生代の、ほかの時期の大量絶滅は、多くの場合、酸素濃度の低下に付随して起きています。そのところがSPICEの場合、逆に、短期的な上昇によるものだという点が異なります。その原因として、同じ頃に火山が噴火して急激な大陸移動が起こったという、真の極移動に伴うものではないか、というアイデアが提唱されています。数百万年かけて、熱帯に多くの陸地が移動した結果、炭素の埋没量が増え、かつてないレベルまで、大気中の酸素濃度を押し上げたというのです。

こうしたイベントによって、カンブリア爆発のあとの大規模な適応放散へのお膳立てができたのかもしれません。大量の酸素を必要とする生態系に、サンゴ礁があります。サンゴ礁は、SPICEのすぐあとに現れ、次なる地質時代である、オルドビス紀の扉を開けたのです。

ビッグファイブ

ビッグファイブというのは、オルドビス紀末、デボン紀末、ペルム紀末、三畳紀末、そして、白亜紀と古第三紀境界に起きた大量絶滅です。オルドビス紀末の大量絶滅では、熱帯の生物が大量に絶滅しました。原因は、寒さか海水面変動ではないかと考えられています。デボン紀末の大量絶滅では、海底および海中に住む動物が絶滅しました。最初の温室効果絶滅かもしれません。ペルム紀末と三畳紀末の大量絶滅は、地球史上最大の絶滅と言われています。白亜紀 - 古第三紀境界絶滅では、恐竜が絶滅しました。直径10㎞を超える小惑星の衝突による気候変動が原因で起こりました。

ビッグファイブではありませんが、現在も、大量絶滅は続いています。２５０万年前から現在に続く、更新世末期から完新世にかけての大量絶滅です。その原因は、気候変動と人類の活動によるものです。

オルドビス紀は、いわゆるビッグファイブの1回目となる大量絶滅です。オルドビス紀は動物種が急速に分化していた時期で、そこに何かが起きて、多様性の増加に待ったがかけられました。オルドビス紀の終わり頃に地球の気候が悪化した証拠は、世界中に残っています。おそらくは、地球が小氷期に入り、急激な温度低下によって、オルドビス紀に多様な生物を開花させた礁が、どこへともなく消えてしまったのでしょう。氷床が発達するにつれて、海水面が世界中で急速に低下したのではないかといわれています。このような気候変化により、多くの種類の動物が絶滅しました。それまで生きていた全動物種のうち、優に半分を超える数のものが絶滅したのです。

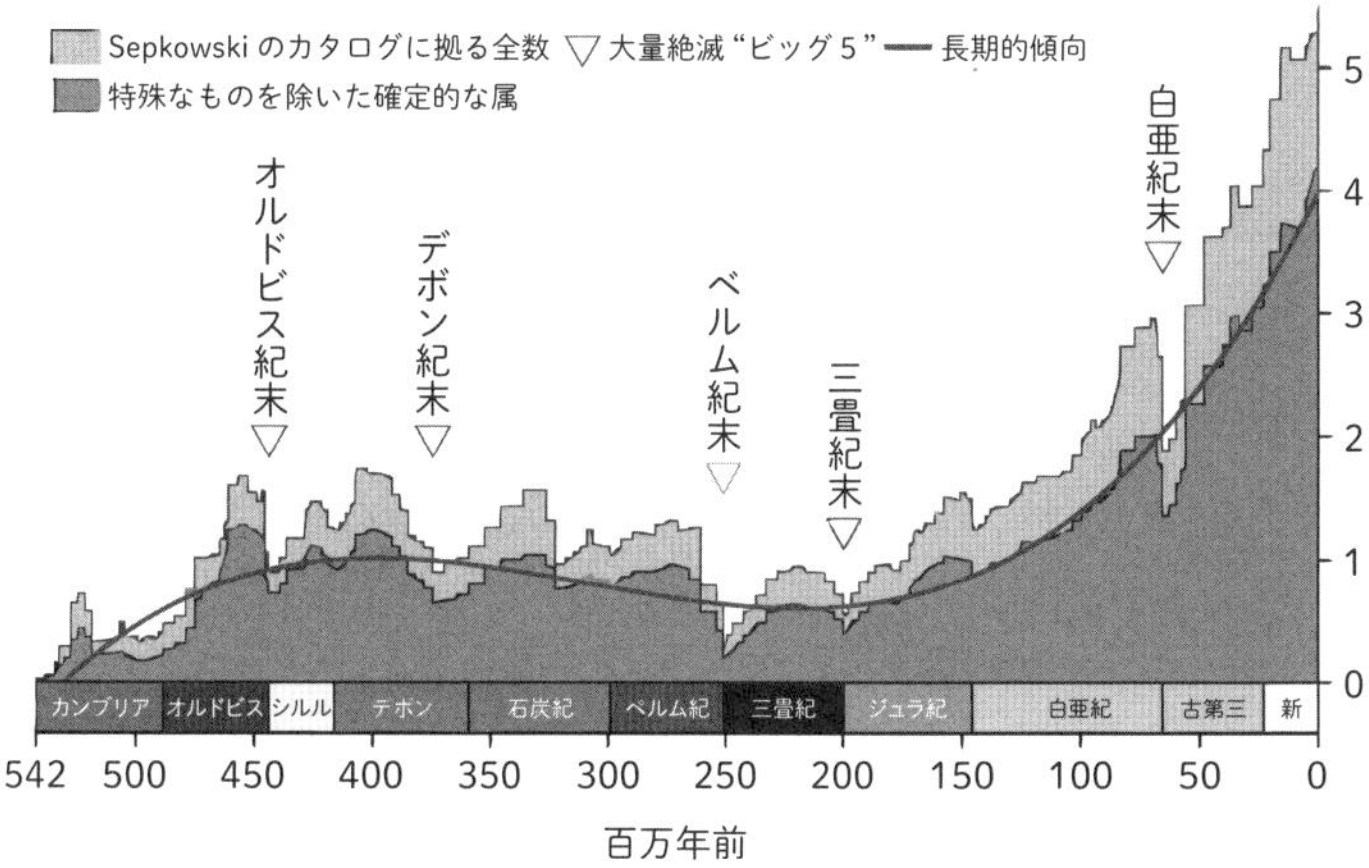

ビッグファイブ（顕生代の海洋生物の多様性）　Cycles in fossil diversity

デボン紀後期にも大量絶滅が起きています。動物の上陸は二度に分かれており、大量絶滅はその間に起きています。その詳細は不明ですが、有力な説は、酸素濃度の低下です。

次が、ペルム紀末に起きた絶滅です。これに関しては、地球の歴史上、最大の絶滅だったといわれています。それは、超大陸パンゲアが存在した時代でした。2億5200万年前から2億5000万年前にかけてのことです。この大量絶滅は、それまでの進化の歴史をリセットするほどで、オルドビス紀の終わりからの進化の物語は、ここで断ち切られてしまいました。

なにしろ、500種の腕足類とか100種の二枚貝が絶滅してしまったのです。ペルム紀末の絶滅はその結果として、現在の世界を支配している動物の大多数が登場するきっかけとなり、自然界の再編成が起こりました。メンバーの交代が最も著しかったのは、海です。なにしろ、海生種の96%もが絶滅したといわれているほどです。種より高次の分類群では、60%の科が絶滅したとされています。

その実態を紹介すると以下のようになります。三葉虫は永遠に姿を消しました。ペルム紀に棲息していた最後の三葉虫は、少なくとも1億年にわたって生き永らえてきたグループのなかで、他の仲間と比べても遜色ないほどの成功を収めていたように見えるのにです。単細胞生物の巨匠とでもいうべき紡錘虫類[43]も、完全に消滅しました。

サンゴにも生存者はいませんでした。テチス海[44]の一大特徴で、オルドビス紀から礁生態系の一部を成していた方解石（炭酸カルシウム）サンゴは、全滅させられました。その後に登場したサンゴも、サンゴには違いありません。しかし、構造の対称性が異なる上に、骨格の鉱物組成も異なっています。後続組は、古生代のサンゴとは全く近縁ではないのではないか、と考える専門家も多いのです。

腕足類の絶滅率も高かった。古生代の大グループの多くは、それまで100種を擁していたのに、わずか2種に激減するという状態だったのです。軟体動物も、すべてのグループが被害を受けました。さまざまなタイプの二枚貝が絶滅し、巻貝もその多くが絶滅しました。軟体動物の化石としては最大多数を占めるアンモナイト類の被害も甚大でした。中生代に復活したアンモナイトは、古生代からわずかに生き残った4種か5種を足掛かりにしたようです。

同じことは、棘皮動物についてもいえます。ウミリンゴ類、ウミツボミ類、そして古生代のウミユリ類は全滅しました。古いタイプのウニ類の多くも、永遠に姿を消しました。絶滅リストはまだまだ続きます。ただし、注意しておかなければならないのは、この絶滅の惨劇は、一回の天変地異で引き起こされたものではないということです。ペルム紀後期に、長い時間をかけて積み重ねられたものらしいということです。長期的傾向が続いた末に、とどめの一撃がなされたようです。

事実は以上ですが、その原因となると話は別です。ペルム紀から三畳紀への移行を示している地層は世界中を探しても極めて少ないのです。パンゲアのその時代から海岸線は遠く後退したため、多くの地域で、海も堆積物も化石もない、歴史の欠落が生じたのです。

陸上脊椎動物の記録はさらに不鮮明になります。哺乳類型爬虫類など爬虫類の主立った種類の

43 紡錘虫類……有孔虫目の一群の原生動物。海底に棲み、石炭紀・ペルム紀に栄えた。一般に体は紡錘形で、大きさは数ミリから約2・5㎝。

44 テチス海……古生代デボン紀末から新生代古第三紀まで、地中海周辺域から中央アジア、ヒマラヤを経て東南アジアまで続いていた海域。古地中海とも呼ばれている。

多くは、三畳紀まで生き延びましたが、種とか属のレベルではそのほとんどが絶滅しました。

この大量絶滅に関してはいろいろな説明が提出されていますが、今のところ、有力な証拠は見つかっていません。ただし、異論のない状況証拠もあります。徹底的な被害を受けた海生動物は、熱帯の暖かな海での生活を謳歌していた、テチス海の住人たちだったということです。それ以外のところに棲息していた動物は、別々の時期にダラダラと絶滅していったのかもしれません。この意味では、ペルム紀末の大量絶滅は、恐竜が一掃された白亜紀末の大量絶滅や、氷河作用と関連して起こったオルドビス紀の大量絶滅とは、趣を異にしているようです。

原因については、全く不明です。大量絶滅の前に、パンゲアで氷河が発達したことは間違いがありません。パンゲアという超大陸の存在そのものを、原因とする説もあります。ペルム紀末に大きな隕石が衝突して気候を激変させた可能性も検討されています。あるいは、塩分濃度の劇的な減少という説や、海水中の酸素濃度の劇的な減少という説も提案されています。実際のところは、これらの環境変化がいくつも重なった不運によるものなのでしょう。注意しなければいけないのは、超大陸が一つの半球に集中していたら、もう一つの半球には、広大な海が広がっていたことになります。それは、今や完全に消滅した海です。この失われた世界に残されていた記録を、私たちは見ることができません。

ペルム紀末の絶滅後の海では、生物の回復が大幅に遅れたことが指摘されています。その原因を探った研究によると、当時の海水温が40℃、陸では60℃の焼け付くような暑さだったという報告があります。この高温期が三畳紀の開始から300万年以上続いたことがわかっています。2億4700万年前頃の100万年間は、動物が出現して以来、知られている限りで、最も温度が高かったといわれます。このことは、ペルム紀末の絶滅が、デボン紀末の絶滅の再現であることを示唆します。どちらも、いわゆる温室効果絶滅ではないかというものです。

三畳紀には、新機軸を持つ生物の爆発的な進化が起こりました。ところが、三畳紀の酸素濃度は低いままで、後期になるとさらに低下し、現在の半分くらいだった可能性が指摘されています。この三畳紀後期に、最初の恐竜を除いて、陸生脊椎動物の大半が、生存競争から脱落しました。さまざまな系統の陸上生物が絶滅に見舞われるなか、竜盤類の恐竜だけが無傷で切り抜けています。

両足類もほとんどの種類が根絶やしにされましたが、生き残ったものが、ジュラ紀前期に多様化して、三大系統が誕生しました。オウムガイ類、アンモナイト類、現代のイカやタコの祖先である鞘形類です。サンゴ礁は再び栄え、おびただしい数の平たい二枚貝が海底に棲みつきました。

この三畳紀末の大量絶滅についても、その原因が議論されていますが、このときもペルム紀末のように、酷暑のなかで絶滅が起こっていることです。地球史上最大規模の洪水玄武岩が噴出したためで、これを凌ぐのは、シベリアで起こったペルム紀後期の火山活動しかありません。ペルム紀末と三畳紀末の大量絶滅には、5000万年ほどの開きがありますが、どちらも、大規模な洪水玄武岩の噴出と関連しています。

洪水玄武岩が噴出すると、大気中でも海中でも、二酸化炭素濃度が当初の何倍にも急上昇することが知られています。大気中の二酸化炭素濃度は、2000~3000ppmに達したと見られます。こうなると、植物が壊滅的な打撃を受けます。すると、炭素循環に影響し、炭素12と13の相対的な比率が変わります。三畳紀末の地層では、この比率が変動しています。これは、デボン紀とペルム紀の大量絶滅のときと同じで、温室効果絶滅であったことを示唆しています。

イェール大学のロバート・バーナーは、自ら開発した数値計算モデルを用い、過去5億6000万年間の酸素量と二酸化炭素量を推定しています。それによると、酸素濃度が最低レベルになった時期や、最も急激に低下した時期が、大量絶滅イベントの時期と重なることが示されます。原因のはっきりしない3つの大量絶滅イベント、ペルム紀、三畳紀、暁新世のときには、いずれも地層が低酸素状態で堆積したことを示しています。そういう状況下では、地層は一般に黒色になります。黄鉄鉱や硫黄化合物が含まれるからです。それは、無酸素状態という環境下でのみ生じる化学反応によるもので、還元的な環境の証拠です。

二酸化炭素に関しては、酸素と対照的です。二酸化炭素は高濃度になります。これはバーナーのモデルからも予想されていたことですが、実際にその地質学的証拠が発見されています。二酸化炭素濃度の相対的な変化は、葉の化石を調べることで推定できるのです。二酸化炭素を取り込むのは主に葉で、気孔と呼ばれる微細な孔を通して行われます。二酸化炭素濃度の高い環境で育てると、植物の気孔の数が減ることが実験から確かめられています。

このことから、大量絶滅の原因に関し、新しい仮説が提案されます。短期間に増えた二酸化炭素によって、あるいは、メタンの可能性もありますが、世界は急速に温暖化します。暑い上に、酸素が少ないという環境に陥ったのです。暑さは、動物にとって大敵です。40℃で、ほとんどの動物が死にます。すでに低酸素だった世界で二酸化炭素が急上昇したために、三畳紀は終止符を打たれた可能性が高くなりました。

三畳紀末のイベントは、ペルム紀末のイベントとよく似ていますが、白亜紀末の絶滅イベントとは、全く様相が違います。白亜紀末では、予見させるものは何もなく、突如として絶滅が起こっています。それに対して三畳紀末では、恐竜の一群である竜盤類を除いて、動物はすべて体を小型化させる傾向にあります。

三畳紀末の絶滅では、いちばん簡単な構造の肺を持つ動物群が最も大きな打撃を受けました。この時期の哺乳類や、高度に進化した獣弓類の場合は、被害は比較的少なくて済みました。竜盤類恐竜が生き延びた背景には、いくつもの要因が考えられますが、竜盤類だけが高度な隔壁式の肺を持っていたことは注目されます。竜盤類が三畳紀末に覇権を握って、ジュラ紀に入ってからも支配的地位を保てたのは、優れた肺のおかげで、活動レベルが並外れて高かったからということが考えられます。

白亜紀末に、直径10㎞を超える大きな隕石の衝突が起こりました。カリフォルニア大学バークレー校のアルヴァレス親子が、イタリアのグッビオほかで、隕石衝突の証拠を発見したのです。1980年のことで、論文は『サイエンス』誌に発表されました。この論文は、さまざまな意味で地質学に革命をもたらす論文でした。なんといっても、斉一説という地質学の原理を覆したことです。

斉一説というのは、現在起こることが過去にも起こったとして、歴史を解釈しようという考え方です。1800年頃から1860年にかけて、誕生間もない地質学が次々と成果を挙げていた頃、大量絶滅も、その主要な研究テーマの一つでした。二つの陣営が対立していて、一方は斉一説を主張し、「現在は過去を解くカギだ」と固く信じていました。

もう一方は、天変地異説を主張していました。フランス革命前と直後に活躍したジョルジュ・キュヴィエ男爵がその主張者です。彼らは、化石記録を調べ始めた頃に、大量絶滅を示す証拠を発見し、超自然的存在を引き合いに出してその原因を説明しました。その後、地質学が発展するにつれ、世界規模の大洪水が一度でもあったという証拠は発見されず、むしろ、斉一説を支持する証拠が次々と見つかり、斉一説が確立しました。

大洪水と並んで、巨大隕石の衝突は、天変地異の代表的現象です。その衝突が起こった地質学的証拠が、発見されたのです。それも、白亜紀末の地層においてです。その証拠とは、イリジウム値の急激な増加と、衝撃石英の発見です。グッビオといくつかの地点で発見されたこの証拠は、その後、世界中の白亜紀末の層で発見され、直径10kmを超える隕石の衝突が起こったことが、学界で認められました。

1990年になって、白亜紀末に形成された、巨大クレーターも発見されました。ユカタン半島の地下に残された、直径180kmを超えるクレーターです。チチュルブ・クレーターと呼ばれます。私も、その調査のために何度となく現地を訪れていますが、その付近には、多くの遺跡が分布しています。そのピラミッドの頂点に座り、地球と生命と文明の歴史を考えることは、当時、最も興奮する知的営みでした。

そのなかで生まれたのが、キューバにおける白亜紀末の津波の痕跡の調査でした。当時、ユカタン半島は浅い海の下にありました。巨大隕石が衝突すれば、とてつもない規模の津波が発生したはずだと直感したからです。私はカストロ首相と面会し、調査の許可を取り付けました。

当初、アルヴァレスたちが強調した、隕石衝突に起因する気候変動は、吹き上げられた塵によるブラックアウトと呼ぶ真っ暗な状態でした。その後、酸性雨、森林火災など、さまざまな気候変動の起こったことが明らかにされました。私たちのキューバでの調査から明らかにされたように、300mを超える津波も発生し、北米大陸は水没したでしょう。

8章

生命の陸上進出と
ホモ・サピエンスの誕生

最初に陸上進出したのは植物

4億7500万年前から3億年前にかけて、生物の陸上進出が起こりました。その過程を解明する上で貴重な化石が、21世紀になって発見されました。それは、魚類から両生類への過渡期を示す化石で、カナダ北極圏にあるデボン紀の地層から発見されました。ティクタークと命名されています。

最初の動物が上陸する何億年も前から、すでに、原始的な光合成生物が陸地で成長する手段を見いだしていたことは、裏付けとなる証拠が多数あります。最後のスノーボール・アースが起きた原因の一つとして、植物の上陸ではないかという可能性も指摘されています。最初に陸上に進出した植物の候補として有力なのは、今も存在する、単細胞の緑藻類です。

現時点でわかっていることをまとめると、以下のようになります。海に動物が誕生してから1億年も経たないうちに、ある種の緑藻類が、水中のみの暮らしを捨てて陸地に移動しました。当初は、葉を持たない小枝のような形態で、今日のコケ類にも似た姿でしたが、急速な進化を遂げて、巨大な植物へと変わりました。それもこれも、進化が生んだ偉大な新機軸「葉」のおかげです。

約4億7500万年前からは、水生だった緑藻類が数々の構造を発達させ始め、水からだけでなく、空気と土の組み合わせからも養分を得られるようになりました。4億2500万年くらい前には、根と茎を持つ維管束植物の化石が初めて登場します。そこから、本物の葉を備えた植物が生まれるまでには、さらに4000万年を要しました。上陸した多細胞植物は、ほぼ1億年をかけて、小型の海洋植物の形態から樹木へと姿を変え、デボン紀末には森林が世界を覆うまでになったのです。

葉の登場が遅れたのは、大気中の二酸化炭素が多かったからではないかと考えられています。気温が高すぎると、植物の進化と生態系の繁栄に大きな障害になるのです。葉の気孔は、二酸化炭素を取り込み、植物全体の水分を逃し、植物を冷やす効果があります。大きな葉に、わずかな気孔しか開いていないと、加熱を起こして葉は死滅してしまいます。葉をつくるための遺伝子の道具箱はすでに存在したものの、大気中の二酸化炭素濃度が高すぎたために、植物は、わざわざ葉を生やそうとしなかったというのです。

陸生の多細胞植物によって、地球の様相は一変しました。地形と土壌がすっかり様変わりし、大気の透明度も変わりました。デボン紀後期になる頃には、森林が陸地をほぼ覆いつくし、川の流れ方も変わりました。植物は大気中の酸素濃度を押し上げ、現代の21%をはるかに上回る30〜35%というレベルにまで達しました。

誰もが本物の植物と認め、多くの生命史で最古の植物と呼ばれているものは、最終的には、緑藻類の一種である車軸藻類[45]から生まれました。その際、解決しなければならなかった問題は、乾燥をどう防ぐかです。緑藻類は水中で暮らしているので体を守るコーティングがないため、浜辺に打ち上げられると、たちまち脱水して死んでしまいます。ところが、車軸藻類の接合子は防水性のあるクチクラ[46]に覆われています。このクチクラが、上陸に際し、植物全体を覆うのに使われた可能性があります。

現在、確認されている最古の陸上植物は、ウエールズ地方で発見されたもので、4億2500万年前のものです。クックソニアと名付けられています。

動物の上陸

動物の上陸はどうでしょうか。最初に上陸した動物は、昆虫ではなく、サソリではないかと見られています。現時点でわかっていることを時系列に沿って紹介すると、以下のようになります。

サソリの上陸は約4億3000万年前のことだと考えられます。ただし、生殖の際にも、呼吸の際にも、水からは完全には離れられなかった可能性があります。4億2000万年前にはヤスデが、4億1000万年前には昆虫が続きます。しかし、3億3000万年前になるまで、多様な昆虫は登場しませんでした。

こうした動物の上陸には、大気中の酸素濃度の推移が関係しています。推定によると、酸素の高濃度の一つのピークが訪れるのは、およそ4億1000万年前です。その後急落して、極めて低い12%くらいとなり、デボン紀末に再び上昇に転じ、ペルム紀のどこかで、史上最高クラスの30%に達しました。さまざまな脊椎動物が上陸できたのも、オルドビス紀からシルル紀にかけて、大気中の酸素濃度が上昇したおかげと考えられています。

デボン紀は、魚の時代といわれます。魚は化石になることは滅多にありません。魚の体全体が化石化するには、死骸が低酸素の海底に短時間で埋もれる必要があります。しかし、魚の一部、特に大型魚の頭骨などは、団塊と呼ばれる丸い大きな岩石の内部に埋まっていることがありま

45　車軸藻類……体形はスギナに似ており、節《せつ》と節間よりなる主軸の節から、数本の小枝が輪生するのでシャジクモの名がある。

46　クチクラ……生物の体表にできる硬い膜。水分の放散を抑えたり、体を保護したりする。

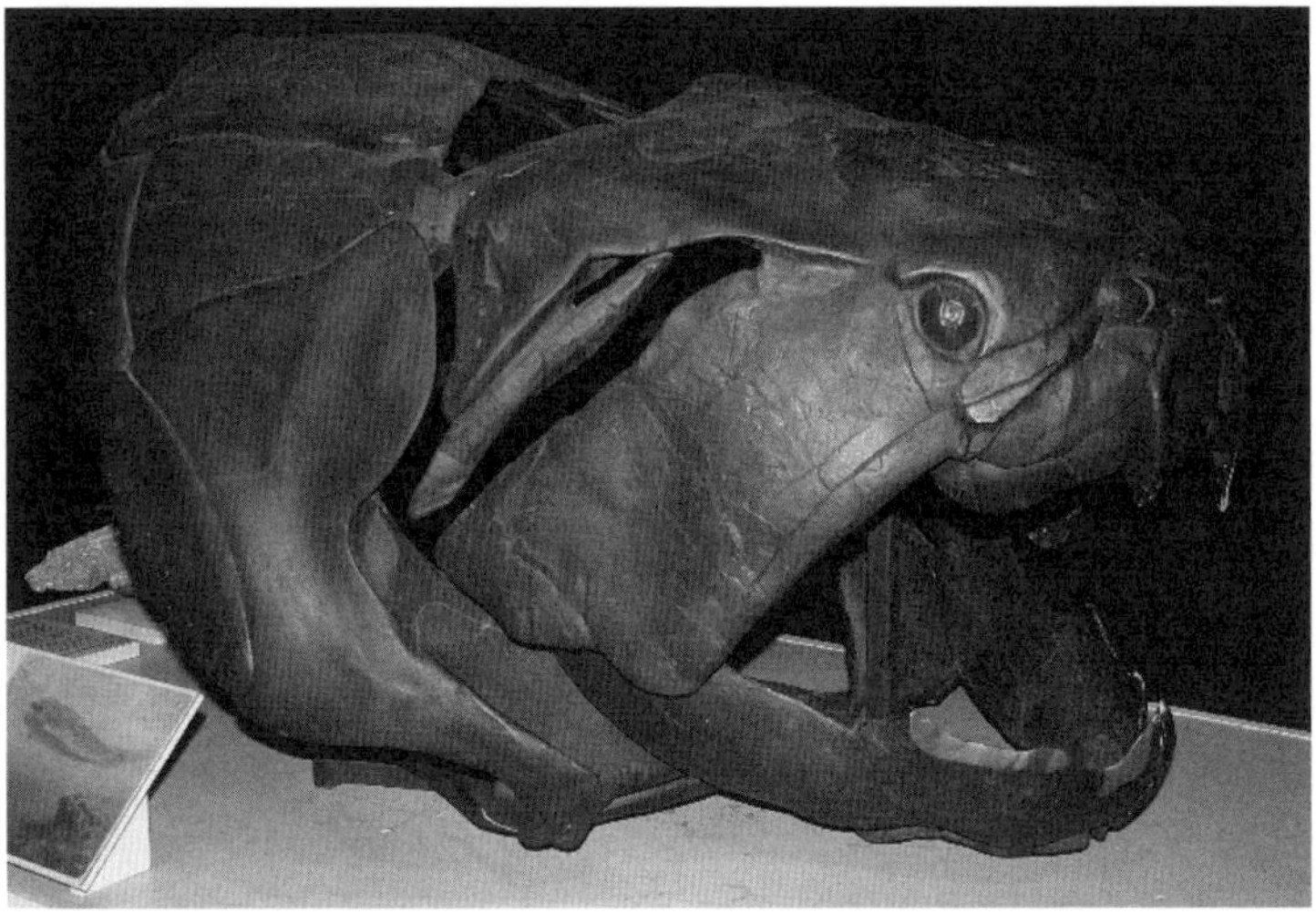
ダンクルオステウスの頭骨の化石

す。デボン紀を代表する板皮類《ばんぴ》[47]のダンクルオステウスという巨大古代魚の頭骨も、オハイオ州北部の、デボン紀を代表する地層中の、そのような団塊の中から産出しています。
最近は、新しい高解像度のスキャン技術を用いて、魚類の進化が少しずつ明らかにされています。魚類は伝統的に、4つのグループに分けられます。無顎類、軟骨魚類、硬骨魚類、そして板皮類です。最も種類の多いのは硬骨魚類です。板皮類は絶滅していいます。新しい技術を用いて、新種の肺魚や節頸類《せっけい》[48]と呼ばれる奇妙な魚がいたことも明らかにされました。体内に胎児を宿した魚の化石も、発見されています。これは、体内受精による生殖が実証された初めての例で、脊椎動物の胎生を示す、最古の証拠でもあります。

私たちの属する脊椎動物が、水生生物から陸上生物へと移行する過程は、最初の両生類が誕生するところから始まります。最初の両生類の直接の祖先は、デボン紀の硬骨魚の一種である扇鰭《せんき》類[49]と考えられています。これは、ほぼすべてが淡水で暮らしていたようです。扇鰭類には前適応が見られ、陸上で移動するための四肢をのちに発達させられるようになっていました。扇鰭類から両生類への祖先種が枝分かれするのは、4億5000万年前の、オルドビス紀からシルル紀への移行期のことです。

今のところ、四肢動物の骨の化石で最も古いものは、3億6000万年前の地層から見つかっています。したがって、魚類から両生類への移行は、4億年前から3億6000万年前にかけてのことと推測されます。四肢動物の化石で最も古いのは、約3億6300万年前に登場したヴェンタステガ属といわれています。その後、有名なイクチオステガやその仲間が登場しました。デボン紀後期に現れたイクチオステガとその同類が、本当に最初の陸生脊椎動物であったな

47 板皮類……古生代デボン紀に世界中の海域で繁栄した原始的な魚類の一群。顎《あご》に骨を備えた最初の脊椎動物。
48 節頸類……板皮類の1グループ。頭部と胴体の間に関節が発達しているのが特徴。ダンクルオステウスもこの類に含まれる。
49 扇鰭類……肉鰭類に含まれるグループで、シーラカンスの仲間から一歩両生類に近づいた魚の仲間が含まれる。

イクチオステガ　Dr. Günter Bechly

ら、その後に、その子孫がなぜ適応放散できなかったのか、という疑問が生じます。さらなる両生類が登場するまでには、長い空白期間があるのです。その期間のことを「ローマーの空白」と呼んでいます。

どういうわけか、両生類の適応放散は、3億4000万年前から3億3000万年前になるまで起きていません。しかし、いったん適応放散が始まると、両生類はその分布域を目覚ましく広げ、石炭紀前期の終わり頃（約3億1800万年前）には、おびただしい数の両生類が世界中に棲息するまでになりました。

動物の上陸は二度にわたって起き、いずれも酸素濃度が高かった時代と一致します。その中間には、デボン紀後期の大量絶滅や、ローマーの空白と呼ばれる時期が挟まれ、陸上で暮らす動物はほとんどいませんでした。空白期間は、石炭紀になってようやく終わりを告げます。この時代には、大気中の酸素濃度が著しく上昇し、石炭紀末からペルム紀にかけてピークに達しました。ほぼ32〜35%という高濃度で、地球の歴史では他に類を見ません。この時代の特徴は、巨大生物の時代という点にあります。

節足動物の時代

3億5000万年前から3億年前にかけては、節足動物の時代です。この時代、節足動物の大きさが大きくなります。といっても、その大きさには制限があります。どう頑張っても、大型哺乳類のサイズにはなれません。それは、陸生の節足動物の持つ体制のせいです。今日、昆虫の体長は大きなものでも15cm程度です。しかし、地球史上最も酸素濃度の高かった時代には、はるかに大型の昆虫が生きていました。

何が節足動物の大きさを制約しているかといえば、一つは外骨格です。外骨格はキチン質と呼ばれる物質でできていますが、その強度の問題とスケール特性から、昆虫にしろ、クモ類にしろ、人間程度に巨大化すれば、脚が折れて体が崩れ落ちてしまうでしょう。それでは、何が大きさの上限を決めているのでしょうか。昆虫の場合、呼吸器系がいかに効率よく酸素を体の中心部に送り届けられるかで、大きさの上限が決まります。

メガネウラ　　Didier Descouens

過去の大気組成に関するさまざまなモデルによると、どれも、約3億2000万年前から2億6000万年前にかけて、酸素濃度が並外れて高かったことがわかります。地質時代としては、石炭紀とそれに続くペルム紀ということになりますが、この時代が高酸素時代です。生物相におけるその証拠は、昆虫に残されています。

1979年に発見された、石炭紀の化石トンボの翼幅（翅を広げた長さ）はおよそ50cmだったとされます。同じ石炭紀の化石からは、翼幅が76cmになるものも見つかっています。メガネウラ（巨大な翅脈《しみゃく》の意）と名付けられています。翅だけでなく、胴部もそれに比例して大きく、幅は約2・5cm、長さは30cm近くもあります。この時代のほかの巨大生物には、翼幅48cmのカゲロウ、脚の長さが46㎝のクモ、全長180㎝を超えるヤスデやサソリがいました。

ショウジョウバエを用いた実験によると、少なくとも昆虫の場合には、酸素濃度を上げれば、かなりの短期間で体が大型化することが確かめられています。巨大トンボが出現できたのは、酸素濃度のせいばかりではありません。大気圧自体も高かったと考えられています。気体の圧力全体が今より高く、巨大トンボはより大きな揚力を得ることができたのでしょう。

石炭紀には酸素濃度がなぜ高かったのか

その時代、なぜ大気中の酸素濃度は高かったのでしょう? 酸素濃度を左右する大きな要因は、還元された炭素や、硫黄含有鉱物（黄鉄鉱など）の埋没率です。だとすると、石炭紀には、炭素や黄鉄鉱が短期間で多量に埋もれたはずです。その証拠は地層に残されています。石炭紀という名称からもわかるように、この時代、多量の石炭鉱床が形成されています。3億3000万年前から2億6000万年前までの7000万年間、酸素濃度の高い状態が続きましたが、地球の石炭鉱床の9割が、この時代の岩石から見つかっています。石炭紀には、森林の埋没する割合が、過去のどの時代よりも高かったことが分かっています。

有機物の埋没は、森林だけでなく、海でプランクトンの埋没でも起こります。プランクトンは海の森林のようなものです。こうした石炭紀特有の炭素の蓄積は、偶然にも、地質学的なイベントと生物学的なイベントが、いくつも重なったことで起こりました。当時の大西洋が閉じて各大陸が合体し、一つの大きな大陸となりました。大陸塊の継ぎ目に沿って細長い巨大山脈が生まれ、この山脈の両側に広大な氾濫原が生まれました。山脈の位置により、広範囲にわたって気候が湿潤になりました。

この環境は、樹木の成長にとっては有利です。しかも、当時の樹木の根は非常に浅く、倒れやすかったのです。加えて、倒木が腐るまでに長時間かかりました。およそ３億７５００万年前に出現した森林は、本当の意味で、初めて樹木と呼べるものからできていました。体を支えるのに、リグニンやセルロースを使っていたのです。リグニンは非常に硬く、分解に時間がかかります。樹木を分解する細菌もあまりいなかった可能性もあります。そのため、石炭紀の樹木は倒れても分解されることはなく、そのまま堆積物に覆われ、還元された炭素が埋没しました。その結果、大気中に酸素が蓄積していったと考えられています。

私たちの系統である脊索動物[50]も、高酸素濃度の環境では難題に直面します。水中以外で卵の胚を、成長させるという問題です。この問題は、羊膜類[51]という新機軸の開発により解決しました。羊膜類を持つことによって、爬虫類、鳥類、哺乳類は、祖先である両生類と区別されます。

爬虫類の登場

石炭紀には、爬虫類が祖先の両生類から分岐しました。3億2000万年あまり前の石炭紀前期のことです。この爬虫類が初の羊膜卵を生んだかどうか、まだはっきりしません。いずれにせよ、やがて、生存能力のある子を首尾よく生み出せる卵が陸上でつくられるようになります。この羊膜類の誕生には、酸素濃度や高温が一役買ったに違いありません。酸素がなければ、卵は成長できません。胎生は高酸素環境で可能になったと考えてもいいでしょう。

石炭紀前期が終わる頃には、爬虫類が3つの大きな祖先系統に枝分かれしました。一つは哺乳類に、もう一つは現生のカメ類につながり、あとの一つは、別の爬虫類になったのち、鳥類に進化したのです。

50 **脊索動物**……終生または生活史の一部で、体の背面正中線に沿って脊索を持つ動物の総称で、脊椎動物と原索動物を合わせた動物群をいう。

51 **羊膜類**……脊椎動物のうち、発生の過程で羊膜を生ずる、爬虫類・鳥類・哺乳類の総称。有羊膜類。

爬虫類の3つの主要な祖先系統は、頭骨に開いた穴の数で区別できます。カメ類の祖先である無弓類の頭骨には、側頭窓と呼ばれる大きな穴がありません。哺乳類の祖先である単弓類には、頭蓋骨の両側に一つずつあり、恐竜、ワニ類、トカゲ類、ヘビ類につながる双弓類には二つずつありました。

双弓類に属する最初の動物化石は、石炭紀末の岩石から見つかっています。石炭紀末からペルム紀前期にかけては、双弓類自体は小さいままでした。しかし、この双弓類から、やがて史上最大の陸上動物が生まれ、中生代に恐竜として地上に君臨するようになります。無弓類には、パレイアサウルスと呼ばれる動きの遅い大型動物が誕生し、ペルム紀後期の化石爬虫類のなかでは、最大の動物でした。

3番目の爬虫類は単弓類で、これが私たち人類の祖先です。最も原始的な単弓類の化石は、双弓類と同様、石炭紀後期の岩石から見つかっています。初期の単弓類は、双弓類のように、変温性だったと考えられています。その後、単弓類は二つの大きな系統に分岐しました。ペルム紀前期のディメトロドンに代表される盤竜類と、その後に続く獣弓類です。この獣弓類から、のちに哺乳類が生まれたので、獣弓類は哺乳類型爬虫類とも呼ばれます。

酸素濃度の高かった時代には、哺乳類の祖先はまだ、内温性を得ていませんでした。ではこの特徴は、いつ現れたのでしょうか。盤竜類のあとに登場した、獣弓類だったと見られています。獣弓類は、二つの系統に分かれました。主に肉食性のグループと植物食性のグループです。ペルム紀が進むにつれ、酸素濃度が低下していきました。やがて、肉食性のグループと植物食性のグループの双方で、大規模な適応放散が起こりました。

およそ2億7000万年前から2億6000万年前にかけて、陸上を支配していたのはディノケファルス類でした。ディノケファルス類は非常に大型で、最大級のものはゾウくらいの重さだったはずです。2億6000万年前に、ディノケファルス類とその捕食者は大絶滅に見舞われます。その直後に現れたのが、ディキノドン類です。これも、植物食動物で、2億6000万年前から2億5000万年前にかけて優勢を誇りました。ディキノドン類を捕食していた3種類の肉食動物のなかに、三畳紀になって最終的に哺乳類へと進化するキノドン類がいました。

酸素濃度が30％を超える未曽有のレベルになったとき、昆虫はかつてない大きさに進化しました。酸素濃度の上昇とともに大型化するという傾向は、脊椎動物にも当てはまるでしょうか。酸素濃度の上昇につれて体の大きさが変動する傾向は、哺乳類型爬虫類にも見られます。ペルム紀

キノドン類

中期のディノケファルス類は、史上最大の獣弓類で、酸素濃度が頂点に達した頃に登場しました。

その後、酸素濃度が減り始めると、ディノケファルス類に続くさまざまな獣弓類は、頭骨が小さくなる方向に向かっていきます。いくつかの例外はあるものの、全体で見ると、三畳紀の獣弓類は、ペルム紀よりもかなり小さくなっています。

恐竜の時代

哺乳類と恐竜の登場

哺乳類には、3つの異なる時代があります。

第一の哺乳類時代はペルム紀で、獣弓類やその祖先の単弓類が隆盛を極めました。厳密にいえば、もちろん、哺乳類ではありません。しかし、それに近い多彩な種が存在し、南アフリカでは、ある時期に50もの属が存在しました。

第二の哺乳類の時代とみなせるのが、三畳紀後期から白亜紀末までです。ただし、当時の支配者は恐竜で、哺乳類は不自由な環境で生きていました。生態系の隙間で暮らし、夜は土中の穴や木々に身を潜めて生きていました。大きいものでもイエネコ程度で、普通はそれよりもはるかに小さかったのです。

最後である第三の哺乳類の時代とみなせるのが、第三紀と呼ばれる時代です。この時代が普通

ブロントテリウム　Postdlf

は、哺乳類の時代といわれます。白亜紀－第三紀境界での大量絶滅のあと、今日よく知られている科の動物が一気に増えました。ネズミのような動物が、ブロントテリウムやウインタテリウムといったサイに似た初期の大型動物になって、その後、私たちになじみ深い幾多の哺乳類へと進化しました。

ペルム紀絶滅で空いた世界に、おびただしい数の新しい体制の生物が生まれました。これほど多様な生物が新たに出現した時代は、カンブリア紀と三畳紀をおいてほかにありません。しかし、カンブリア爆発のときと同じように、新奇な体制の多くは短期的な実験に終わります。

三畳紀という長い時代は、酸素濃度が現代よりも低かった時代です。大量絶滅が起こった後の低酸素状態は、生物の異質性が高まることが知られています。すなわち、新しい体制の多様性が増すということです。

三畳紀には、陸でも海でも、異質性が際立っています。海では、二枚貝の新たな祖先系統が誕生し、絶滅した多くの腕足動物に取って代わります。一方、アンモナイトやオウムガイが大幅に多様化したことで、活動的な捕食者が海洋にあふれました。新種のサンゴである石サンゴが礁をつくり始め、たくさんの陸生爬虫類が海に戻りました。

しかし、新旧の体制が置き換わるとか、さまざまな体制の実験がなされ、最も広範な変化が起きたのは陸です。陸上で、これほど多彩なつくりの動物が暮らした時期は、後にも先にもありません。哺乳類型爬虫類からトカゲまで、また、最初期の哺乳類から本物の哺乳類と呼べるものまで、三畳紀は、いわば動物デザインの壮大な実験場でした。

三畳紀という、大気中の酸素の3分の2が失われた時代に、進化という導火線に火がつきました。この酸欠状態の惨憺たる状況のなかから、二つの新しいグループが立ち上がります。哺乳類と恐竜です。前者は獣弓類に取って代わり、後者は世界を支配することになります。

恐竜や鳥類につながる系統は、呼吸の問題を克服するために、斬新で効果的な方法を編み出します。二足歩行です。哺乳類の祖先も、いくつかの新機軸を取り入れます。二次口蓋[52]や、四肢動物ながら体が完全に起きた姿勢になったことです。また、哺乳類は新しい種類の呼吸器系を進化させました。横隔膜という筋肉を使って、空気を強力に出し入れできるようになったのです。

ジュラ紀になると恐竜が繁栄した

三畳紀のあとのジュラ紀に繁栄したのは恐竜です。ジュラ紀は、最初期の2億1000万年前から、末期の1億3500万年前にかけて、大きく様変わりしました。初めは、新たな大量絶滅が終わったばかりで、サンゴ礁はなく、恐竜の数も種もごく限られていました。酸素濃度が低すぎて、昆虫はほとんど飛べず、空を飛んで追いかけてくるような脊椎動物もいませんでした。しかし、比較的短期間のうちに世界は一変します。ジュラ紀が幕を閉じる頃には、史上最大級の陸上動物が、至る所に棲息するまでになっていました。恐竜が万物の頂点に位置し、小型で原始的な鳥類や、さらに小さな原始哺乳類は、ひときわみすぼらしい場所に身を潜めていました。

ジュラ紀末の海には多種多様な海洋生物が棲みつき、かつてないほどの壮観を呈していました。首の長いプレシオサウルス類や、イルカに似た魚竜類、原始的な魚類が、広大なサンゴ礁の間を、群れをなして泳いでいました。ありとあらゆる種類のアンモナイトや、その近縁種でイカに似たベレムナイトで、海は満ちあふれていました。

しかし、ジュラ紀の世界を語ろうと思えば、主役は恐竜です。ジュラ紀から白亜紀にかけて、恐竜が地上を支配しました。三畳紀の間は、恐竜も単なる平凡な小型脊椎動物の一つにすぎませんでした。多様性も個体数も少ないまま、低酸素の世界をなんとか生き延びようとしていました。しかし、危機の時代は、新機軸の誕生を促します。多様性は低いままでも、異質性は急速に高まるものです。異質性とは、体制や解剖学的構造の種類の数を意味します。三畳紀の生物圏は、低酸素のせいで、死と直面していましたが、恐竜がそこから抜け出せたのは、かつてないほど精巧で効率のよい肺を進化させたからです。

三畳紀以降になると恐竜が進化しましたが、哺乳類は小型化して個体数も減り、陸上の動物相では目立たない存在となっていました。しかし白亜紀の終わりには、著しい適応放散が生じて、現代の目《もく》の多くが生まれています。鳥類はジュラ紀後半に、恐竜から進化しました。

恐竜はなぜ進化したのでしょうか。恐竜が登場した三畳紀後期からジュラ紀前期にかけて、恐竜の属の数に大きな変動はありません。ジュラ紀後期になって、ようやくそれが顕著に増加し始め、その傾向は白亜紀末に至るまで続きます。白亜紀の終わりには、三畳紀からジュラ紀後期に

52　二次口蓋……鳥類、大半の爬虫類、およびそれ以下の動物の持つ口蓋と、一部の高等爬虫類および哺乳類の口蓋とは構造が全く違うので、前者を一次口蓋、後者を二次口蓋と呼んで区別する。

かけての期間より、数百倍多い恐竜が存在するまでになります。

なぜそれほど大幅に増えたのでしょうか。酸素濃度と恐竜の属の数の推移を見ると、酸素濃度が、恐竜の多様性を決定づけた一因であることが示唆されます。三畳紀後期からジュラ紀前期まで、大気中の酸素濃度は現在より低く、恐竜の属の数も一貫して少ないままです。ところが、ジュラ紀には酸素濃度が徐々に高まり、後半に入ると15~20%に達します。それにつれて属の数も増え始め、酸素濃度が劇的に高まったジュラ紀末には、恐竜のサイズも大きくなりました。

恐竜が白亜紀に隆盛を極めたのは、ほかにいくつも理由が考えられます。例えば、白亜紀中期には被子植物が出現して、植物の世界に一大革命をもたらし、白亜紀が終わる頃には、ジュラ紀には優勢だった針葉樹の大部分が、顕花植物に取って代わられました。

最初の恐竜は、完全に二足歩行で、両手で物をつかむことができ、私たちと同じように親指を持っていました。手には5本の指があり、実質的に3本指の足とは違っています。これがその後の出発点となる、最初の恐竜の体制です。この初期の二足歩行恐竜は比較的小型で、三畳紀が終わる前に、二つのグループに分岐しました。一方は、祖先の構造を受け継いだ竜盤類、もう一方は鳥盤類で、その後およそ1億7000万年にわたって両者が、世界を分け合うことになります。

酸素濃度が生物進化に関係するという意味では、その後の動物がどのように呼吸していたかが重要です。恐竜の呼吸器系は、変温動物のトカゲとは異なり、恒温動物である鳥類のものと似ています。現代の羊膜類（爬虫類、鳥類、哺乳類）の肺には、二つの基本形があります。羊膜類の祖先にあたる石炭紀の爬虫類は、肺が単純な袋状だったので、そこから基本形のどちらのタイプの肺が生じても不思議はありません。一つは肺胞式の肺で、原生哺乳類のすべてがこれを持ちます。もう一つは隔壁式の肺で、現存する爬虫類と鳥類がこのタイプです。

肺胞式の肺は、肺胞と呼ばれる多数の球状の袋から成り、肺胞には血管が張り巡らされています。私たちの行う、吸って、吐いてという呼吸法は肺胞式に典型的なもので、胸郭を拡張させる動作と、横隔膜と呼ばれる大きな膜上の筋肉を収斂させる動作を、組み合わせたものです。これに対して、爬虫類や鳥類の肺は隔壁式といわれますが、いわば一つの巨大な肺胞のようなものです。気体交換する表面積を増やすために、それを細胞組織の隔壁で、より小さな空間に仕切ります。そのため、隔壁式と呼ばれます。

ジュラ紀の舞台に登場していたのは、恐竜だけではありません。私たちの祖先も、リクガメやウミガメ、プレシオサウルスやワニなど、陸海のさまざまな動物の姿もありました。それでも、陸上を支配していたのが恐竜であることは間違いありません。恐竜の体型は、千差万別のように見えますが、基本は、体が完全に起きていることです。その型は3つに分類できます。二足歩行型と、首の短い四足歩行型、そして、首の長い四足歩行型です。

恐竜の体制の変換は、時代に応じて以下の5段階に分けられます。三畳紀後期に大多数を占めたのは、二足歩行で肉食性の竜盤類です。鳥盤類は三畳紀が終わる前に竜盤類から分岐しましたが、恐竜全体での割合はごくわずかでした。

ジュラ紀後期から中期にかけては、竜盤類の二足歩行恐竜と、首の長い四足歩行恐竜が動物界を支配していました。この時期、鳥盤類はいくつかの主要な祖先系統へ分岐しました。最終的に、それらの系統は白亜紀に入って、恐竜のなかで最も多様化します。二足歩行の竜盤類も多様化を示し、ジュラ紀の初期と中期に繁栄しました。

ジュラ紀後期は巨大恐竜の時代です。史上最大の竜脚類の化石は、この時代の岩石から見つかっていて、これらが支配する時代は白亜紀の初期まで続きました。大きさで竜脚類と肩を並べたのが、竜盤類の巨大肉食恐竜で、代表的なものがアロサウルスです。これは竜盤類に限ったことではなく、装甲を持った鳥盤類もこの時期にサイズが大きくなっています。とりわけ大型化が著しかったのは、繁盛な装甲を持つステゴサウルスです。

アロサウルス

白亜紀初期から中期にかけて、初めは大型竜脚類による支配が続いていましたが、白亜紀が進むにつれて、大きな変化が起こります。鳥盤類がさらに多様化して個体数も増え、やがて、竜盤類を凌駕するようになったことです。ジュラ紀末には、竜脚類の属がいくつも絶滅し、竜脚類の数はますます少なくなりました。

白亜紀後期になると、恐竜は爆発的に多様化します。この多様化の中心になったのが、膨大な数の新しい鳥盤類でした。特に顕著だったのが、ケラトプス類、ハドロサウルス類、アンキロサウルス類です。

こうした恐竜の進化に影響した要因は、さまざまなものが考えられます。気候変動、酸素濃度、超大陸パンゲアの分裂、植物相の変化などです。最初の段階の三畳紀後期は、低酸素の時代です。それに加えて二酸化炭素濃度も高かったことが、三畳紀末の絶滅を引き起こしたのでしょう。竜盤類は優れた呼吸器系を開発して、この危機を乗り越えました。

ジュラ紀から白亜紀にかけて、大気中の酸素濃度は、比較的急激に大幅に上昇しましたが、それと並行して超大陸の分裂が起こり、植物相も変化しました。恐竜は裸子植物（針葉樹類、シダ種子類、ソテツ類、イチョウ類など）の支配する世界で進化しました。ところが、白亜紀の初期に、新たな種類の植物が現れました。花を咲かせる植物です。これらは被子植物と呼ばれ、新しい生殖方法と、さまざまな適応構造を備えていたので、急速な適応放散を成し遂げました。

やがて、地球のほぼ全域で古い植物相との競争に打ち勝ち、約6500万年前の白亜紀末には、植物全体の9割を占めるほどになりました。植物食動物にしてみれば、食べられる食物の種類が変化したわけですからその影響は免れず、肉食動物にとっても、獲物の種類が変われば、その体制に影響を受けざるを得なかったでしょう。

鳥類の登場

最初の鳥類は、およそ1億5000万年前に現れました。最初の鳥として有名なのは、今も昔も変わらず、始祖鳥です。この時期はジュラ紀が始まる直前です。化石記録に基づくと、鳥類の祖先は、二足歩行の肉食竜盤類だったことがうかがえます。具体的には、トロオドン類か、ドロマエオサウルス類で、どちらもすでに羽毛を生やしていたようです。

始祖鳥は飛ぶことができたと考えられていますが、本格的な飛行がいつ始まったかについては見解が分かれています。ジュラ紀後期の空の世界では、多種多様なプテロダクティルス類（翼竜）が繁栄していますが、その当時の鳥類が空を飛べたかは不明です。化石記録を見るかぎり、白亜紀前期には、すでに、鳥（エオアルラヴィス）が存在していて、親指からの翼が発達していました。これは機動性を高めて、より低速の飛行を可能にする適応です。このように、始祖鳥の登場から数百万年のうちに、飛行はかなりの進歩を遂げています。

53 **気嚢式の肺**……肺に空気を吸い込むポンプ機能を高めた横隔膜方式に対し、肺が酸素を取り込む効率を高めたのが気嚢方式である。鳥類では呼吸の効率化のために、肺の前後に気嚢を持つ。

中国での新たな発見により、白亜紀初期には、すでに、鳥類が予想以上に多様化していたことが明らかになっています。飛行という適応は、新種の急速な進化を促しました。飛行は、エネルギーを多量に消費します。鳥類は比較的小型で、内温性であることに加え、気嚢《きのう》式の肺[53]を持っています。飛ぶために多量のエネルギーを使うということは、大量の酸素を必要とするということです。気嚢式の肺は、鳥類にとって、大きな助けになったでしょう。

新生代の生命の歴史

新生代の生命の歴史を概観すれば、まず魚類の時代があり、その後、魚の一部が陸地に上がり、両生類の時代が始まります。そして爬虫類の時代、あるいは、恐竜の時代と呼ばれる時代が続き、最後に哺乳類の時代に至ります。

中生代は、低酸素と温暖化が長く続きました。その時代を終わらせたのは、巨大隕石の落下です。大きな傷跡を残した白亜紀末の絶滅から700万年以上過ぎた暁新世後期には気候はすでに安定していましたが、地球はゆっくりと温暖化していました。そして、暁新世-始新世境界温暖化極大イベント（PETM）と称される、急激な温暖化が起こります。海底のメタンハイドレートと呼ばれる物質が融け、多量のメタンを放出し、温暖化を加速したのです。

人類史という観点では、この気候変動は重要です。人類の進化に関わる３つ目の進化の多様性を出現させたからです。偶蹄類、奇蹄類、霊長類の三つの目《もく》はいずれも、ＰＥＴＭの初めに突然、進化の多様性が促進され、その後、アジア、ヨーロッパ、北アメリカに急速に拡散しました。陸上動物の化石を調べ直した古生物学者は、哺乳類の間に大変革が起きていたことを確認しました。この変革こそ、現在の哺乳類動物相の始まりを示します。

２３５０万年前から５３０万年前にかけて、世界はゆっくりと寒冷化していきます。寒冷化の原因は、二酸化炭素の減少です。この二酸化炭素の減少に対応して、より効率的な光合成の方法が生まれます。これをC_4型光合成と呼びます。多くの植物が、旧来のメカニズムであるC_3型光合成をやめ、C_4型を用いるようになったのです。C_3とC_4の違いは、光合成の反応のプロセスが異なることに起因するのですが、詳細は割愛します。

C_3植物は、C_4植物より古くから存在しました。C_3光合成は、最初の酸素発生型光合成生物の誕生した頃に始まりました。一方C_4光合成は、およそ１２００万年前に始まりました。ただし、分子時計によると、早くて２５００万年前、遅くて３２００万年前と推定されます。

C_4植物で最も重要なのは、イネ科植物です。イネ科植物は、多種多様な植物食動物において、食生活の中心になっています。森林が破壊されると、土地が開け、イネ科植物にとっては好ましい環境になります。二酸化炭素の減少と森林破壊が、イネ科植物の繁栄を引き起こしたと考えられています。この植生の変化が、哺乳類の進化に影響しているはずです。

森に棲む霊長類がヒト科動物に進化したのは、生息地域に、地質的かつ気候的変動が起きたからです。およそ3000万年前、アフリカ北東部の地下で、マントルプリュームの上昇が始まりました。地塊は引き延ばされて薄くなり、その中央部で南北に亀裂が入って裂け始めました。現在、東アフリカ大地溝帯、紅海、アデン湾が、Y字形に集まる場所です。

東アフリカ地溝帯は、エチオピアからモザンピークまで、数千キロにわたって続きます。地殻変動は、断層に沿って岩盤に亀裂を走らせ、分断し、側面は断崖になって押し上げられ、間に挟まれた一帯が沈んで谷底になります。550万年前から370万年前にかけて、このプロセスが、現在の地溝帯の地形をつくり出しました。

地溝帯の出現は、この地域の気候を変え、地形を変え、生態系も変えました。巨大な地溝帯の形成は30

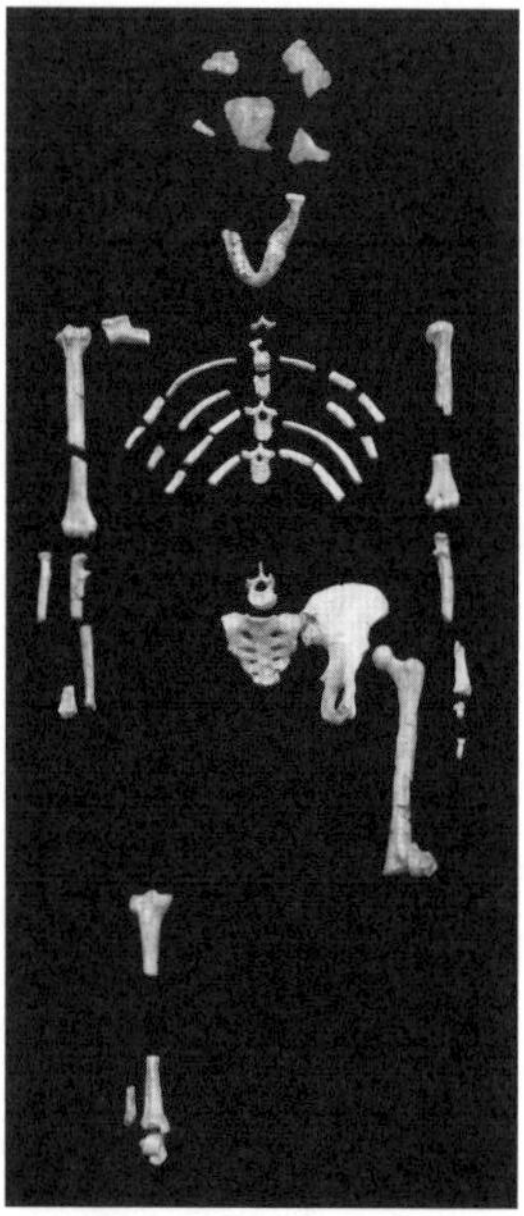

ルーシー（アウストラロピテクス・アファレンシス）　120

00万年前頃に始まりましたが、隆起と乾燥化が進んだのは、過去300万ないし400万年前のことです。地溝帯の、この地形の出現により、東アフリカの広い地域で雨が降らなくなりました。

東アフリカが長期にわたって乾燥化したことで、森はサバンナに取って代られました。このことが、樹上生活をする霊長類から、ホミニンを分岐させました。ホミニンとは、アファール猿人のルーシーや、ホモ・エレクトス、ホモ・ネアンデルターレンシス、ホモ・サピエンスまで含めた、広義な用語として使われている言葉です。より広い意味でヒト科動物という表現があり、ホモ・ハビリスやホモ・エレクトス以降の人類は、ホモ属、あるいはヒト属として表現されます。

ホモ・サピエンスの誕生

生物進化の第４の画期：ホモ・サピエンスの誕生

顕生代について語ろうとすれば、哺乳動物と並んで、ヒト科動物の出現について語らねばなりません。私たちが属する霊長類自体の起源は、白亜紀にまで遡ります。その祖先であるプルガトリウスが三畳紀末の絶滅を生き延びたのは、私たちとって幸運でした。より進化した霊長類、すなわち最初の真猿類は、すでにアジアの化石記録に姿を残しています。この真猿類に、現代のサル、類人猿、ヒトが含まれます。約３４００万年前になると、それより確実に利口で、体が大きく、おそらくはより攻撃的なサルが何種類か登場します。

私たち自身の進化の系統樹については、アフリカにおけるアウストラロピテクスの誕生までの経緯が明らかにされています。ヒトという種を生み出すに至った経緯については、まだ憶測の部

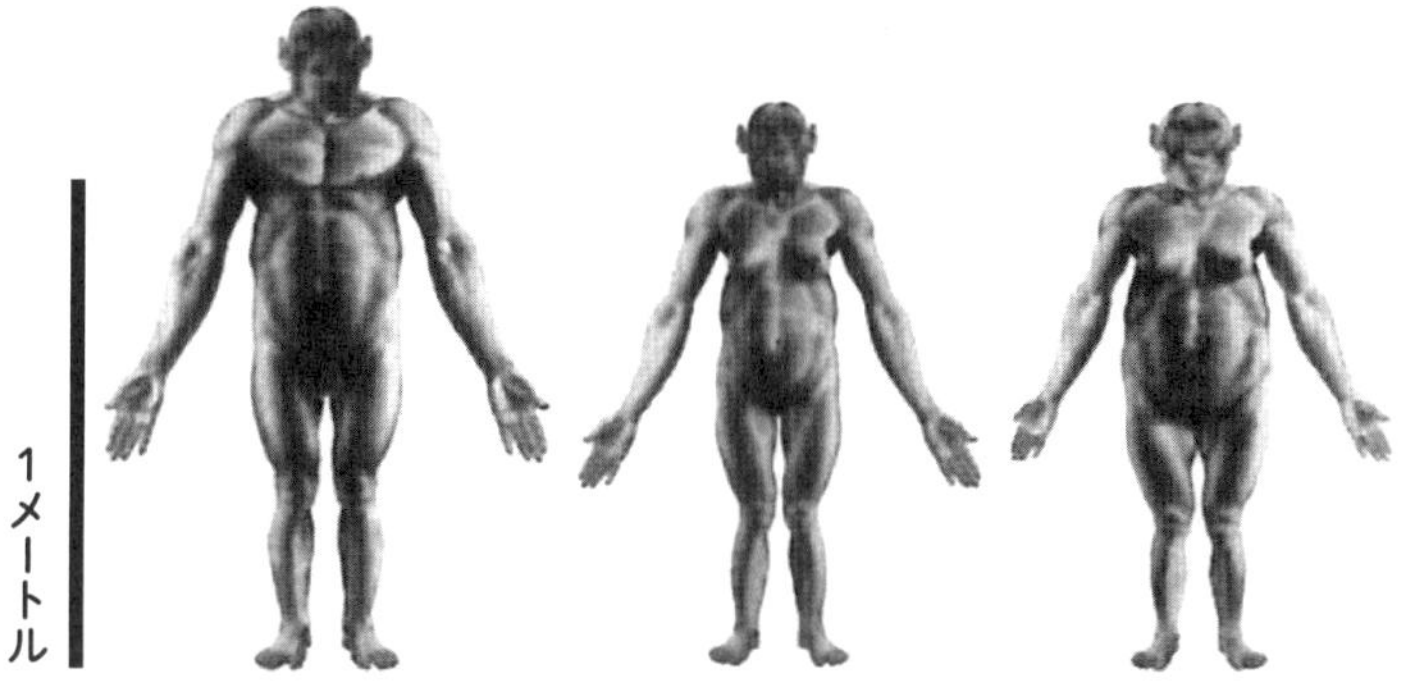

『人体600万年史』　ダニエル・E・リバーマン（早川書房）

分もあるのですが、700万年くらい前に始まったと考えられています。そのルーツは、少なくとも600万年前、場合によっては720万年ほど前の、サヘロントロプス・チャデンシスにまで遡ります。

初期人類の化石の多くは、エチオピアで発見されています。それらはアルディピテクス属に分類されます。古いものは580万年前から520万年前にかけて棲息し、新しいものは450万年前から430万年前の種で、アルディピテクス・ラミダスです。前述のアウストラロピテクス属が生きていたのは、400万年前から300万年前にかけてのことです。前述したルーシーは、アウストラロピテクス・アファレンシスという種の化石で、10種ほどあるアウストラロピテクスの一つの種にすぎません。

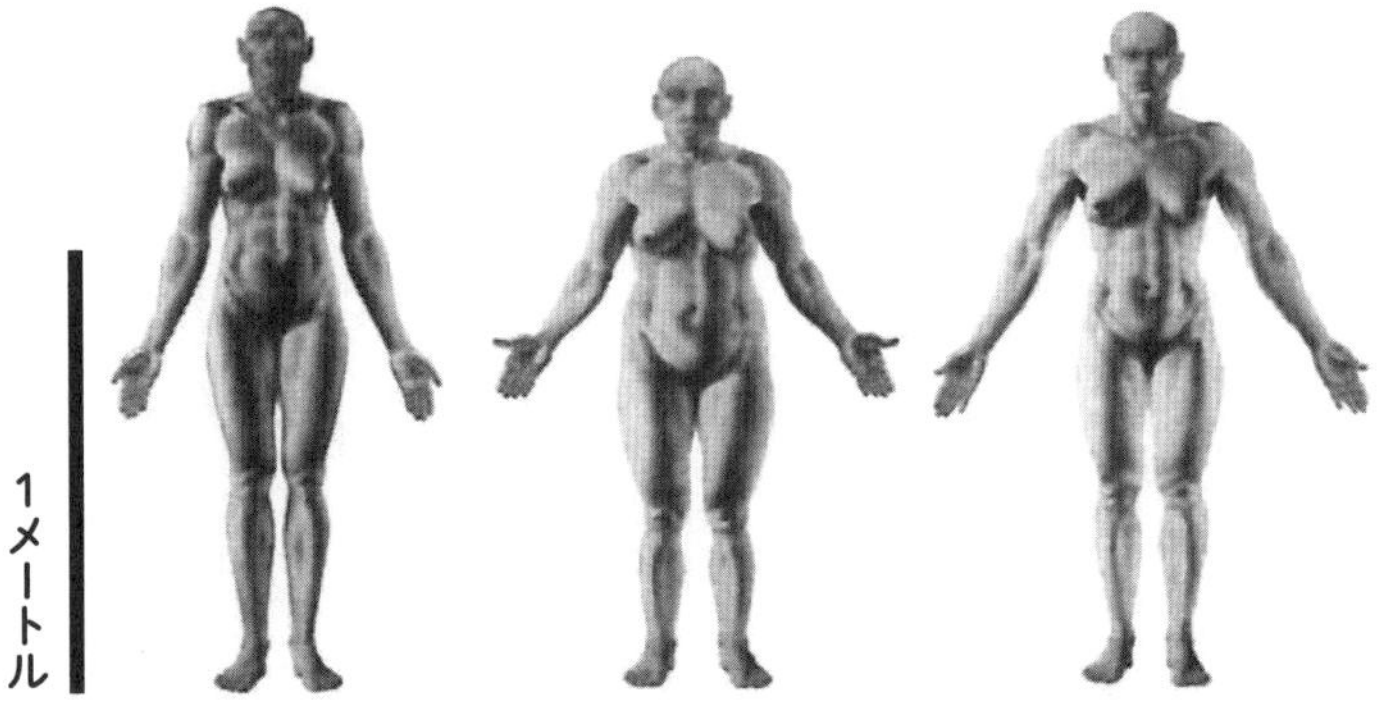

ホモ・エレクトス（女性）　ホモ・ネアンデルターレンシス（女性）　ホモ・サピエンス（女性）

『人体600万年史』

更新世以前の、初期のヒト科動物で、最も重要な点を挙げるとすれば、道具が使えるようになったことです。そこで、そのヒト科動物には、ホモ・ハビリスという名がつけられています。器用なヒトという意味です。ホモ属としては最古の種で、約240万年前に登場しました。その出現が、その後のホモ属の発展の嚆矢といえます。

ホモ・ハビリスからホモ・エレクトスが生まれました。およそ190万年前のことです。ホモ属に進化して、その食生活は大きく変わりました。本格的な肉食が始まったのです。ホモ属は、二足歩行を進化させ、長距離走ができるようになりました。それは、発汗作用を獲得した結果でもあります。この能力のおかげで、ホモ属は狩猟ができるようになりました。動物を長時間追跡し、最終的に熱中症で動物が倒れたときに仕留めるという狩りの仕方です。

肉というエネルギー単価の高い食物は、ホモ属の肉体の変化をもたらしました。腸が短くなり、脳が大きくなったのです。初期のホモ属から私たちまで、脳の容量は、時代を追って次第に大きくなりました。ホモ・サピエンスに至る道がこのとき開かれたのです。ホモ・ネアンデルターレンシスは、狩猟という意味では、肉体的に最も進化したホモ属といえます。

ホモ・エレクトスから、最終的には、私たちホモ・サピエンスが生まれました。私たちがその直径の子孫として生まれたのか、それとも、ホモ・ハイデルベルゲンシスという中間段階を経て生まれたのかということですが、ミトコンドリアDNAを用いた研究によると、後者のようです。

長らく論争の続いていた問題、ネアンデルタール人を私たちの変種の一つと考えるか、それとも、ホモ・ネアンデルターレンシスという別の種と考えるかについても、彼らのDNAの分析から決着がついています。そうした研究から、現生人類とネアンデルタール人の系統は、私たちの出現前に、すでに分かれていたことが確かめられています。

20万年くらい前に、ホモ・サピエンスが誕生しました。ホモ・サピエンスは、個々の肉体能力という点ではホモ・ネアンデルターレンシスに及びません。しかし、会話能力という別の能力を獲得した結果、狩猟も含めて、生き方という意味で、圧倒的優位性を持つようになります。大脳皮質の神経細胞がネットワーク化し、高度の思考（意識、記憶、論理の組み立てなど）ができるようになったからです。

その結果、文化を獲得し、その生き方に、新石器や骨器など新たな道具の使用、集団生活、農耕牧畜といった新機軸がもたらされたのです。ホモ・サピエンスは、DNAに加えて、文化という生き方のノウハウを手に入れたのです。そのためでしょう。数万年前までは、ホモ・サピエンス以外にも、ホモ・ネアンデルターレンシスやデニソワ人など数種のホモ属が共存していました。しかし、彼らは絶滅し、現在、地球上で繁栄しているのはホモ・サピエンスのみです。

ホモ・サピエンスはいつ誕生したのか

ホモ・サピエンスは、いつ頃誕生したでしょうか。それは、ミトコンドリアDNAの遺伝子の分析を通じて、たどることができます。現在、各地に散らばっているホモ・サピエンスは、もともとはアフリカで誕生しました。それが、寒暖を繰り返す気候変化のなかでアフリカを脱出し、その後、いったんはアフリカに戻りますが、再び世界各地に散らばりました。それぞれの集団の、ミトコンドリアDNAに蓄積された変異の割合を調べることで、それぞれの集団がどのくらい昔に分岐したのかが推定できます。

ミトコンドリアは細胞の発電所のようなもので、それ自体のDNAを、その中に含んでいます。どの受精卵も、母親の卵細胞からミトコンドリアを受け継ぎますが、父親の精子からのミトコンドリアはもらいません。そのため、ミトコンドリアDNAは、母から娘へと受け継がれます。

DNAの遺伝暗号は、一定の期間内に変異を起こします。この変異の割合を分析することで、遺伝暗号に蓄積した変異の割合、すなわち時間が推測できます。この変異のその後をたどり、世界各地の、それぞれの集団に分裂した時間を合算することで、それらが合流した時点まで遡れ、その初めが推定できることになります。

この分析方法で、はるか昔に生きていて、今日のすべてのホモ・サピエンスの祖先となった母親にまで、たどり着けます。この母方の、現代にいちばん近い共通の祖先は、ミトコンドリア・イブと呼ばれ、19万年前頃、アフリカに住んでいたことが突き止められています。

父から息子にのみ受け継がれる、Y染色体に含まれるDNAもあります。それを調べれば同様に、Y染色体アダムとでも呼ぶべき、今日生きている男性の共通の祖先までたどることができます。こちらの遺伝子系統樹の、根元に当たる年代は不確かですが、20万年から15万年前に生きていた、と推測されています。

アダムとイブいう命名は、ミスリーディングです。二人が出会って子孫が生まれたわけではありません。二人は、異なる時代に、異なる場所に生きていたのです。その二人の系譜が同じような時代にまで遡れることは、逆の意味で、驚くべき偶然といえるでしょう。

私たちの種の起源がアフリカにあることの証拠は、化石のＤＮＡからも得られています。これまでに、数体の初期現生人類と、ネアンデルタール人を主とする数十体の旧人類から、大昔のＤＮＡの断片が復元されています。これらの断片を再び組み合わせ、解析したところ、現生人類とネアンデルタール人それぞれの系統が、最後に同じ祖先の集団に属していたのは、およそ50万～40万年前だったことがわかりました。現生人類とネアンデルタール人のＤＮＡは、非常に似ています。私たちの塩基対６００個に対し、１個だけが、彼らと違う程度なのです。

旧人類と現生人類のゲノムの違いを丹念に解析すると、すべての非アフリカ人には、２～５％という割合で、ネアンデルタール人由来の遺伝子が含まれています。一方、アフリカ人には、ネアンデルタール人由来の遺伝子がありません。これは、おそらく5万年以上前に、現生人類がアフリカを出て中東を通過するとき、ネアンデルタール人との間で、わずかに異種交配があったためと思われます。そして、現生人類がアジアに広がった際にも、デニソワ人と異種交配していたと推測されます。オセアニアとメラネシアに住む人々の間では、遺伝子の３～５％程度がデニソワ人由来のものとなっているからです。

これらの事実は、これら3種の人類が一つの種であることを意味するのではありません。近接種は、互いに接触すると、わずかながら異種交配することがよくあるからです。現生人類は、明らかにその一例というわけなのです。

現生人類が、いつ、どこで最初に進化したかを示唆する、より具体的な別の手掛かりが、化石から得られています。遺伝子データの予測と同様、最も古い現生人類の化石はアフリカで出土し、時代はおよそ19万5000年前とされています。そして、15万年より古いとされている他の多数の初期人類の化石も、すべてがアフリカから出土しています。

その後、世界への、ホモ・サピエンスの最初の離散が起こりました。その過程も、化石をたどっていくことで見えてきます。現生人類はまず、約15万年前から8万年前くらいにかけて、中東に現れています。その後3万年ほどの間、姿が見えなくなります。ちょうどその時期、ヨーロッパは大きな氷河浸食の最盛期にあり、ネアンデルタール人が中東に移住してきていました。しばらくの間、彼らが、現生人類に取って代わっていた可能性があります。

現生人類が、新しい技術を伴って再び中東に出現したのは、約5万年前のことです。以後、彼らは急速に北へ、東へ、西へと広がっていきました。現生人類が初めてヨーロッパに現れたのは約4万年前、アジアに現れたのが約6万年前、ニューギニアとオーストラリアに現れたのが、6万年より前ということになっています。ベーリング海峡を渡って新世界に到達したのは、3万年前から1万5000年前にかけてのことです。誕生後、17万5000年の間に、全世界を棲み処にしたことになります。しかも、現生人類の狩猟採集民が広がった先では、旧人類が程なくして絶滅してしまった、という事実があります。

ホモ・サピエンスと旧人類の違い

私たちと旧人類の最も明白な違いは、頭部のつくりにあります。そのつくりに、二つの大きな変化が見て取れるのです。第一の違いは、私たちの顔が小さいこと。旧人類の顔面は大きく広がっていて、頭蓋よりも前に突き出しています。それに対し、現生人類の顔面は横幅も縦幅もずっと小さく、前脳部の下に、ほぼ完全に収まっています。引っ込んだ小さな顔面が影響して、現生人類の顔の形状には、ほかにもユニークな特徴がいくつかあります。

最も顕著なのは、眉弓の小さいことです。眉弓は、額と眼窩の上縁をつなぐ、単なる弓状をした骨です。したがって、顔の大きさや、顔がどのくらい前に突き出しているかによって変わる、

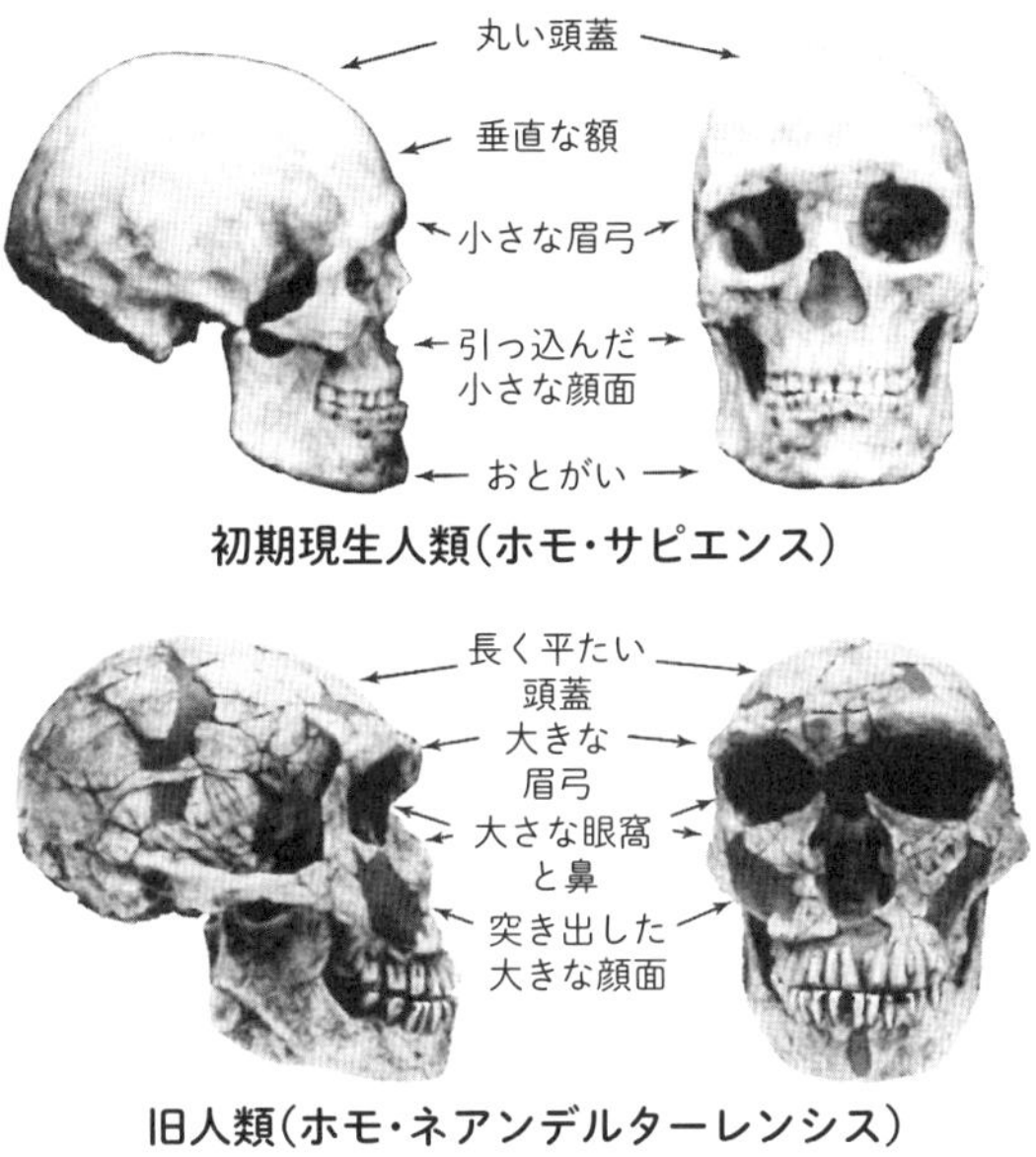

旧人類と現生人類の頭蓋の違い　『人体600万年史』ダニエル・E・リバーマン（早川書房）

単なる構造上の副産物にすぎません。ホモ・サピエンスは、平坦な顔が影響して、鼻腔は小さく、短く、口腔も小さく、また、顔の縦幅が小さいため、頬骨も小さく、眼窩も小さくて、四角いという特徴があります。

現生人類の頭部の、第二のユニークな特徴は、その球状をした形態です。旧人類の頭蓋を横から見ると、レモンのような形状をしていて、眼窩の上と後頭部の骨が大きく隆起しています。これに対して現生人類の頭蓋は、ほぼ球に近く、額が広く、側頭部も後頭部も輪郭が丸まっています。現生人類の頭部が球に近くなっているのは、顔が小さくなっていることと、平らな頭蓋底の上に脳が丸く収まっていることによります。これらを除いて、現生人類の頭部にそれほど特別な特徴はありません。

マイナーな違いですが、もう一つ特徴があります。頤《おとがい》です。現生人類では、Tの字を逆さまにしたように、下顎の底部の骨が突き出ています。どの旧人類にも、このような頤は見られません。この違いがなぜ生じたのか、その理由はわかっていません。一方、首から下の身体部分に関しては、その差はわずかです。

現生人類の脳

現生人類と旧人類の脳の大きさに、それほど大きな差はありません。むしろ、ホモ・ネアンデルターレンシスのほうが大きいくらいです。しかし新皮質を比べると、その間に明白な違いが見て取れます。最も重要な違いは側頭葉で、現生人類のほうが20％ほど大きくなっていることです。こめかみの後ろにある二つの側頭葉は、記憶の利用や調整に関わる多くの機能を果たしています。

誰かの話を聞いているとき、私たちは、その音声を側頭葉で知覚して、解釈しているのです。すなわち、側頭葉が、私たちの見たもの、聞いたもの、嗅いだ匂いを判断するのを助けているということです。例えば、見た顔に個別の名前を符号させるとか、あるいは、音を聴くとか匂いを嗅いだあとに、それに対応する過去の記憶を呼び起こす際にも、側頭葉が機能しています。
加えて、側頭葉の深い部分には海馬と呼ばれる構造があり、情報を学習して、蓄積することを可能にしています。したがって、その部分が大きい現生人類は、言語や記憶に優れている、と推測してよいでしょう。それが、霊性に関わる、という報告もあります。手術中に側頭葉が刺激されると、無神論者であっても、霊的な感情が引き出される場合があるというのです。

さらにもう一つ、現生人類のほうが相対的に大きいと思われる、脳の部位があります。それは頭頂葉です。この部位は主に、体のさまざまな部分から入ってくる感覚情報を、解釈し、統合するという機能を果たしています。頭頂葉には、その他、多くの機能があります。例えば、この部分を使って、頭の中の世界地図で自分の位置を確認したり、象徴的言葉などを解釈したり、道具の使い方を理解したり、暗算を行ったりしているのです。脳のこの部分が損傷を受けると、複数の仕事を同時にこなすことや、抽象的な思考をすることができなくなる可能性があるといわれます。

現生人類の脳が旧人類と異なっている可能性は、ほかの側面でもあります。例えば、現生人類の脳の配線です。配線が、類人猿と比較しても、違っていることが挙げられています。類人猿に比べると、人類の脳は新皮質がより厚く発達し、それを形成している神経細胞も、より大きく、より複雑です。その配線を完成させるためには、より長い時間がかかります。

脳には、神経細胞（ニューロン）の複雑な回路があります。それが、脳の外層を成す皮質領域と、学習や体の運動など、さまざまな機能に関わる内側の構造とをつないでいます。発達中の人間は、これらの回路を大幅に修正したり、接続をさらに増やしたりできます。私たちが、体の発達により時間がかかるよう進化したのは、おそらく、こうした脳の成熟により多くの時間を与えるためではないかと考えられています。そうだとすると、若年期と青年期も、そのためにあることになります。その間に、脳回路の複雑な接続の多くが形成されたり、絶縁されたり、あるいはノイズを増やすだけの、使われない接続の多くが取り除かれたりするのでしょう。

脳のニューロンのネットワーク化には、私たちの発話能力が関わっています。もちろん、ネアンデルタール人も私たちと同じように言語を操れたという主張もあります。しかし、その主張に説得力があるとは思えません。例えば、舌骨が両者で似ていることを根拠にする議論があります。舌骨は、馬蹄形をした骨です。首が顎の下側と会合する場所に位置しています。ヒトにおけるその構造は、独特の隆起があり、あらゆる方向に、そして、舌、舌の下の口腔底、喉頭、および喉頭蓋とつながり、精妙に調節された総計12の筋肉によって支えられています。この小さな骨に対して、非常に微細な筋肉がたくさん付随しています。そのことは、舌骨が、私たちの比類ない発語能力という適応に特別に貢献していることを示唆しています。

ネアンデルタール人の舌骨の、詳細な微細解剖学的研究によると、ネアンデルタール人の発語能力の可能性が示唆されるというのです。発語能力の可能性という意味では、そうかもしれません。しかし発語は、後述するように、複雑なシステムです。単一の要素だけで、その能力を判断できるわけではありません。発語システムとして見れば、現生人類のおしゃべり能力は、段違いに高いと推測できるのです。

確かに、ネアンデルタール人など旧人類も、そこそこの言語能力は持っていたかもしれません。しかし、現生人類のその顔つきと、ネアンデルタール人のそれとを比較するに、現生人類の発話能力は、ネアンデルタール人を、はるかにしのいでいたと推測できます。こんなに弁舌さわやかなホモ属は、ホモ・サピエンス以外にいないでしょう。

ホモ・サピエンスの成功要因

これまでの議論をまとめてみましょう。結論を述べれば、現生人類を特別なものにしているすべての適応のなかで、変革を促す文化的な能力こそが、ホモ・サピエンスの最も大きな成功的要因だったといえるでしょう。私たちの進化上の成功を説明するような、現生人類ならではの適応があるとすれば、それは、私たち自身の適応能力にほかなりません。その能力を支えているのが、並外れたコミュニケーション能力、協力する能力、思考する能力、発明する能力だ、ということになります。

これらの能力の生物学的基盤は、脳にあります。その効果は主に、私たちの文化を利用して物事を刷新したり、あるいは新しい多様な環境に適応したり、といったことに具現化されています。最初の現生人類がアフリカで進化して以来、ゆっくりとですが、以前より進んだ武器や、新種の道具を発明し、象徴的な芸術を創造し、交易の距離を長くし、それまでとは明らかに異なる、現代的な行動をするようになりました。

中期旧石器時代の生活様式が現れるまでには10万年以上かかり、後期旧石器時代の生活様式が現れるまでには5万年以上かかりましたが、その画期的出来事は、さらに速いペースで進行し、現代においては、まさに爆発的といってもよいくらいです。

ホモ・サピエンスの、ホモ・サピエンスたる所以は、結局のところ、脳の配線のネットワーク化にあるということです。ホモ・サピエンスの大脳皮質では、神経細胞のネットワーク化が進行しました。この変化は、ホモ属誕生時の、脳の容量の拡大という量的な変化に匹敵する、あるいはそれを凌駕する、質的な変化です。しかし、この質的変化は、地球と生物の共進化のイベントにとどまりません。宇宙論的な意味でも、最も重要な進化のイベントなのです。

生物の進化においては、そのような特記すべき進化的イベントが、いくつかあります。酸素発生型光合成生物の誕生、真核生物の誕生、多細胞生物の誕生、ホモ属の誕生です。それを凌駕する進化的イベントが、ホモ・サピエンスの誕生なのです。なぜでしょうか。この宇宙に、意識が誕生したからです。意識が誕生したことで、この宇宙に時間の流れが生じ、すなわち、進化という現象が生まれた、と考えることもできます。

ホモ属と、ホモ・サピエンスの誕生というイベントの進化の新機軸は、脳の容量の拡大と、大脳皮質の神経細胞のネットワーク化にあります。その原因は、まだ解明されていませんが、筆者が有力だと考えている仮説が一つあります。

ホモ・サピエンスの大脳皮質のニューロンの接続には、海藻や魚の摂取が関係しているのではないかというものです。あるとき以降、それらの摂取が飛躍的に増えたことが、その原因と考えられるかもしれない、ということです。

脳細胞と神経回路網の構築には不可欠の、特定のミネラルと脂肪酸があります。総称して、脳選択的栄養素、として知られています。ホモ属は、その住居の近くの湖畔で、無意識にこれらの栄養素を摂取していた可能性がある、と考えられるのです。

湖畔での食事には、DHAが多く含まれています。ヨウ素と同様に、DHAもまた脳の発育に役立ちました。実際、DHAに依存することで、ホモ属の胎児と赤ちゃんの成長に、根本的な変化が起こります。他の動物の新生児と異なり、人間の新生児は、すでに乳児脂肪の層を持っていて、その後も蓄積を続けます。これは、初期ホモ属から受け継いだ適応でしょう。皮膚の下に保存されたこの脂肪は、脳の活動を維持するエネルギーの源です。また、人間の子どもは、成人よりもDHAが3〜4倍豊富で、急速に発達する脳の要素を満たす、十分な量を持っているといえます。

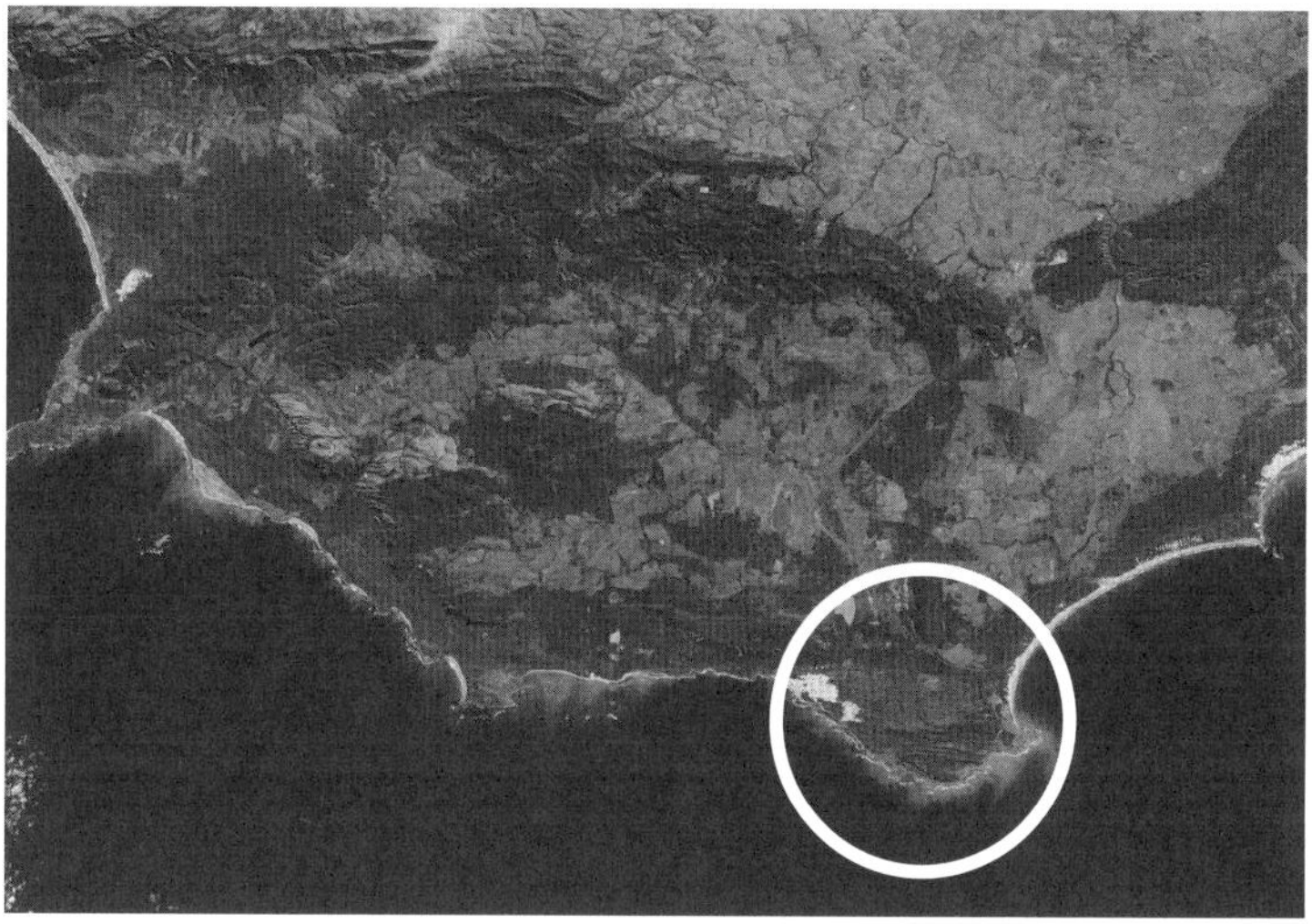

南アフリカ、アガラス岬
https://earthobservatory.nasa.gov/images/89535/the-treacherous-and-productive-seas-of-southern-africa

現生人類のアダムとイブ

ＤＨＡに関していえば、その摂取がさらに加速されたのは、藻類の濃縮されたＤＨＡとヨウ素が食事のメニューに上った時期であったと推測されます。そうだとすると、それは、ホモ・サピエンスが海岸沿いに住んでいた時代であることを示唆しています。

実際、ホモ・サピエンスが海岸沿いに生息していたことが知られています。南アフリカの南端にあるアガラス岬近くの海岸に、住んでいたというのです。この仮説には、以下に述べるような物語の背景があります。

ホモ・サピエンスがアフリカで誕生したことは、明らかにされています。しかし、その後、どのように分布し、出アフリカに至ったか、その詳細は明らかにされていません。ある説によれば、およそ23万年前に東アフリカと南部アフリカで、ホモ・サピエンスが進化したというのです。

その説によると、当時のアフリカの気候は穏やかで、アフリカ東海岸から西アフリカにかけて熱帯雨林が広がり、現在のサハラ砂漠にワニやカバが棲息していました。しかし、すぐに次の氷期が始まり、冷却・乾燥した気候になりました。赤道より北のアフリカのほぼすべてが砂漠になり、アフリカ大陸の多くの部分で、居住が困難になりました。ホモ・サピエンスのほとんどの部族は消滅し、種は、絶滅の危機に瀕したというのです。出産適齢期の数百人の女性を含む集団だけが生き残りました。16万5000年前に、これらの集団は、避難所を見つけ、壊滅的な気候変動を乗り越え、現生人類のアダムとイブになった、というのです。

その避難所がどこにあったのかが、この物語のポイントです。アリゾナ州立大学のカーティス・マレアンたちは、そこが、南アフリカ南端の、アガラス岬近くの海岸だと主張しています。彼らは、岬の東にあるピナクルポイントの崖にある、いくつかの洞窟を発掘しました。この地域の環境は、当時でも生存に快適であったことが明らかにされています。インド洋から南西に流れるア

ピナクルポイントの洞窟　Keito renādo

ガラス海流が岬の気候を緩和し、さらにこの海流が、大西洋の冷たく栄養豊富な海水と出会うために、この付近の海域を、地球上で最も生産性の高い海域の一つにしているのです。

イガイ、カサガイ、巻貝など、豊富な軟体動物が海底潮間帯の岩に付着し、岬の沿岸は、世界で最も生産的な、海藻の棲息地の一つです。食用種のポルフィラ（アマノリ属）と、ウルバ・ラクテュカ（アオサ）を含む数百種の海藻が、岩や硬い砂岩で成長しています。壊滅的な気候変動を避難したホモ・サピエンスにとって、このケープに満ちた海岸線は、彼らの先祖たちの住んでいた地溝帯の淡水域よりDHAとヨウ素が豊富にあり、素晴らしい生息環境を提供したと考えられます。ヒトは食べられるものは何でも食べます。茶色の海藻はヨウ素が非常に豊富なので、小片を摂取するだけで十分な量を得ることができます。マレアンたちは、貝殻の残骸を発見しています。これは、この地に住んだ住民が、貝類を食べていたことを示しています。

岬には、この地への初期の入植者にとって、もう一つの利点がありました。洞窟がフィンボスに近かったことです。フィンボスとは灌木が生えている狭い帯状の乾燥地域のことで、そこには世界で最も多様な植物が棲息しています。植物の多くは、エネルギーを炭水化物として、地下の塊茎や球茎に蓄えています。それは、入植者たちにとって、昔から採集していたものでした。

ピナクルポイントの住人たちは、その工芸品に示されるように、高度な脳を発達させていました。初期に用いられていた黄土の破片は、赤色を強めるために、加熱されています。黄土色はボディペイントとして使用されていたと考えられ、すでに、部族の識別や、部族のなかの地位など、抽象的に考える能力を持っていた証拠ではないかと考える考古学者もいます。細粉化された珪質礫岩も発見されています。それは、340℃以上でゆっくりと加熱して生成される細粒岩で、これをつくるには、原始的な炉の技術が必要とされます。

彼らの認知能力の高さは、居住地の位置からも推測されています。ピナクルポイントの洞窟は、入植者が住みついた当時、海岸から何キロも離れていました。塊茎を採取するフィンボスと、ほぼ等距離に位置しています。フィンボスの利用は、いつでもできます。しかし、貝類の採取は時間が限られます。特別な干潮時にしか採取できず、それは月に約10日間しか発生せず、数時間しか続きません。この時期を見極めるには、高度な認知能力が必要ではないかということです。

こうした認知能力の発達には、脳領域の大きさと、領域間の接続の密度の発達が必要です。これらの発達に不可欠なのが、ヨウ素とＤＨＡを豊富に含む魚介類の摂取なのです。気候変動による居住地の変更は、こうした発達と時期を同じくしているのか。興味深い問題です。

もう一つ、興味深い事実があります。ホモ・ネアンデルターレンシスは、ヨーロッパに移住していたホモ・ハイデルベルゲンシスから分岐し、一方、ホモ・サピエンスは、アフリカに残っていたホモ・ハイデルベルゲンシスから分岐した、という説があります。そうだとすると、ホモ・ネアンデルターレンシスが魚介類をほとんど摂取しなかった、ということと矛盾しません。逆に、ホモ・サピエンスが魚介類・海藻類を摂取していた、ということとは整合性があります。

ホモ・サピエンスは、生物圏から飛び出し、人間圏という新たな構成要素を分化させました。この意味で、それ以前の生物や人類とは、同列には論じられません。生物圏を構成する、単なる種の一つではない、ということです。

文明とは何か。それは、宇宙的な俯瞰的視点で捉えて初めて、その本質が見えてきます。1万年くらい前、ホモ・サピエンスは、地球の気候変動に適応し、狩猟採集から農耕牧畜へと生き方を変えました。その生き方の転換は、新石器革命と呼ばれるような、文明史上の単なる革命の一つではありません。これまで述べたように、生物圏からの人間圏の分化という、地球史的なエポックメーキングな出来事なのです。

農耕牧畜とは、地球システムのモノとエネルギーの流れを変える生き方、という点が重要です。それは、必然的に新たなサブシステムの誕生、すなわち、物質圏の分化をもたらします。人間圏は、地球史において、最も直近に分化した、地球システムのサブシステムなのです。

9章

生物進化が起こる惑星の条件

「いったい彼らはどこにいるのか」――有名なフェルミの問い

この宇宙に文明は、ごまんとあるはずだ。だとしたら、彼らはいったいどこにいるのか。このように、最初にはっきりと問題を提起したのが、エンリコ・フェルミという物理学者です。「フェルミのパラドックス」とも呼ばれます。フェルミが発した問いは、今でも通用するものですので、ここで紹介したいと思います。

「宇宙は広く、その中には無数の星がある。そしてその星のなかには、太陽と似たものがたくさんある。私たちが住んでいる銀河系には、多分10の11乗個の星があり、宇宙の中には、銀河が少なくとも10の10乗個か、おそらくそれ以上存在している。

これらの星の多くは、その周りを回る惑星を持っており、惑星のなかには、炭素、窒素、酸素、水素の簡単な化合物でできた大気と、水とを持つものがかなりあるだろう。

中心の星から惑星の表面に、エネルギー、地球の場合でいえば日光が注がれれば、たくさんの小さな有機化合物が合成され、海は浅い温かなスープに変わるだろう。

これらの化合物が互いに反応し合い、複雑な相互作用を起こして、ついには自己増殖系、すなわち原始生命体が生み出される。この単純な生物は増殖し、自然選択によって進化し、だんだん複雑化して、ついには活動的で思考する生物が出現する。

すると、科学と技術が生まれ、文明化が起こり、間もなく彼らはその惑星の全環境を支配するようになる。やがて彼らは、新世界征服の野望を抱き、まず近くの惑星に到達し、さらに、他の星の惑星にまで足を延ばし、そのなかで適当な環境のものを選んで移住するだろう。ついには、全銀河系を旅し、探検をするようにもなる。

このように非常に高度の知能を持った人々が、水や有機物が十分にあり、適度な気温などいろいろな有利な点の多い、この美しい地球を見逃すはずがない。

だから、もしこれらがすべて現実に起きているとしたら、彼らはすでにこの地球に来ているに違いない。いったい彼らはどこにいるのだろう」

このフェルミの発した問いには、まさに地球外生命を探るということのすべてが込められているといえるでしょう。

ただ、フェルミがこの問いかけを行ったのは、今から50年以上も前のことです。その後、科学は発展し、新たにわかったことも多くありますから、今こうした問いを抱くとしたら、それを修正したもっと具体的なものが発せられるだろうと思います。

まず宇宙には無数の星があるとフェルミは述べていますが、彼の時代に比べて、宇宙の起源と進化についての研究は急速に発展しました。ビッグバンという概念はフェルミの時代から知られていましたが、新たにビッグバンの前にインフレーションという過程のあることがわかっています。さらに、ビッグバンを経て宇宙が膨張し、放射というエネルギーの非常に強い状態から粒子が生まれ、それが冷えて水素が生まれ、水素ガスの塊が重力によって分裂。さらに分裂した塊が集まって、さまざまなスケールの構造体が生まれていったことが、その後の研究でかなり詳細にわかってきています。

また、海と大気を持つ岩石惑星が存在するという主張についても、太陽系の探査が進み、詳細がわかってきています。太陽系外でも、中心の星からある軌道距離のところ、つまりはハビタブルゾーン（生命居住可能領域）に多くの岩石惑星が存在することが、観測されています。そのような軌道にある岩石惑星が海を持つであろうことは、理論的には予想されていて、そういう位置にたくさんの岩石惑星が見つかっています。

続いて、化学進化による生命の誕生をフェルミは述べていますが、これについては4章を中心にお伝えしてきました。ただ、フェルミは、海を持つ惑星があれば、即、知的生命体が生まれるかのように捉えていますが、それは難しいということはすでにお伝えしたとおりです。彼が考えるほど、生物の進化はたやすく起こりません。

この宇宙で生命はあまねく生まれるかもしれませんが、それが知的生命体のようなものにまで進化するかというと、前章でも述べたように、かなり難しいのです。

化学法則の成立に必要な素粒子が準備された

ただ、この宇宙に生命はいっぱいいるだろうとのフェルミの予想については、私も同じ考えです。なぜそういえるのかというと、まず第一に、この宇宙では物質が安定的に存在するからです。

要するに、物質が消滅することがありません。

宇宙が生まれたときに、物質と反物質[54]がほぼ同量生まれました。反物質とは、ある粒子に対して質量などの属性は全く同じで、電気的な性質は正反対の「反粒子」でできた物質のことです。粒子と反粒子が出会うと、エネルギーを放射して消える対消滅が起こります。

54 **反物質**……反粒子から構成される物質。電子とペアになる反粒子はプラスの電荷を持つ陽電子、陽子の反粒子は反陽子、クォークの反粒子は反クォークなど、すべての粒子にペアとなる反粒子があり、それらの反粒子が集まって原子・分子をつくり、物質（反物質）をつくることができる。

そのため、宇宙が生まれたときに、物質と反物質の育成が完全に対称であれば、宇宙が冷えていく過程で物質は何も残りません。ただ放射のみが残る、という宇宙になります。

ところが、どういうわけか、この宇宙ではその対称性が破られていて、ほんの10億分の1ぐらいですが物質が多かったのです。そのため物質が残りました。物質があるから、生命が誕生する可能性が生まれたのです。

加えて、素粒子には寿命がありますが、陽子の寿命は宇宙の年齢よりはるかに長く、はるかに短い寿命の中性子は幸運にも崩壊する前に、原子核の中に取り込まれました。

ここで非常に重要なことがあります。実は環境が粒子性を含めて、すべてを規定しているということです。物理学に「場の理論」と呼ばれる理論があります。粒子というのは場の中にあり、その場が姿を現したのが粒子なのだという考え方です。

宇宙が膨張すると冷えます。そして冷える（温度が変わる）と、例えば液体の水を冷やすと氷になり、温度を高くすると蒸発して気体になるというように、相変化が起きます。温度が変わって相変化が起こることによって力が生まれます。

宇宙が野球ボール大のときにはものすごく温度が高かったわけですが、それが膨張して冷えると、相変化のような現象が起こります。例えば、統一的な力が分化して、核力[55]と呼ばれるような強い力、弱い力に分かれ、さらに電磁力が分かれ、さらには重力が分かれます。
私たちの目に見えるような大きな世界は、重力だけで記述できますが、私たちが物質と呼ぶようなレベルではほとんどが、電磁気力によって、その世界の現象を記述できます。

この本ではここまで、地球や星、この宇宙によるあらゆる構造を「開放系」という視点で捉え、開放系がどのように時間的に変化しているのかという観点で、生物の進化も捉えようとしてきました。さまざまな階層の開放系から成る世界が現在の宇宙であり、それは重力と化学が支配する世界です。

では、この宇宙がそういう生命を生む宇宙だという、いちばん根源的な答えは何でしょうか。ビッグバンの前に、化学法則が成立するのに必要な素粒子が準備されたことでしょう。すなわち、電磁気力を媒介する粒子である「光子」と、原子核をつくる粒子です。原子核は陽子と中性子で構成されていることは知られていますが、これらは「クォーク」というさらに小さな素粒子からできています。それから、原子を構成する「電子」と、もう一つが「ニュートリノ」です。
ニュートリノがなぜ重要かというと、ニュートリノがあるおかげで、星の内部でつくられた元

55 **核力**……原子核内の陽子と中性子の間に働く力。

素が宇宙にばらまかれるからです。星の中で元素合成が進んでも、星が爆発してつくった元素を宇宙にばらまかなければ、この宇宙は、化学反応が起こるような世界にはなりません。実はニュートリノという粒子がないと、こうしたことは起こらないのです。

物質があり、時間が流れている

この宇宙にはどういうわけか、光子、クォーク、電子、ニュートリノという粒子が準備されました。しかも、時間が流れています。これも大事なポイントです。

時間というものがどうして生まれたのかはなかなか難しい問題ですが、進化を考えるときには時間の流れがなければ困るのです。

時間について詳細を述べると難しくなってきますので、ここでは一つの考え方だけ紹介しておきます。

物理学のなかに熱力学という分野があり、そのなかに熱力学第二法則というものがあります。この本でも何度か登場しました。

簡単に紹介すると、世界は秩序がだんだんとなくなっていく方向に変化していく、ということを述べたものです。その秩序を表す概念として、エントロピーという物理量があります。秩序がなくなるということは、エントロピーが増大するということです。

ですから、この宇宙では、エントロピーは増加していくということになります。その方向性が、時間という概念と結び付いて、時間の向きになっているということです。

ただ、エントロピーというのは理解の難しい概念です。そこで、私なりの言葉で少し補足しましょう。

この宇宙は開放系と環境でできています。この開放系と環境をセットにしたトータルとしてエントロピーが増えるということなので、個々の開放系を見ればエントロピーが減少しても不思議ではありません。その開放系のエントロピーが減少しても、環境がそれ以上のエントロピーの増大を受け入れていれば、全体としてはエントロピーが増えていることになります。

エントロピーが増大するということは、この宇宙が生まれたときには、エントロピーは低かったことになります。実際、ビッグバンのときの宇宙は、エントロピーの低い状態でした。重力がとてつもなく強いのに均質で一様という状態は、エントロピーが低いということです。そして、エントロピーが増大する方向に宇宙は変化していき、それを私たちは時間の流れとして、知覚しているということです。

化学元素は星の中でつくられる

ビッグバンという放射の時代があり、それが数十万年経過すると、宇宙は冷え、物質と放射の分離が起こり、基本的な粒子が存在できるようになります。そうした粒子から、水素やヘリウムという元素が生まれます。宇宙が誕生して数億年すると、宇宙は水素ガスに満ちあふれます。宇宙が膨張を続けるなかで、水素ガスは互いに重力を及ぼし合い、分裂し、個々の塊は重力崩壊して、星が誕生します。そういう冷えた世界では重力が圧倒的に強くなるので、水素ガスが集まって、銀河や星が生まれるのです。

化学法則が成り立つような宇宙になるには、まず化学元素が用意されなければなりません。化学元素は、実は星の中の核融合反応によってつくられます。

核融合反応は非常に高温の時期に起こります。宇宙では、元素の合成は2段階で起こっています。

第一段階が、宇宙の最初です。ビッグバンのときに、最初の元素が生まれたのです。ただ、ビッグバンは非常に短時間で、わずか3分ほどで温度が冷えてしまうような現象ですから、宇宙のはじまりの3分間でできる元素には限りがあります。水素とヘリウムがほとんどです。

その後、水素とヘリウムが集まって星が誕生すると、星の中がまた熱くなるので、再び核融合反応が起きます。私たちが知っている周期表にあるような元素は、星の中の元素合成、あるいは星が一生を終えて爆発するときのエネルギーでつくられています。

最初の星は、水素とヘリウムからできます。さらに水素が燃えてヘリウムができ、ヘリウムから炭素ができます。そして、酸素ができ、窒素ができ、マグネシウムなどのさらに重い元素ができ、最終的にはケイ素が合成されます。そうして星の一生の最後の一日ぐらいで、ケイ素から鉄が生まれます。

鉄の原子核の性質上、それ以上は核融合によってエネルギーを取り出せません。星は鉄の合成まで進むと、核融合反応によって熱を発生できなくなります。そうすると、圧力を生み出せませんから、重力のほうが勝って、星はつぶれていきます。

最終的には超新星爆発という星の最後の瞬間を迎えます。超新星爆発は爆発ですから、当然エネルギーが出ます。そのエネルギーを使って、鉄より重い元素がつくられます。

その重い元素は、エネルギーをもらってできるので、不安定です。そのため、ウランなどの放射性崩壊を起こすような元素が生まれます。

星が一生を終え、これらの元素が宇宙にばらまかれると、さまざまな物質が銀河の中を漂うようになります。核融合反応が何度も起こるにつれて、重い元素がたくさんできてくるので、銀河には、次第に重い元素が凝集していきます。

最初の銀河は、水素やヘリウムだけです。炭素や酸素、窒素などが生まれてくると、そういうものが反応したガスになり、さらに、もっと重い鉄やケイ素、マグネシウムといったものが生まれ、鉱物粒子にまでなります。

こうして、銀河には、星と、星以外の物質として塵や氷があり、多量のガスが分布するという状況になります。そうすると、固体の塵の周りに氷のマントルができ、そのマントルに星からたくさんの光が届きます。そこで分子の形成が進みます。

特に超新星爆発のときには、ものすごいエネルギーが届きます。そういうエネルギーを使って、氷の上でいろいろな化学反応が進み、さまざまな分子がつくられていきます。

そうした化学反応でできる分子のなかには、生命の材料物質になるものもあります。塵の表面でどんな分子が合成されるのでしょうか？　一酸化炭素や二酸化炭素、メタノール、エタノールなどです。

さらにエネルギーをもらうと、炭素でできた分子は、反応してホルムアルデヒドのような分子をつくります。ホルムアルデヒドのように多少複雑になった分子は、塵の表面でアンモニアのような分子と反応して、グリセリンのようなアミノ酸がつくられることもあります。

実際、宇宙を観測すると、生命の材料物質になるような分子がたくさん見つかっています。

どのように惑星はできるのか

このようにして、銀河は、次第に複雑な分子に富んでいきます。銀河は星と、その間に分子雲[56]が分布するという構造になります。

分子雲は重力収縮して星が生まれます。分子雲は少し回転しているので、星が生まれるときに、回転の効果で、周りに集まり切れない物質を円盤状に残します。その円盤状の物質のなかに、鉱物粒子をはじめ、さまざまな分子、あるいは氷が存在するようになります。

それが、星の形成が何世代か経過すると起きる現象です。

銀河がそういう分子に富んだものになったのは、今からだいたい46億年前です。その頃、太陽が生まれました。

56　**分子雲**……低温で高密度の星間ガスの雲。銀河系の星間物質の二大成分（分子ガスと中性水素ガス）のうち、分子ガスからなる雲である。光では暗黒星雲として観測される。主として水素分子から成り、一酸化炭素など多量の星間分子および星間塵（ダスト）を含んでいる。直径は30～３００光年。

太陽の周りでは、今述べたような鉱物と分子に富んださまざまなガスから成る円盤が形成されます。太陽の周りのこの円盤状のガスの中は、一時的には温度が上がりますが、やがて冷えていくので、ガスの凝縮が起こります。

ガスが凝縮して新たに鉱物が生まれたり、氷が生まれたりします。鉱物や氷は集まって、微惑星という小さな天体になります。さらに微惑星が集まって、惑星が形成されます。

太陽に近いほど高温で凝縮した鉱物が多くなり、遠くなると揮発性分子から成る氷が多くなるので、太陽からの距離によってさまざまな元素組成の惑星が生まれるのです。

大別すると、最も太陽に近いところは、高温凝縮物である岩石を主成分とするような惑星（水星、金星、地球、火星）になります。その外側には、低温凝縮物である氷やガスがたくさんあります。それらが集まるとより大きな原始惑星が生まれ、さらにその周囲にあるガスも集まるので、岩石惑星の外側には巨大ガス惑星（木星、土星）が生まれます。

その外側には、鉱物というより、ほとんど氷から成る微惑星がたくさん存在します。外側に行くほど、惑星へガスが集まる時間が長くかかるので、ガスは散逸してなくなってしまいます。そのため、主に氷から成る惑星が生まれます。太陽系でいえば、海王星や天王星といった巨大な氷惑星です。

太陽系以外でも同じようなことが起こると考えられます。星が生まれるときには必ず周囲に原始惑星系円盤とでも呼ぶような、将来惑星が生まれる円盤状の構造ができるからです。最近の星の観測では、そのような構造が観測されています。ほとんどの星の周りで惑星が見つかっていますが、それは、理論的には至極妥当といえるのです。

生命の誕生に適した惑星とは

あらためて太陽系をもとに生物進化が存在する可能性のある惑星を考えると、まず巨大ガス惑星や巨大氷惑星は熱水噴出孔を持たないので、岩石惑星に絞られます。太陽系の岩石惑星は、水星、金星、地球、火星の4つです。

ただし、同じ岩石惑星でもそれぞれ違います。水星は鉄が多く、少し性質が異なります。相対的に地球と似ているのは、金星と火星です。なかでも特に似ているのが、金星です。

火星の直径は地球のほぼ半分で、重さは地球の10分の1ぐらいしかありません。水星にいたってはもっと小さく、直径は地球の5分の2ほど、重さは18分の1程度です。

実はこの大きさの違いは、岩石惑星ができるプロセスを反映しています。

微惑星が集まって惑星になるわけですが、微惑星がすぐに惑星になるのではなく、微惑星から原始惑星のようなものが、それぞれの軌道領域に数十個生まれます。月サイズから火星サイズのものが、それぞれの惑星の領域にでき、最終的にはそれらの原始惑星が集まって地球や金星、火星、水星になるのです。

地球型惑星が分布する端にある水星と火星は、今述べたような原始惑星がほとんどそのまま残ったような恰好です。したがって小さいというのが、一般的な惑星形成論の考え方です。

では、生命の誕生に適した惑星はといえば、当然、地球です。

金星も、生命の誕生があっても不思議ではありませんでしたが、惑星の進化の過程で海が失われ、今の姿の金星になったという話を6章でお伝えしました。

生命の誕生に適した惑星の条件は何かといえば、まず水が液体の形で存在することです。私たちが生命として知っているのは、水に溶ける炭素化合物を基本とした生命ですから、液体の水、すなわち海が必要ということになります。

しかも、その惑星はある程度の大気を持っていなければ、液体の水が凍り付いてしまいます。このこともすでに説明しましたが、メタンや二酸化炭素という大気が存在し、その温室効果で液体の水が地表に存在できるのです。また大気を保持するには、それなりの重力がないといけない、つまりある程度の大きさが必要です。その条件を満たしているのが、地球と金星ということです。

ただ、金星の場合には大気は保持できても、プレートテクトニクスのような地質活動が起こらなかったために、海が蒸発してなくなってしまいました。

生命を育む「中心の星」とは

では、中心の星として適しているのはどんなものでしょうか。やはり太陽のような星ということになります。

太陽は「主系列」に属する星です。主系列星とは核融合反応で輝いている星のことです。太陽ぐらいの質量の星になりますと、寿命が長くなります。

重力によって内部の圧力が変わるので、太陽よりも重い星は、内部が次第に高温になっていき、核融合反応が非常に早く進み、星としての寿命は短くなります。最終的に鉄まで生成されたら、それ以上、重力を支える圧力は生まれないので、超新星爆発を起こし、早く寿命を終えます。ですから、太陽の10倍以上あるような星の寿命は、1000万年ぐらいと短いのです。

それに対して太陽の寿命は、100億年ほどあります。つまり、太陽は現在、ようやく寿命の半分に差し掛かろうとしているところです。

その代わり、太陽のような星は、せいぜい炭素や酸素がつくられるぐらいまでしか元素合成が進みません。

とはいえ、生命の誕生と進化までの時間を考えると、やはり主系列星で太陽ぐらいの質量が必要です。1000万年の寿命の星では、周りに生命を育むような惑星が一時的に生まれたとしても、生命は進化しません。

では太陽よりも小さい星はどうかといえば、小さい分、輝き方が弱いので、液体の水が存在できる領域が非常に狭くなります。そうすると、惑星の集積過程を考えたときに、その狭い領域に地球のような大きさの惑星が生まれる確率は低くなります。

ということで、ある程度の幅のあるハビタブルゾーンを持つ星となると、太陽のような星ということになります。

環境の変化が、二度のまれな出来事の下地になった

これまでに説明してきたとおり、生命の誕生の場は海底のアルカリ熱水噴出孔である可能性が非常に高いと考えられます。アルカリ熱水噴出孔の周りでの生命誕生というプロセスを考えると、生命が誕生する確率は高いことがわかります。したがって、生命の誕生は偶然ではなく、必然的に起こるのだろうと考えられます。

そうすると、問題は進化が起こるかどうかです。それが「地球」になるのか、「地球もどきの惑星」になるのかの違いです。

生命の進化は、どれくらいの時間をかけて起こるのでしょうか。地球生命の過去の例を調べると、単純な生物ほど進化に時間がかかることがわかります。

単細胞生物が多細胞生物に進むのにどのぐらい時間がかかっているのかというと、約20億年です。一方、多細胞生物の進化は5億年で、私たちのような知的生命体まで生まれています。進化に要する時間は、単純かどうかに依存するのです。

偶然に起こったような変化が、まれな出来事ではなくなるのは、自然淘汰（自然選択）というメカニズムが働くからです。とはいえ、1回しか起こらないことは、本当にまれなことです。一度しかないような本当にまれなことは、自然淘汰でも説明できません。

地球のこれまでを振り返って、そうした重要なまれな出来事にはどういったことがあったでしょうか。一つは、酸素発生型光合成生物であるシアノバクテリアが生まれたことです。これが地球環境を変え、環境が変わることによって、シアノバクテリアそのものも量的に増えました。

もう一つのまれな出来事が、真核生物が生まれたことです。

シアノバクテリアは、細胞内に細胞小器官を持たない原核細胞からなる原核生物です。

一方で真核生物は、核を持つ真核細胞でできた生物です。細胞内にエネルギーの供給を司るミトコンドリアという細胞小器官を持っていたり、あるいは植物の場合は光合成を司る葉緑体を獲得したり、有糸分裂[57]をしたり、といった変化が起こりました。こうした変化が、真核生物の場合には起こったのです。原核生物から真核生物への変化は地球史上1回だけですから、非常にまれな出来事です。

しかも、多細胞生物が生まれる準備としては、真核生物が生まれることが必須でした。では、真核生物が生まれれば必ず多細胞生物が生まれるのかというと、それはよくわかりません。というのは、真核生物の誕生から多細胞生物の誕生までには15億年もの年月が経っているのですから、それが必然かどうかはまだわかっていません。

先ほどのシアノバクテリアは微生物であり、微生物のほとんどは単細胞生物です。彼らも単独では生まれていません。たくさんの単細胞生物が集まって、マットのような群集をつくって生きています。例えばシアノバクテリアであれば酸素を出すわけです。そしてその下には、嫌気性の酸素を使わない微生物が棲みつくなどして、一つの生態系のようなものをつくって、多数の微生物が生きています。

それが、ある意味、たくさんの細胞で一つの体を構成している多細胞細胞のようなものだと考えれば、多細胞生物が生まれたことはそれほど不思議なことではないかもしれません。多細胞生物の出現が、1回しかなかったことなのかどうかは検討の余地があります。

いずれにしても、生命の進化は、酸素発生型光合成生物と真核生物が生まれなければ起こりませんでした。地球では、それらが起こったわけです。

なぜ起こったのかといえば、地球環境にその理由があります。進化において非常に重要なのは、その淘汰圧となる環境なのです。安定した環境のもとでは、基本的にはほとんど進化は起こりません。環境が変わることによって進化が起こります。

地球では、繰り返し述べてきましたが、大陸が生まれて、スノーボール・アースのように地球環境に大きな変化が起こりました。そのために、生物の進化が起こる下地ができたわけです。

一方で、微生物のままであれば、そんな変化が起こっても起こらなくても、生き延びることができます。ですから、この宇宙のなかに生命がいるかどうかといえば、微生物段階の生命はいっぱいいるでしょう。微生物を育む惑星はたくさん存在すると考えられます。火成活動と海を持つ

57 有糸分裂……真核細胞の分裂の一般的な様式で、分裂するときに糸状構造が見られることから命名されている。体細胞分裂とほとんど同じ意味に使われる。

惑星があれば、どこでも生命が生まれる可能性があります。

ただし、生物の進化が起こるには、地球のように大陸が生まれ、環境変化が起こるような条件を満たさなければいけないなど、いろいろな制約条件が重なるので、数は非常に少なくなります。光合成生物の誕生や真核生物の誕生、多細胞生物の誕生、ホモ・サピエンスの誕生といったまれな出来事は、どの惑星でも起こるとはいえないので、生物進化が起こる惑星は、まれだということになります。


この章の冒頭で紹介したフェルミの問いで、フェルミは知的生命体がこの宇宙にいっぱいいるだろうと予想したわけですが、生物から知的生命体への進化はかなりまれな現象です。仮に、知的生命体が生まれたとしても、同じ時期に近くで生まれる可能性は低いので、今地球に来ていないことは、パラドックスでもなければ不思議でもありません。

ただ、この本のテーマである「地球外生命を探る」という点では、何度も繰り返し述べてきたように、海があって、その下に熱水噴出孔のような地質構造のある惑星であれば、おそらく必ず生命を見つけることができるでしょう。

ただし、その探査は容易ではありません。太陽系内はもちろん、この銀河系の系外惑星のなかで、生命の存在を見つけることは非常に大変です。唯一可能性があるとすれば、バイオマーカー

（生命が存在する兆候）の観測です。シアノバクテリアのような生物が生まれれば大気組成を変え、酸素に富んだ大気になるので、観測で確かめることができます。

1章で紹介したように、今後、新しい宇宙望遠鏡の打ち上げが次々と予定されています。しかも、これまでのように間接的に観測するのではなく、直接撮像法で対象となる惑星を直接観測することができるようになります。そうすれば、地球外生命の兆候がきっと見つかるでしょう。

地球外生命はいるのかという問いに対して、「いるでしょう」ではなく、「いる」と答えられる日はそう遠くないと思います。

おわりに

本書は、私の研究者生活を通じて、長期にわたって追究してきたテーマを論じたものです。私にとって「生命の起源」こそ、最大の関心事で、その問題を追究してきました。しかし、ここ数年、その認識が変わりつつあります。「起源」より「進化」が問題ではないかということに気がついたのです。そこで現在は、「この宇宙における進化の本質」という問題を、研究テーマにしています。

２０２０年からコロナ・パンデミックによる自粛生活が始まりましたが、この頃から、このテーマについて、思い至ったアイデアをまとめていました。２０２１年に、青山のＮＨＫ文化講座で「地球外生命は存在するのか」というタイトルで講義を頼まれました。その後、その講義を基に再度ラジオ講座としての講義を頼まれ、２０２１年夏から秋にかけて、ＮＨＫラジオ第２放送で13週にわたって放送されました。本書は、基本的にそれを基にしています。

このテーマに関して、私が従来主張してきたのは、「この宇宙では生命は普遍的に存在する」、そして「地球生命もまた宇宙から飛来した可能性がある」ということでした。ここ数年の研究で、この主張に若干の変更が生じました。この宇宙に、生命が普遍的に存在するという主張に変更はありませんが、そのことと、現在の私たちの存在との間には、大きな解離があるということです。その間に、極めてまれな現象をいくつも乗り越えないと、両者はつながらないのです。

地球での生命誕生と、その誕生後に起こった生物進化とは、分けて考えねばなりません。生命誕生は、生物進化において確かに一つの画期ですが、この宇宙に存在する無数の海を持つ岩石惑星においては、まれな現象ではないのです。しかし、地球ではその後、さらに多くのまれといえるような生物進化の画期があって、現在の地球生命につながっています。生物の進化に、地球の進化が深く関わってくるのです。

そこで、宇宙には、生命を育む惑星として「地球」と「地球もどきの惑星」という2種類の生命惑星があるという考えに行き着きました。「地球」とは、文字どおり、私たちや生物圏が存在する、現在の地球です。一方「地球もどきの惑星」とは、岩石惑星のエネルギーを食べる微生物、あるいはウイルス、あるいは、そこから進化した太陽のエネルギーを食べる微生物が棲む惑星です。ただし、発展段階として、そこにとどまっています。地球もこの段階を経過したのですが、その後に生物進化がありました。

地球ではその後、太陽のエネルギーを食べる微生物としてシアノバクテリアが進化し、真核生物が生まれ、多細胞生物が生まれ、知的生命体が生まれました。生物進化において、そうしたまれな現象が起きる確率を計算すると、地球で起きたことは、この宇宙で普遍的に起きることとは言い難いのです。

NHKのラジオ講座では、あまりに長くなるため、地球における生物進化は詳しく紹介できませんでした。本書では、その部分が大幅に追加されています。もう一つは、ウイルスと生物の共進化の可能性です。この問題も長くなるため、ラジオ講座では割愛しました。しかし本書では、進化という観点から見て、ウイルスと生物は共進化していることに間違いはないので、追加しています。また、地球外生命探査の最前線についても新たに触れています。

本書の刊行は、山と溪谷社の高倉眞さんから、ラジオ放送終了後の絶妙なタイミングで連絡をいただいたことで実現しました。そうでなければ、本書が世に出ることはなかったでしょう。高倉さんに謝辞を述べたいと思います。

最後に、執筆のエネルギーをもらったということで、琥太朗と奏仁朗という二人の孫に感謝したいと思います。

2022年12月　松井孝典

松井孝典（まつい・たかふみ）

1946年静岡県生まれ。千葉工業大学学長。東京大学理学部卒業、同大学大学院博士課程修了。専門は地球物理学、比較惑星学、アストロバイオロジー。NASA客員研究員、東京大学大学院教授を経て東京大学名誉教授。2009年より千葉工業大学惑星探査研究センター所長。12年より政府の宇宙政策委員会委員（委員長代理）。86年、英国の『ネイチャー』誌に海の誕生を解明した「水惑星の理論」を発表、NHKの科学番組『地球大紀行』の制作に参加。88年、日本気象学会から大気・海洋の起源に関する新理論の提唱に対し「堀内賞」、07年、『地球システムの崩壊』（新潮選書）で第61回毎日出版文化賞（自然科学部門）を受賞。

編集　高倉 眞
　　　橋口佐紀子
装丁　渡邊民人（TYPEFACE）
デザイン　谷関笑子（TYPEFACE）
校正　中井しのぶ

地球外生命を探る
生命は何処でどのように生まれたのか

2023年1月5日　初版第1刷発行

著　者　松井孝典
発行人　川崎深雪
発行所　株式会社 山と溪谷社
〒101-0051
東京都千代田区神田神保町1丁目105番地
https://www.yamakei.co.jp/

印刷・製本　大日本印刷株式会社

◆乱丁・落丁、及び内容に関するお問合せ先
山と溪谷社自動応答サービス
電話 03-6744-1900
受付時間／11：00～16：00（土日、祝日を除く）
メールもご利用ください。
【乱丁・落丁】service@yamakei.co.jp
【内容】info@yamakei.co.jp
◆書店・取次様からのご注文先
山と溪谷社受注センター
電話 048-458-3455　FAX 048-421-0513
◆書店・取次様からのご注文以外のお問合せ先
eigyo@yamakei.co.jp

乱丁・落丁は小社送料負担でお取り換えいたします。

本誌からの無断転載、およびコピーを禁じます。
©2022 TAKAFUMI MATSUI All rights reserved.
Printed in Japan
ISBN978-4-635-13014-1